21世纪高等学校计算机专业实用系列教材

# NoSQL数据库基础

千锋教育 | 组编

魏涛 杨晨 | 主编　　任俊香 吉珊珊 | 副主编

U0233017

清华大学出版社
北京

## 内 容 简 介

本书主要讲解 NoSQL 数据库相关的热门核心技术、理论及实践操作,旨在帮助读者了解不同类型的 NoSQL 数据库和它们的应用场景。全书共 8 章。第 1 章介绍 NoSQL 数据库基础,包括 NoSQL 数据库的概念、重要理论、分类和应用场景等;第 2、3 章分别介绍 Redis 和 MongoDB 两种主流的 NoSQL 数据库,包括概念、数据结构、部署安装和数据库管理操作等;第 4 章深入探讨如何在不同环境下操作 MongoDB 数据库,包括基于 Python API、Java API 和 Studio 3T 操作 MongoDB 数据库;第 5 章介绍 MongoDB 的 GridFS 存储引擎,带领读者了解存储大型二进制文件的解决方案;第 6、7 章分别介绍列族存储数据库 HBase 和 Cassandra,包括概念、数据模型和数据库管理操作等;第 8 章介绍图形存储数据库 Neo4j,带领读者学习处理复杂关系数据的解决方案。

本书每个章节均配置了丰富的示例或案例,帮助读者充分理解常用数据预处理方法的精髓,掌握具体技术细节,并在实践中提升实际开发能力。本书可作为高等学校计算机相关专业的教材,也可以作为相关技术爱好者的入门用书。

**图书在版编目(CIP)数据**

NoSQL 数据库基础 / 千锋教育组编;魏涛,杨晨主编. -- 北京:清华大学出版社,2024.12. --(21 世纪高等学校计算机专业实用系列教材). -- ISBN 978-7-302-67797-0

Ⅰ. TP311.132.3

中国国家版本馆 CIP 数据核字第 2024TZ5202 号

责任编辑:付弘宇　李　燕
封面设计:吕春林
责任校对:王勤勤
责任印制:刘　菲

出版发行:清华大学出版社
　　网　　　　址:https://www.tup.com.cn,https://www.wqxuetang.com
　　地　　　　址:北京清华大学学研大厦 A 座　　　邮　　编:100084
　　社 总 机:010-83470000　　　　　　　　　　邮　　购:010-62786544
　　投稿与读者服务:010-62776969,c-service@tup.tsinghua.edu.cn
　　质量反馈:010-62772015,zhiliang@tup.tsinghua.edu.cn
　　课件下载:https://www.tup.com.cn,010-83470236
印 装 者:三河市科茂嘉荣印务有限公司
经　　销:全国新华书店
开　　本:185mm×260mm　　印　　张:19　　　　　字　　数:459 千字
版　　次:2024 年 12 月第 1 版　　　　　　　　印　　次:2024 年 12 月第 1 次印刷
印　　数:1～1500
定　　价:59.00 元

产品编号:104306-01

# 前　言

北京千锋互联科技有限公司（以下简称"千锋教育"）成立于 2011 年 1 月，立足于职业教育培训领域，公司现有教育培训、高校服务、企业服务三大业务板块。教育培训业务分为大学生技能培训和职后技能培训；高校服务业务主要提供校企合作全解决方案与定制服务；企业服务业务主要为企业提供专业化综合服务。公司总部位于北京，目前已在 22 个城市成立分公司，现有教研讲师团队 300 余人。公司目前已与国内两万余家 IT 相关企业建立人才输送合作关系，每年培养"泛 IT"人才近两万人，十多年间累计培养 10 余万"泛 IT"人才，累计向互联网输出免费学习视频 850 套以上，累计播放次数 9500 万以上。每年有数百万名学员接受千锋教育组织的技术研讨会、技术培训课、网络公开课及免费学科视频等服务。

千锋教育自成立以来一直秉承初心至善、匠心育人的工匠精神，打造学科课程体系和课程内容，高教产品部认真研读国家教育政策，在"三教改革"和公司的战略指导下，集公司优质资源编写高校教材，目前已经出版新一代 IT 技术教材 50 余种，积极参与高校的专业共建、课程改革项目，将优质资源输送到高校。

## 高校服务

锋云智慧教辅平台（www.fengyunedu.cn）是千锋教育专为中国高校打造的智慧学习云平台，依托千锋教育先进的教学资源与服务团队，可为高校师生提供全方位教辅服务，助力学科和专业建设。平台包括视频教程、原创教材、教辅平台、锋云学堂等专题栏目，为高校输送教材配套的课程视频、教学素材、教学案例、考试系统等教学辅助资源和工具，并为教师提供样书快递及增值服务。

锋云智慧服务 QQ 群

## 读者服务

学 IT 有疑问，就找"千问千知"，这是一个有问必答的 IT 社区，平台上的专业答疑辅导老师承诺在工作时间 3 小时内答复您学习 IT 时遇到的专业问题。读者也可以通过扫描下方的二维码,关注"千问千知"微信公众号,浏览其他学习者在学习中分享的问题和收获。

"千问千知"微信公众号

## 资源获取

本书配套资源可添加小千 QQ 账号 2133320438 或扫下方二维码索取。

小千 QQ 账号

# 前　言

如今,科学技术(尤其是信息技术)的快速发展及社会生产力变革对 IT 行业从业者提出了新的要求,从业者不仅要具备专业技术能力、业务实践能力,更需要培养健全的职业素质。复合型技能人才更受企业青睐。高校毕业生求职面临的第一道门槛就是技能与经验不足,教科书应紧随新一代信息技术和新职业要求的变化及时更新。

本书倡导快乐学习,实战就业,在语言描述上力求专业、准确、通俗易懂。引入企业项目案例,针对重要知识点,精心挑选案例,将理论与技能深度融合,促进隐性知识与显性知识的转换。案例讲解包含设计思路、运行效果、代码实现、代码分析、疑点剖析,从动手实践的角度,帮助读者逐步掌握前沿技术,为高质量就业赋能。

本书在章节编排上采用循序渐进的方式,内容精练且全面。在语法阐述中尽量避免使用生硬的术语和枯燥的公式,从项目开发的实际需求入手,将理论知识与实际应用相结合,帮助读者学习和成长,快速掌握 NoSQL 数据库的核心概念、设计和应用技巧,从而在职场中拥有较高的起点。

## 本书特点

本书旨在帮助读者全面了解 NoSQL 数据库的基础知识和应用场景,并深入介绍多种 NoSQL 数据库的特点、使用方法和最佳实践。本书重点介绍 Redis、MongoDB、HBase、Cassandra 和 Neo4j 几种主流的 NoSQL 数据库,以及它们在实际应用中的应用场景和使用技巧。

通过本书可以学习到以下内容。

第 1 章主要介绍 NoSQL 数据库的概念、重要理论、分类、应用场景等基础知识。

第 2 章主要介绍键值对存储数据库 Redis 的概念、数据结构、部署安装、Redis 键值管理操作及高级管理与监控。

第 3 章主要介绍文档存储数据库 MongoDB 的概念、文档存储结构、数据类型、部署安装、如何使用 Shell 管理 MongoDB 以及 MongoDB 高级管理。

第 4 章主要介绍如何在不同环境下操作 MongoDB,包括基于 Python 环境操作 MongoDB、使用 Java 操作 MongoDB 以及使用 Studio 3T 操作 MongoDB。

第 5 章主要介绍 MongoDB GridFS 的概念、应用场景、存储结构以及如何在不同环境下操作 MongoDB GridFS。

第 6 章主要介绍列族存储数据库 HBase 的概念、数据模型、存储架构、表设计、部署、如何使用 Shell 操作 HBase 以及 HBase 性能优化。

第 7 章主要介绍列族存储数据库 Cassandra 的概念、数据模型、安装方法、如何使用

CQL 管理数据、数据导入与导出以及备份与恢复。

第 8 章主要介绍图形存储数据库 Neo4j 的概念、应用场景、数据模型、部署安装、如何使用 Cypher 管理 Neo4j 数据、数据建模和设计等。

通过本书的学习，读者可以掌握 NoSQL 数据库的核心概念、设计和应用技巧，从而在实际工作中更好地运用 NoSQL 数据库，提高数据存储与处理的效率和能力，也为学习大数据技术和云计算技术奠定基础，并提高数据管理和维护的能力。

## 致 谢

本书的编写和整理工作由北京千锋互联科技有限公司高教产品部完成，其中主要参与人员有魏涛、杨晨、任俊香、吉珊珊、吕春林、柴永菲、邢梦华、刘挺等。除此之外，千锋教育的 500 多名学员参与了本书的试读工作，他们站在初学者的角度对本书提出了许多宝贵的修改意见，在此一并表示衷心的感谢。

## 意见反馈

在本书的编写过程中，编者虽然力求完美，但难免有一些不足之处，欢迎各界专家和读者朋友给予宝贵的意见。

编 者

2024 年 10 月于北京

# 目　　录

VII

目　录

# 第1章  NoSQL 数据库基础

**本章学习目标**
- 了解 NoSQL 数据库的概念及其特点。
- 熟悉 CAP 原则和 BASE 理论。
- 理解最终一致性技术原理。
- 熟悉 NoSQL 数据库的分类。
- 了解 NoSQL 数据库的应用场景。

伴随互联网的发展和新兴技术的不断涌现,大数据应用所带来的数据处理问题变得愈加突出。为了解决超大规模和高并发系统中多样化数据类型带来的挑战,NoSQL 数据库应运而生。NoSQL 数据库具备许多新特性,如良好的可扩展性、弱化的设计范式以及较低的一致性要求。这些特性使其能够轻松应对高并发问题,并更加适应海量数据的应用场景。从本章开始,读者将踏上 NoSQL 数据库技术的学习之路,希望通过本书的学习,获得满满的收获和知识。

## 1.1  认识 NoSQL 数据库

### 1.1.1  NoSQL 简介

NoSQL 是"Not Only SQL"的缩写,含义为"不仅仅是 SQL",表示可以不使用 SQL 作为查询语言,也可以不使用固定的表格模式存储数据。NoSQL 泛指非关系数据库,NoSQL 技术主要用于解决以互联网业务应用为主的大数据应用问题,其重点是数据处理的速度和海量数据的存储。

NoSQL 最初是在 1998 年被开发出来的一个既轻量又开源的关系数据库,该数据库并不提供 SQL 功能。直到在 2009 年的一次关于分布式开源数据库的讨论中,NoSQL 的概念再次被说明,这时的 NoSQL 是非关系型、分布式,不提供数据库设计模式。同年,在亚特兰大举行的"no:sql(east)"讨论会中,对 NoSQL 的解释被认定为"非关系数据库"。

伴随 Web 2.0 网站的发展,传统的关系数据库管理系统(Relational DataBase Management System,RDBMS)难以应付海量数据的纯动态网站,并且存在着很多难以克服的问题,例如,传统的关系数据库 IO 瓶颈、性能瓶颈都难以有效突破,而非关系数据库 NoSQL 的诞生则可以很好地解决这些问题。于是 NoSQL 技术在此之后得到了非常迅速的发展。

### 1.1.2  关系数据库与非关系数据库

#### 1. 关系数据库

关系数据库(Relational DataBase,RDB)指的是采用了关系模型来组织数据的数据库。

关系数据库采用了关系对应的表现形式,以行和列的形式存储数据,就像是一组二维表格,每一列代表着不同的选项,每一行代表着不同的数据,行与列组成的区域被称为表,数据库则由一组表组成。

常见的关系数据库产品有 Oracle、SQL Server、Access 等。

**2. 非关系数据库**

非关系数据库虽然被称为 NoSQL 数据库,但是 NoSQL 的产生并不是要彻底否定关系数据库,而是作为传统数据库的一个有效补充。NoSQL 的数据存储不需要固定的表结构,一般情况下也不存在对数据的连续操作。相比于关系数据库,NoSQL 在大数据存取上具备无法比拟的性能优势。

常见的非关系数据库产品有 Redis、MongoDB、HBase、Memcached 等。

**3. 关系数据库与非关系数据库的具体区别**

1)存储方式

关系数据库基于行与列组成的表存储数据,一行代表一条记录,一列代表一个字段(即属性)。非关系数据库以数据集的方式存储数据,例如按照数据本身键值对特点、文档特点、图结构特点或者纵向按列大块存储数据。

2)存储结构

关系数据库按照数据表结构存储数据,而数据表需要提前定义和描述。经过预定义的数据表具有较高的稳定性和可靠性,但其数据模型的灵活性不高,当数据录入后,难以修改其数据类型。非关系数据库使用动态结构,在面对大量非结构化的数据时,可以根据需求灵活变化。

3)存储扩展

由于关系数据库将数据存储在数据表中,数据操作的瓶颈也就出现在了多张数据表的操作中,而且数据表越多,这个问题越严重。若要缓解这个问题,只能提高处理能力,也就是选择速度更快、性能更高的计算机,采用这样的方法可以扩展存储空间,但这种纵向扩展数据库的方式是受硬件条件限制较大的。非关系数据库可使用部署存储集群进行分布式存储,通过添加数据库服务器来分担数据量,这种扩展数据库的方式属于横向扩展。

4)查询方式

关系数据库采用结构化查询语言(Structured Query Language,SQL)对数据库进行查询,直至今日,SQL 已成为数据库行业的标准语言,它能够支持对数据的增加、查询、更新、删除操作,具备非常强大的功能,另外,它还可以采用类似索引的方法来加快查询操作。非关系数据库没有固定的查询语言,不同类型的 NoSQL 数据库,提供的产品标准有所不同。

5)事务管理

关系数据库强调 ACID 规则,即原子性(Atomicity)、一致性(Consistency)、隔离性(Isolation)、持久性(Durability),可以满足对事务性要求较高或者需要进行复杂数据查询的数据操作,而且可以充分满足数据库操作的高性能和稳定性的要求。关系数据库十分强调数据的强一致性,对于事务操作有很好的支持。非关系数据库遵循基本可用、软状态和最终一致性的 BASE 理论,虽然也可以支持事务管理,但这不是 NoSQL 的主要特点。

6)性能

关系数据库十分强调数据的一致性,并为此降低了读写性能,付出了巨大的代价。虽然关系数据库存储数据和处理数据的可靠性很不错,但在面对海量数据时,其效率就会大大降低,特别是当遇到高并发读写时性能会大幅下降。

非关系数据库大都是以键值对的格式存储数据的,又利用内存存储、数据副本、负载均衡等机制提高大数据的访问性能,因此可以很好地应对海量数据。

7)存储规范

关系数据库把数据按照一定的规范进行处理,分割成多个相关联的数据表。虽然这样管理起来更加有条理,但是在对一张数据表进行操作时往往"牵一发而动全身",管理起来具有一定难度。非关系数据库则没有严格的规范要求,往往将一个数据实体或数据集存储到一个单独的存储单元中,更加便于存储和管理大规模的数据。

8)授权方式

关系数据库产品,除 MySQL 之外,几乎都是非开源、付费的,并且价格昂贵。非关系数据库产品目前大多数是开源的,除了企业版需要付费外,相对来讲成本较低。

**4. 如何选择 NoSQL 与 RDB**

NoSQL 并未完全取代关系数据库,NoSQL 主要被用于处理大量且多元数据的存储及运算问题。了解两者的差异后,这里提供 4 个要点作为选择合适数据库的依据,从而帮助读者选择出最贴合实际需求的数据库。

1)数据模型的关联性要求

NoSQL 适合模型关联性比较低的应用,关系数据库适合模型关联性比较高的应用。当需要多表关联时,适合选择关系数据库;当对象实体关联少时,适合选择 NoSQL 数据库。作为非关系数据库产品之一,MongoDB 以文档的方式对相关联的数据进行存储,既支持复杂度相对高的数据结构,又能以此减少数据之间的关联操作。

2)数据库的性能要求

NoSQL 遵循最终一致性原则和 BASE 理论,所以高性能是它最大的优势,并且 NoSQL 数据库可以通过数据的分布式存储大幅地提高存储性能。如果考虑大数据量和访问速度的重要性,那么选择使用 NoSQL 数据库是比较合适的。

3)数据的一致性要求

关系数据库支持数据强一致性和事务管理,并且数据结构的可靠性和稳定性都极高。这一方面关系数据库与 NoSQL 数据库相比具有极大的优势,NoSQL 数据库难以在同一时间满足强一致性与高并发性。

4)数据的可用性要求

NoSQL 数据库提供了强大的数据可用性,极大地避免了数据不可用的风险。

在实际应用中,一个项目不是只能选择一种数据库,可以将其业务拆开设计,将需要关系数据库特性的数据放到关系数据库中管理,而将其他数据放到 NoSQL 中管理。

## 1.1.3 NoSQL 数据库所共同具备的特征和突出优势

NoSQL 数据库能够快速响应现代企业的数据管理需求,其灵活性和可扩展性促进了NoSQL 更长远的发展。

**1. NoSQL 数据库所共同具备的特征**

(1)NoSQL 数据库不使用 SQL 操作数据。

（2）NoSQL 数据库产品通常都是开源项目，如 HBase、MongoDB 等。

（3）除部分特殊类型的 NoSQL 数据库（如图数据库）外，大多数 NoSQL 数据库支持分布式，其研发动机主要是为了在集群环境中高效地处理大规模数据。

（4）操作 NoSQL 数据库不需要使用"模式"，无须事先修改结构定义，便于添加字段，在处理不规则数据和自定义字段时效果更加显著。

**2. NoSQL 的突出优势**

1）易扩展

NoSQL 数据库种类丰富，其共同的特点是去掉了关系数据库的关系型特性，数据之间无联系，易于数据扩展，因此增强了架构层面的扩展，同时也可将多种 NoSQL 进行整合。

2）灵活的数据模型

NoSQL 无须预先为要存储的数据建立字段，随时可以存储自定义的数据格式。

3）高可用

NoSQL 在不太影响性能的情况下，可以方便地部署高可用的架构。如 Cassandra、HBase 数据库，通过复制模型也可实现高可用。

4）可存储海量数据

NoSQL 数据库结构简单且无关联性，具有非常高的读写性能，在处理速度和海量数据存储方面，表现十分优秀。

# 1.2 NoSQL 数据库的重要理论

## 1.2.1 CAP 原则

CAP 原则又被称作 CAP 定理、布鲁尔定理（Brewer's Theorem），指的是在一个分布式系统中，不能同时满足一致性（Consistency）、可用性（Availability）和分区容错性（Partition Tolerance）三个需求。CAP 原则的三大要素的解释如下。

**1. 一致性**

一致性指数据在系统执行过某项操作后依然保持一致。例如，某分布式系统成功执行更新操作后，所有用户都能够读取到最新的值，则此系统能够保证数据的一致性。

**2. 可用性**

可用性指每个请求在一定时间内无论成功还是失败均会返回结果。

**3. 分区容错性**

分区容错性指系统中任意信息的丢失或者失败，都不会影响系统对外提供满足一致性和可用性的服务。即使某些节点出现故障，此系统仍然能继续运行。

不同类型的 NoSQL 数据库和 RDB 在设计和实现时在 CAP 原则方面进行了不同的取舍。不同类型数据库对 CPA 原则的取舍如图 1-1 所示。

按照 CAP 原则可以把数据库管理系统分成 3 类，分别如下。

（1）满足 CA 原则的数据库：满足一致性和可用性的数据库管理系统，如传统的关系数据库 MySQL、Oracle 等。此类数据库对分区容错性要求低一些，与分布式系统对分区容错性的要求背道而驰。

（2）满足 CP 原则的数据库：满足一致性和分区容错性的数据库有 MongoDB、HBase、

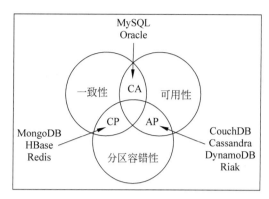

图 1-1　不同类型数据库对 CPA 原则的取舍

Redis 等。此类数据库在可用性方面会有所欠缺,当系统宕机后,需要等到数据节点恢复一致,用户才能访问到系统,致使用户体验感较差。

（3）满足 AP 原则的数据库:满足可用性和分区容错性的数据库有 CouchDB、Cassandra、DynamoDB、Riak 等。此类数据库保证了系统的可用性和分区容错性,但是节点数据一致性要求不高。一些大型网站数据库的设计一般本着 AP 原则,系统的可用性和分区容错性的优先级大于一致性。

## 1.2.2　ACID 特性

ACID 特性是指数据库管理系统中事务管理方面,必须同时满足的 4 个属性,即原子性、一致性、隔离性和持久性。这 4 个属性统称为 ACID 特性,具体含义如下。

**1. 原子性**

一个事务必须被视为像原子一样,是不可分割的最小工作单位,对数据库的操作要么都执行,要么都不执行。如果一个事务中的任何操作失败,则整个事务将被回滚到最初状态,就像从未执行过一样。

**2. 一致性**

事务的执行结果应确保数据库的状态,从一个一致性状态转变为另一个一致性状态,一致性状态的含义是数据库中的数据应满足完整性约束。

**3. 隔离性**

当多个事务并发执行时,各个事务的执行不应影响其他事务的执行。

**4. 持久性**

一个事务一旦提交,它对数据库所做的修改应该永久保存在数据库中,任何事务或系统故障都不会导致数据丢失。

以上是事务 4 个属性的概念,为了便于读者理解,接下来以转账的例子来说明如何使用数据库事务保证数据的准确性和完整性。例如,账户 A 和账户 B 的余额都是 1000 元,账户 A 给账户 B 转账 100 元,则需要 6 个步骤,具体如下。

（1）从账户 A 中读取余额为 1000 元。

（2）账户 A 的余额减去 100 元。

（3）账户 A 的余额写入为 900 元。

（4）从账户 B 中读取余额为 1000 元。

（5）账户 B 的余额加上 100 元。

（6）账户 B 的余额写入为 1100 元。

对应以上 6 个步骤理解事务的 4 个属性，具体如下。

- 原子性：保证步骤（1）～（6）所有过程都执行或都不执行。只要在执行任一步骤的过程中出现问题，就需要执行回滚操作。例如，当执行到第（5）步时，账户 B 突然不可用（如被注销），那么之前的所有操作都应该回滚到执行事务之前的状态。

- 一致性：在转账之前，账户 A 和 B 的余额共有 $1000+1000=2000$ 元；在转账之后，账户 A 和 B 的余额共有 $900+1100=2000$ 元。实际上，在执行该事务操作之后，数据从一个状态改变为另外一个状态。

- 隔离性：在账户 A 向 B 转账的整个过程中，只要事务还未提交，查询账户 A 和 B 时，两个账户中金额都不会产生变化。如果在账户 A 给 B 转账的同时，有另外一个事务执行了账户 C 给 B 转账的操作，那么当两个事务都结束时，账户 B 中的金额应该是账户 A 转给 B 的金额，加上账户 C 转给 B 的金额，再加上账户 B 原有的金额。

- 持久性：只要提交事务使得转账成功，两个账户中的金额数就会真正发生变化，即会将数据写入数据库进行持久化保存。

另外，事务的原子性与一致性是密切相关的，原子性被破坏可能导致数据的不一致，但数据的一致性问题并不都和原子性有关。例如，在转账的例子中，在第（5）步时，如果为账户 B 只加了 50 元，则该过程是符合原子性的，但数据的一致性就出现了问题。因此，事务的原子性与一致性缺一不可。

## 1.2.3  BASE 理论

BASE 理论是对 CAP 原则的完善，此理论的核心思想是：即使无法做到强一致性（满足 CAP 原则的三个要素），每个应用也可以根据业务的自身特点，采用适当的方式使系统达到最终一致性。NoSQL 数据库最主要的优势就是采用了分布式集群架构，可以保证系统的可用性和分区容错性，在一致性方面做出了让步，满足最终一致性即可。

BASE 理论包括基本可用（Basically Available）、软状态（Soft-state）、最终一致性（Eventually Consistent）三大要素，其含义解释如下。

### 1. 基本可用

当系统出现了不可预估的故障时，系统仍然可用，但与正常系统相比，存在响应时间和功能上的损失。

### 2. 软状态

允许系统中的数据存在中间状态，并且该中间状态不会影响系统的整体可用性，可以理解为允许系统在不同节点之间进行数据同步时存在一定的延迟。

### 3. 最终一致性

允许数据不满足实时的一致性，但在一定时间内，数据达到一致的状态。

通过对 ACID 特性和 BASE 理论的介绍，可以看出两者截然相反，但各有优势。从应用方面来说，如支付转账业务等，应该采用严格的 ACID 事务管理系统；比如某些超过能够管理的数据，可将系统架构转变为分布式系统，把要处理的大数据进行扩展。

## 1.2.4 最终一致性

按照强度的不同,数据的一致性可以分为强一致性和弱一致性。其中,强一致性指的是分布式系统中所有节点的状态和数据副本保持实时性一致;弱一致性指的是不要求分布式系统各节点状态及数据副本保持实时性一致,但是要求各节点的最终状态与数据副本保持一致。最终一致性属于弱一致性的一种特殊形式,要求系统中所有数据副本在一段时间后,最终达到一致的状态。此处的时间期限由网络延时、系统负载、数据复制方案设计等因素决定。

在工程实践中,最终一致性可分为以下5种。

**1. "因果"一致性(Causal Consistency)**

如果节点A更新并通知节点B更新了某项数据,节点B之后的访问和更新都基于节点A更新后的值,与节点A无因果关系的节点C不受这样的限制,只遵循一般的最终一致性原则。

**2. "读己之所写"一致性(Read-your-writes Consistency)**

节点A在更新完某项数据后,它自身总能访问到已更新后的值,不能访问到更新前的旧值。"读己之所写"一致性是"因果"一致性的一种特例。

**3. "会话"一致性(Session Consistency)**

将对系统数据的访问进程放到一个会话当中,如果会话存在,那么系统保证在同一个会话中实现"读己之所写"一致性;如果会话因网络不稳定或宕机等事件而终止,那么需要重新建立会话。

**4. "单调读"一致性(Monotonic Read Consistency)**

如果一个节点已经从系统中读取过数据对象的某个值,那么系统对于该节点的任何后续操作都访问不到这个值之前的值,即保证客户端在以后的任意请求中,都会返回最新的值。

**5. "单调写"一致性(Monotonic Write Consistency)**

一个系统保证来自同一个节点的写操作是顺序执行的。

最终一致性的5种形式往往是结合使用的,用来构建一个具有最终一致性的NoSQL分布式集群系统。

## 1.2.5 数据复制与分片

NoSQL集群保证读取数据的并行性和分区容错性的主要机制是数据的复制和分片。数据复制指的是数据的拷贝,在集群中指的是同一份数据拷贝到多个节点。数据分片指的是将数据进行划分,然后存放到不同的节点上,以此实现横向扩展。数据复制和数据分片可以结合使用,也可以单独使用。

数据复制有两种形式,分别为主从复制和对等复制,具体描述如下。

**1. 主从复制**

在数据库集群中将服务器节点按主从(Master/Slave)模式设定为主节点和从节点,通常主节点负责数据的写入,从节点负责数据的读取。主从复制的主要目的是实现数据备份,防止单点故障导致数据丢失或者不可用。主、从节点按照一定的策略进行交互,将写入的数据复制到从节点上。

**2. 对等复制**

在数据库集群中将服务器节点按对等(Peer to Peer)模式设定,各节点地位平等,均可以写入任何数据,节点间相互协调以同步其数据。即使节点数据不一致,也能由应用程序或者 Raft 选举算法来解决。

NoSQL 数据库几乎都支持自动分片,能够自动地在多台服务器上分发数据,而不需要应用程序增加额外的操作。数据分片的两种方式分别如下。

(1)将不同的数据分片分布到多个节点中,每一个数据子集都由一个专门的节点服务器负责。

(2)将数据复制到多个节点上,每份数据都能在多个节点中找到。

一个成熟的 NoSQL 数据库管理系统会将分片和复制策略结合起来,其可采用以下方式。

(1)主从复制与分片结合:整个系统中有多个主节点,但对于每项数据,负责它的主节点只有一个。根据配置需要,同一个节点既可以充当某些数据的主节点,也可以充当其他数据的从节点,也可以被指派为专门的主节点或从节点。

(2)对等复制与分片结合:将每个分片数据放在多个节点上,一旦某个节点出错,那么上面保存的那些分片数据会由其他节点重建。

# 1.3  NoSQL 数据库的分类

## 1.3.1  键值对存储数据库

按照数据存储类型,NoSQL 数据库可以分为 4 类,分别为键值对存储数据库、文档存储数据库、列族存储数据库、图形存储数据库。不同类型的 NoSQL 数据库的产生根源和主要应用场景如下。

(1)解决传统关系数据库无法解决的数据存储及访问问题。

(2)解决大数据应用问题。

(3)解决互联网上应用问题。

其中,键值对存储数据库使用简单的键值方法来存储数据。键值对数据库以键值对为集合存储数据,其中键作为唯一标识符。键值对数据库不仅是高性能、高度可分区的,而且支持水平扩展,能够实现海量数据的存储与访问。

键值对存储数据库的存储结构如图 1-2 所示。

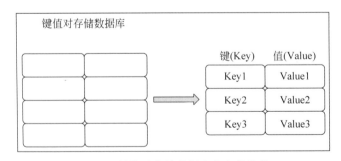

图 1-2  键值对存储数据库的存储结构

Key-Value(键值对,KV)数据模型有一个特定的 Key 和一个指针指向特定的 Value,这实际上是一种映射关系,其中 Key(键)是查找每条数据的唯一关键字,Value(值)是该数据实际存储的内容。例如,键值对("20221225","山水画"),其中 Key 为"20221225",是该数据的唯一关键字,Value为"山水画",是该数据实际存储的内容。键值对中的值可以是字符串、列表、对象、图像、视频等。Key-Value数据模型采用哈希函数通过对Key进行排序和分区操作直接定位到Value,以此完成存储和检索,能够实现快速查询,支撑起大数据量和高并发查询。若从Value入手,需要对全表的数据进行遍历查找,易造成资源浪费。

键值对数据库按照读写方式可以分为两种:面向内存的Key-Value存储和面向磁盘的Key-Value存储。采用哪一种键值对数据库,通常由数据量的大小和对访问速度的要求决定。面向内存的Key-Value存储数据库有Redis、Memcached等产品,适用于数据量不大但需要对特定的数据进行高速并发访问的场景。面向磁盘的Key-Value存储数据库有RocksDB、LevelDB等产品。

键值对数据库不适合类似于关系数据库中的关联查询,因为不但实现的代码复杂,而且数据量太大,会导致查询效率低下。

键值对存储数据库的主要特点如下。

**1. 简洁**

采用Key-Value形式存储数据,无须使用复杂的数据模型即可进行增加和删除操作。此外,由于无须指定数据类型,因此便于添加新数据。

**2. 高速**

数据保存在内存中,在RAM(Random Access Memory,随机存取存储器)中读取和写入速度较快。Redis可以把内存中的数据持久化至磁盘中。由于数据存在内存中,存储新的数据时需要释放内存,可使用算法实现,如LRU(Least Recently Used,最近最少使用算法)。

**3. 易于缩放**

可根据系统负载量灵活添加或删除服务器。

## 1.3.2　文档存储数据库

文档存储数据库以文档的形式存储数据。文档是文档存储数据库的基本单位,文档可以很长、很复杂、内容结构不固定。文档存储数据库的存储结构示意图如图1-3所示。

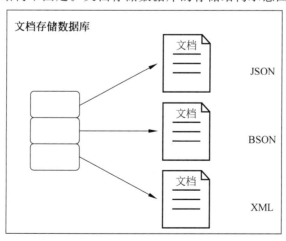

图1-3　文档存储数据库的存储结构示意图

在图 1-3 中,文档的格式可以是 JSON(JavaScript Object Notation,一种轻量级的数据交换格式)、BSON(Binary JSON,二进制 JSON)、XML(Extensible Markup Language,可扩展标识语言)等,文档以"字段-值"成对的形式存储数据,存储的内容是文档型的嵌套结构。一个文档的存储内容就相当于关系数据库中的一行,也就是一条记录。例如,存储一个用户的信息,文档存储语句如下。

```
{
    "_id": 1,
    "first_name": "leo",
    "email": "Mike@example.com",
    "spouse": "陆西",
    "likes": [
        "Mountain climbing",
        "swiming",
        "live tweeting"
    ]
}
```

文档存储数据库不像关系数据库要求表格中每行数据的模式都要相同,每个文档的"数据模式"都可以不同,但是也可以放在同一个"集合"内。向文档中新增数据时,不需要预先定义,也不需要修改已有文档内容。文档存储数据库是目前功能最丰富的 NoSQL 数据库。

文档存储数据库的主要特点如下。

(1)文档模型:数据存储在文档中。这些文档类似字处理文档,并且呈现嵌套的键值树状结构,可以包含映射表、集合和纯量值。

(2)结构灵活:不要求固定的数据结构,且结构灵活易于修改,一个集合中的文档之间不需要定义相同的字段,若要修改或添加新字段,不会影响其他文档。

(3)高可用性:支持主从式数据复制,以及快速、安全、自动化的集群节点故障转移。

(4)高效查询:支持视图查询和索引机制,支持复杂的查询条件。

文档存储数据库的主流产品有 MongoDB、CouchDB、OrientDB 等。

文档存储数据库主要应用于事件记录、网站分析与实时分析、电子商务应用程序、内容管理系统及博客平台等场景。文档存储数据库不适用于处理包含多项操作的复杂事务,不适用于查询持续变化的聚合结构。

## 1.3.3 列族存储数据库

列族存储数据库以列相关存储体系架构存储数据,适用于批量数据处理和即时查询。这种数据库不同于行族存储数据库,行族存储数据库以行相关的存储体系架构进行空间分配,适用于小批量的数据处理,常用于联机事务型数据处理。

列族存储数据库将列值按顺序地存到数据库,可以把有关联、经常在一起查询的列设计为列族,以便解决数据稀疏问题,达到数据的高效访问的目的。列族存储数据库的存储结构如图 1-4 所示。

列族存储数据库能够减少 I/O 操作以及充分利用存储空间,这是因为在列族存储数据库中,若列值不存在即遇到 Null 值,则不会存储。列族存储数据库的典型代表有 HBase、Cassandra、ClickHouse 以及 HyperTable 等数据库。

列族存储数据库的主要特点如下。

| 列族存储数据库 | | | |
|---|---|---|---|
| | 列族1 | | 列族n |
| | 列1 | 列n | 列n |
| 行键1 | | | |
| 行键2 | | Ts1:值1 Ts2:值2 Ts3:值3 | |
| 行键n | | | |

图 1-4    列族存储数据库的存储结构

（1）高效：根据不同的数据特征使用压缩算法，高效的压缩效率节省了磁盘空间、计算CPU以及内存空间。

（2）可扩展性：具有伸缩性，以列的方式分割数据，可灵活增减数据，一个表可达到上亿行和百万列。

（3）延迟物化：由于其特殊的执行引擎，在数据中间过程运算时一般不需要解压数据而是以指针代替运算，直到最后需要输出完整的数据。

（4）快速查询和写入：可在几秒钟内加载十亿行表，查询的并发处理性能高。

（5）跨平台部署：支持Java、Python、Ruby等多种语言应用开发API。

列族存储数据库本质上也是以KV形式存储的，与键值对存储数据库不同的是，其把行和列一起作为键，值则利用时间戳在一起存储。文档存储模式、键值存储模式和列族存储模式通常被称为面向聚合的数据模型。这几种模式之间可以相互配合，没有绝对的界限。

## 1.3.4  图形存储数据库

图形存储数据库以图形理论抽象地存储实体之间的关系信息，其中实体被看作图形的"节点"，关系被视为图形的"边"，边按照关系对节点进行连接。图形存储数据库的存储结构如图 1-5 所示。

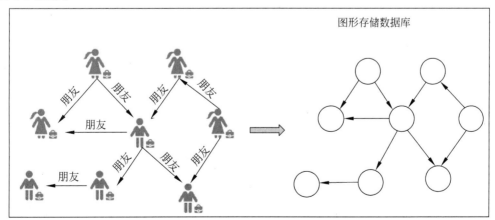

图 1-5    图形存储数据库的存储结构

NoSQL 数据库基础

数据模型使用节点(实体)和边(关系)来表示,其中,节点间的关系有多种类型,可带有描述属性;节点则可以带有不同类别标签,综合起来能高效地解决复杂的关系问题。

以社会网络中人与人之间的关系为例,难以使用关系数据库存储"关系信息"数据,查询速度慢且复杂,而图形存储数据库是 NoSQL 数据库中的一种以图形结构存储实体之间关系信息的数据库,非常适合"关系信息"数据的管理。

常见的图形存储数据库有 Neo4j、FlockDB、AllegroGrap、GraphDB、InfiniteGrap 等,另外,还有其他一些图形存储数据库,如 OrientDB、InfoGrid 和 HypergraphDB 等。

图形存储数据库在人际关系、事件关系及其他关系数据的管理与分析应用中更加高效,特别适用于微信、微博等社交应用场景。利用亲人和朋友之间的联系,图形存储数据库可以展现出用户在朋友圈的定位,以及与其他关联用户的共同特点,如爱好和兴趣等。图形存储数据库还常应用于欺诈检测、推荐应用、交通网络、金融领域等场景。

图形存储数据库的特点如下。

(1) 数据模型:当使用关系数据库表示多对多关系时,需要设计两个实体之间的关系,然后建立一个关联表,如果两个实体之间存在多种关系,那么需要额外建立多个关联表。在这样的情况下,图形存储数据库则只需要标明两实体间的多种关系。若两个实体(节点)间存在双向关系,则为每个方向定义一个关系即可。

(2) 图形搜索能力:支持基于路径的高性能图数据遍历访问方法。

(3) 横向扩展能力:如单个 Neo4j 实例能够存储几十亿个节点及关系,这种扩展能力已经足够应对一般的企业级应用。支持分布式集群架构可以支撑起数十亿节点的高效访问。

(4) 跨平台能力:支持 Java、Python 等多种开发语言,支持跨平台部署,简单易用。

## 1.3.5 NoSQL 数据库的比较

本书将主要基于 NoSQL 四大类型的数据库讲解基础理论知识和技术操作,每一种类型的数据库都有其擅长领域。NoSQL 数据库的比较如表 1-1 所示。

表 1-1 NoSQL 数据库的比较

| 数据库分类 | 数据模型 | 常见数据库 | 优 点 | 缺 点 | 应用场景示例 |
|---|---|---|---|---|---|
| 文档存储数据库 | 类 JSON 类型,文档型的嵌套结构 | MongoDB、CouchDB、RavenDB | 数据结构要求不严格,表结构可变,不需要像关系数据库一样预先定义表结构 | 查询性能不高,而且缺乏统一的查询语法 | 内容管理应用程序、电子商务应用程序等 |
| 键值对存储数据库 | Key 指向 Value 的键值对 | Redis、Tokyo Cabinet、Oracle BDB | 查找速度快 | 数据无结构化,通常只被当作字符串或者二进制数据 | 会话存储、内容缓存,主要用于处理大量数据的高访问负载,也用于一些日志系统等 |
| 列族存储数据库 | 按列存储数据,将同列数据存储到一起 | HBase、Cassandra、Risk、HyperTable | 查找速度快,可扩展性强,更容易进行分布式扩展 | 功能相对局限 | 分布式的文件系统,日志记录、博客网站等 |

| 数据库分类 | 数据模型 | 常见数据库 | 优 点 | 缺 点 | 应用场景示例 |
|---|---|---|---|---|---|
| 图形存储数据库 | 图结构,构建关系图谱 | Neo4j、GraphDB、FlockDB | 利用图结构相关算法,如最短路径寻址、N 度关系查找等 | 很多时候需要对整个图进行计算才能得出需要的信息,而且这种结构不太好做分布式的集群方案 | 社交网络的推荐系统、欺诈检测等。专注于构建关系图谱 |

### 1.3.6　根据业务需求选择 NoSQL 数据库

目前市场上有 20 多个开源和商业的 NoSQL 数据库,这就涉及选择合适的产品或云服务的问题。NoSQL 数据库的架构和功能各有不同,因此,在选择最适合业务需求的数据时,以下 6 点是需要特别注意的。

(1) 数据库的选择并不是单一的,不同的业务模块可选择专用的数据库。

(2) 若需要支持应用程序中的多个进程或微服务持久共享数据,则优先选择键值对存储数据库。

(3) 若需要对邻近度计算、欺诈检测或关联结构评估进行深层关系分析,则可以选择图形存储数据库。

(4) 若需要快速地收集大量数据并进行分析,则优先选择使用列族存储数据库。列族存储数据库也支持图形和文档存储。

(5) 对于初始项目的需求,重点考虑性能、规模、安全性、对各种工作负载(包括事务、运营和分析)的支持、与现有生态系统的集成、管理工作、云支持以及支持的用例类型。其中,安全性至关重要,考虑选择具有安全认证的 NoSQL 数据库,如具有静态数据和运动数据加密等功能的数据库,以保护敏感信息。

(6) NoSQL 数据库的普遍特点并不代表是共同特点,如并非所有的 NoSQL 数据库都可以很好地扩展,某些关系数据库则具有更好的扩展和执行能力。如果要支持高度关键的类似银行的事务,关系数据库仍然是最佳解决方案。

## 1.4　NoSQL 数据库的应用场景

### 1.4.1　NoSQL 与大数据

大数据(Big Data)作为当今热门技术之一,关注度只增不减。凡是与计算机技术和网络技术相关的,都与大数据有渊源。大数据是指无法在一定时间范围内用常规软件工具进行捕捉、管理和处理的数据集合,是需要新处理模式才能具有更强的决策力、洞察发现力和流程优化能力的海量、高增长率和多样化的信息资产。

大数据的 4 个突出特点就是海量、多样、实时以及价值,大数据的系统需求包含支持高并发读写、海量数据的高效存储和访问、高扩展性以及高可用性。传统关系数据库无法满足各种类型的非结构化数据的大规模存储和高效处理需求,NoSQL 数据库具有非常高的读写性能,恰好解决了大数据的存储问题。

典型的大数据框架如图 1-6 所示。

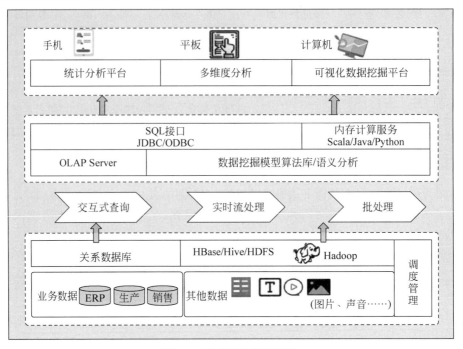

图 1-6　典型的大数据框架

大多数企业架构中,会结合使用 NoSQL 技术与 RDBMS 技术,使得大数据架构更加完整,例如作为数据缓存服务器、搜索引擎、非结构化存储、易变信息存储等。大数据场景中的数据通常呈现出多样性、复杂性和不确定性,而 NoSQL 数据库则能够有效地应对这些挑战,因此被广泛应用于大数据处理和分析的场景中。例如,Hadoop HDFS、Cassandra、MongoDB、Redis 等 NoSQL 数据库被广泛应用于大数据处理、存储和实时数据处理的场景中,以满足大数据处理的高性能、高可用性和可扩展性的要求。

## 1.4.2　NoSQL 与云计算

云计算是基于互联网的相关服务的增加、使用和交付模式,通常涉及通过互联网来虚拟化资源。"云"通常为互联网的一种比喻说法,而"计算"一词有两层含义:一是计算能力,二是对计算资源的简称。因此,用户可以把云计算理解为将计算机资源使用网络进行虚拟化,或者是用虚拟化资源进行计算。

现阶段被人们广泛认可的云计算定义来自于美国国家标准与技术研究院(National Institute of Standards and Technology,NIST),它指的是一种按使用量付费的服务模式,可以随时随地通过网络访问可配置的计算资源共享池,包括网络、服务器、存储、应用软件和服务等,这些资源可以快速调配,从而大大减少了管理资源和供应商交互的工作量。当然由于云计算的定义缺乏标准,不同人可能对其会有不同的理解和定义。简单来说,云计算是通过网络连接对计算资源进行集中管理和调度的方式,为用户提供按需服务的计算资源池。根据 NIST 的定义,云计算可以分为基础设施即服务(IaaS)、平台即服务(PaaS)和软件即服务(SaaS)三种服务模式,这也是业界广泛认可的分类方式。

云计算技术和大数据技术是互相促进、相互联系的。云计算的资源管理机制和分布式计算架构为大数据的存储和计算提供了基础设施,而大数据时代复杂的数据处理和分析任务则为云计算提供了丰富的应用场景。根据云计算服务平台是否向外开放经营,可将其分为公有云、私有云和混合云。目前国内常见的公有云服务提供商包括阿里云、华为云、腾讯云、百度云和青云等。

NoSQL 数据库是重要的大数据存储技术,国内外著名的云服务提供商针对 NoSQL 数据库也提供了相应的云服务,如亚马逊云的 Neptune 和阿里云的 HGraphDB 都是专门的图数据库服务。通过云平台购买的 NoSQL 数据库服务,使用与维护起来将更加经济便捷。

## 1.4.3 NoSQL 与物联网

物联网(Internet of Things,IoT)是新一代信息技术的重要组成,也是当今最具发展潜力的技术潮流之一,物联网即"万物相连的互联网",是指通过信息传感设备把所有物品与互联网融合,进行信息交换和通信,以便更加便利地满足人们日常生活需要。物联网已经成为数字化转型(DT)时代的重要组成部分。

物联网领域发展迅速,相应的各类智能硬件产业规模也不断扩大,包含智能交通、智能建筑、智能家居、数字化医疗、工业自动化、石化、金融、移动 POS、供应链、气象、电力、农业、林业、环境保护、公共安全、军事、遥感探测、煤炭、水务、消防等领域,所覆盖的领域涉及各个方面。

物联网的数据特征如图 1-7 所示。

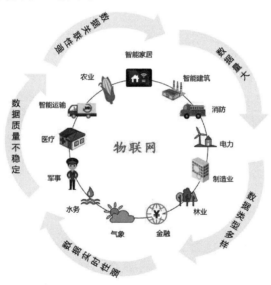

图 1-7　物联网的数据特征

物联网的数据特征主要有以下 5 方面。

(1) 数据量大:由于物联网中的设备数量众多,每个设备可以实时采集多个传感器数据,因此物联网的数据量十分庞大。

(2) 数据类型多样:物联网中的设备可以采集多种类型的数据,包括传感器数据、图像数据、音频数据等,因此数据类型非常多样化。

(3) 数据实时性强:物联网中的设备可以实时采集数据,并实时上传到云端,因此物联网的数据实时性非常强。

（4）数据质量不稳定：由于物联网中的设备分布范围十分广泛，设备质量和环境条件的不同会导致采集到的数据质量存在不稳定性。

（5）数据关联性强：物联网中的不同设备可以相互关联，采集到的数据也可以相互关联，因此物联网的数据关联性非常强。

物联网大数据应用产生海量的传感器数据，要求实时更新和查询数据，这一系列特征对数据库的性能要求也随之提高。使用 NoSQL 数据库能够快速获得数据库的读写性能，能够快速地分析数据的价值，NoSQL 中的时序类型数据库能够很好地实时处理数据，并提供更快的响应速度，匹配物联网感知数据的存储需求，从数据中挖掘有价值的信息。

针对物联网为何选择使用 NoSQL 数据库的原因，总结了以下 4 点。

（1）物联网中的传感器以 24h×7d 的时间为单位发送大量数据，海量的数据需要更大的存储容量。传感器所收集的数据并不总是以表格形式呈现，而是常常以不规律但连续的数据流形式进行展示。同时，对这些数据需要进行及时添加或者删除操作进行处理。而 RDBMS 对于处理传感器生成的数据类型并不专业，并且很难满足这些需求。

（2）NoSQL 数据库的非结构化数据模型具备灵活性，能存储所有类型的新数据：事件、时序数据、文字、图像及各种其他类型的数据，NoSQL 数据库还具有更高的可伸缩性，可以选择使用多种类型的数据库，如文档存储数据库，键值对存储数据库或图形存储数据库。时序数据库，尤其是物联网应用程序中，已成为越来越理想的选择之一。

（3）NoSQL 数据库的分布式存储架构提供了优秀的水平扩展性，既实现了动态地增加数据库的容量，轻松地支持 PB 级别以上的数据量，又采用分布式的存储，进一步大大降低了存储的成本。

（4）NoSQL 支持多种多样的大数据架构，使用 NoSQL 技术能够实时分析系统，并且极大提高分析的性能和效率，从而及时地收集和反馈信息。这有助于企业更快地从物联网产生的庞大数据中获取有用的信息。

NoSQL 数据库的多种特性都很好地解决了物联网、大数据系统的多种需求，因此 NoSQL 数据库将会是物联网行业未来发展的重要技术基础之一。

# 1.5　本章小结

本章重点介绍了 NoSQL 的概念、共同特征和 NoSQL 数据库的重要理论，详细介绍了 NoSQL 的四种类型数据库——文档存储数据库、键值对存储数据库、列族存储数据库、图形存储数据库，最后介绍了 NoSQL 数据库与其他热门技术的联系。"水之积也不厚，则其负大舟也无力"，希望读者仔细阅读本章内容，掌握 NoSQL 数据库的基础知识，为后续学习 NoSQL 的其他知识奠定基础。

# 1.6　习　　题

### 1. 填空题

（1）NoSQL 泛指非关系数据库，NoSQL 技术主要解决以互联网业务应用为主的

_____,重点是处理速度和_____。

（2）关系数据库,是指采用了_____的数据库。关系数据库采用了关系对应的表现形式,其以_____的形式存储数据,就像是一组二维表格,以便于用户理解。

（3）关系数据库采用_____来对数据库进行查询,非关系数据库_____。

（4）NoSQL_____为要存储的数据建立字段,随时可以存储自定义的_____。

（5）ACID是数据库管理系统中事务管理方面,必须同时满足的4个属性,即_____、_____、_____和_____。

（6）最终一致性属于弱一致性的一种特殊形式,要求系统中所有数据副本在一段时间后,最终达到_____的状态。

（7）最终一致性可分为5种,分别为_____、_____、_____、_____。

（8）数据复制,不言而喻,是指数据的拷贝,在集群中是指_____。数据分片是指_____,然后_____,以此实现横向扩展。

（9）文档存储数据库主要应用于_____、_____、_____、_____及博客平台等场景。

（10）键值对存储数据库按照读写方式可以分为两种:_____和_____。

**2. 简答题**

（1）简述CAP原则的三大要素。

（2）简述BASE理论的三大要素。

（3）简述最终一致性的5种类型。

（4）简述4种NoSQL数据库的区别。

**3. 描述题**

讲述如何根据业务需求选择NoSQL数据库。

# 第 2 章 键值对存储数据库 Redis

**本章学习目标**

- 了解 Redis 的特点和应用场景。
- 了解 Redis 支持的数据类型。
- 掌握 Redis 的安装部署。
- 掌握 Redis 的命令行操作。
- 熟悉 Redis 数据库的备份与恢复。
- 熟悉 Redis 图形化管理工具。

Redis(Remote Dictionary Server,远程字典服务器)在开发中常被用作缓存数据库,在缓存数据库领域中有着不可取代的地位。Redis 的应用场景十分广泛,常被用于数据缓存、游戏存储、分布式会话存储、实时分析和机器学习等场景。若想高效地利用和发掘日益增长且分散的数据,Redis 是一个十分适宜的选择。在第 1 章中,已对 NoSQL 基础知识进行了简单的介绍,本章将进一步介绍 NoSQL 键值对存储数据库 Redis。

## 2.1 认识 Redis

### 2.1.1 Redis 简介

Redis 是一个开源的、高性能的键值对存储系统,是跨平台的非关系数据库。

2008 年,一款基于 MySQL 的网站实时统计系统——LLOOGG 被正式推出。不久之后,Merzia 公司由于不满意这个系统的现有性能,于 2009 年为 LLOOGG 设计了一个全新的数据库——Redis(第一个版本)。为了使 Redis 能够应用到更多地方,其创始人在社区开源代码,并与 Redis 另一名主要的代码贡献者共同开发着 Redis。

2010 年,VMware 公司赞助了 Redis 的开发,开发人员开始全职开发 Redis。从 2013 年5 月起,Pivotal 成为 Redis 的主要赞助商。

根据 Redis 官网的最新介绍,Redis 是一个开源(持有 BSD 许可)的、基于内存处理的数据结构存储,用作数据库存储、缓存处理、消息代理和流引擎(Streaming Engine)。Redis 的功能十分强大,在短短几年的时间里,不仅获得了庞大的用户群体,还得到了大量程序员和IT 公司的支持和推广。

DB-Engines 网站根据键值对存储数据库的受欢迎程度对它们进行排名,该排名结果每月更新一次。DB-Engines 网站的键值对存储数据库排名如图 2-1 所示。

根据 Stack Overflow 年度开发人员的调查结果显示,Redis 连续 4 年获得最受欢迎的键值对存储数据库的称号。Redis 是基于 ANSI C 语言编写的,并且为开发者提供了多种语

| □ include secondary database models | | | | | 66 systems in ranking, September 2022 | | |
|---|---|---|---|---|---|---|---|
| **Rank** | | | **DBMS** | **Database Model** | **Score** | | |
| Sep 2022 | Aug 2022 | Sep 2021 | | | Sep 2022 | Aug 2022 | Sep 2021 |
| 1. | 1. | 1. | Redis ➕ | Key-value, Multi-model | 181.47 | +5.08 | +9.53 |
| 2. | 2. | 2. | Amazon DynamoDB ➕ | Multi-model | 87.42 | +0.16 | +10.49 |
| 3. | 3. | 3. | Microsoft Azure Cosmos DB ➕ | Multi-model | 40.67 | -0.70 | +2.15 |
| 4. | 4. | 4. | Memcached | Key-value | 25.02 | +0.38 | -0.64 |
| 5. | 5. | ↑6. | Hazelcast | Key-value, Multi-model | 10.06 | -0.63 | +0.25 |
| 6. | 6. | ↓5. | etcd | Key-value | 9.50 | -0.81 | -0.82 |
| 7. | ↑8. | 7. | Ehcache | Key-value | 6.87 | -0.16 | -0.14 |
| 8. | ↓7. | ↑10. | Ignite | Multi-model | 6.71 | -0.34 | +1.87 |
| 9. | 9. | 9. | Aerospike ➕ | Multi-model | 6.65 | -0.20 | +1.32 |
| 10. | 10. | ↓8. | Riak KV | Key-value | 6.25 | -0.04 | +0.66 |

图 2-1　DB-Engines 网站的键值对存储数据库排名

言的 API,如 C♯、C++、GO、Java、PHP、Ruby、JavaScript、Perl、Python 等。伴随着 Redis 的用户越来越多,大部分的互联网公司都开始使用 Redis 作为公共缓存。

## 2.1.2　Redis 的特点

Redis 作为热门的 NoSQL 数据库系统之一,提供了多种键值对数据类型以适应不同场景下的存储需求。Redis 主要有以下 6 个特点。

**1. 丰富的数据结构**

Redis 通常被称为数据结构服务器,因为它不仅支持多种类型的数据结构,如字符串(Strings)、散列(Hashes)、列表(Lists)、集合(Sets)、有序集合等,还可以通过 Redis 哨兵(Sentinel)和自动分区(Cluster)实现高可用性。

**2. 内存存储与持久化**

Redis 数据库的所有数据都被加载到内存中进行操作或处理,由于内存的读写速度远远大于硬盘,因此 Redis 的数据读写速度及性能也比其他数据库更加优秀,它每秒可以读写超过 10 万个键值对。

Redis 的数据存储在计算机内存中,为了能够持久地使用 Redis 数据,防止系统故障造成数据丢失,可以将 Redis 中的数据异步写入磁盘空间中,这个过程就叫作 Redis 持久化。Redis 提供了两种不同的持久化方法,一种是快照(Redis DataBase,RDB),另一种是追加文件(Append Only File,AOF)。

**3. 支持事务**

Redis 的事务操作可以保证数据操作的原子性,即一个事务中的所有命令要么全部执行,要么全部不执行。如果其中任何一个命令执行失败,整个事务将被回滚到之前的状态。这种原子性保证了 Redis 的数据操作具有可靠性和一致性。

**4. 支持主从复制**

Redis 支持主从复制构建集群,支持数据的备份。为了分担读取数据的压力,Redis 不仅支持主从同步,也支持一主多从以及多级从结构,其中主节点提供写操作,从节点仅提供读操作。对于"读多写少"的状况,可为主节点配置多个从节点,从而提高响应效率。

1) Redis 主从同步实现过程

Redis 主从数据的同步是异步进行的,主从同步存在一个状态差,但不会影响主逻辑,也不会降低 Redis 的处理性能。Redis 主从同步的实现过程如图 2-2 所示。

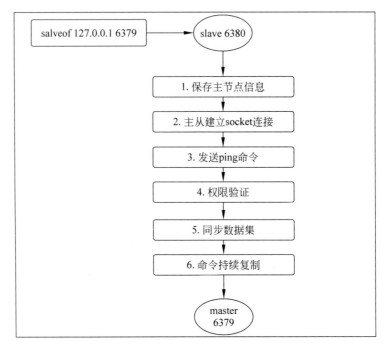

图 2-2　Redis 主从同步的实现过程

如图 2-2 所示，Redis 实现主从同步的过程大致可以分为以下 6 步。

（1）从节点执行 slaveof 命令。

（2）从节点保存 slaveof 命令中主节点的信息，不进行其他操作。

（3）从节点内部的定时任务发现有主节点的信息，开始使用 socket 连接主节点。

（4）连接成功后，从节点向主节点发送 ping 命令，请求连接。

（5）如果主节点设置了权限，从节点需要进行权限验证；如果验证失败，复制终止。权限验证通过后，主从节点进行数据同步，主节点将全部数据全部发送至从节点，进行一次完整备份。

（6）主从节点完成备份后，主节点将持续发送新的数据变动命令给从节点，从节点实时同步，保证主从数据一致性。

2）Redis 数据同步的过程

Redis 2.8 版本之后，从服务器对主服务器的同步操作需要使用 psync 命令来实现，主从服务器在执行 psync 命令期间的通信过程如图 2-3 所示。

如图 2-3 所示，从服务器发送 psync［runId］［offset］命令，其中 runId 及 offset 参数的说明如下。

（1）runId：每个 Redis 节点启动都会生成唯一的 UUID，每次 Redis 重启后，runId 都会发生变化。

（2）offset：主节点和从节点各自维护自己的主从复制偏移量 offset，当主节点有写入命令时，offset＝offset＋命令的字节长度。从节点在收到主节点发送的命令后，也会增加自己的 offset，并把自己的 offset 发送给主节点。这样，主节点同时保存自己的 offset 和从节点的 offset，并通过对比 offset 来判断主从节点数据是否一致。

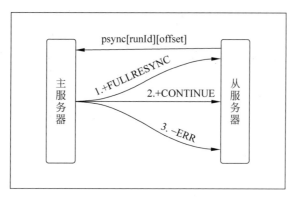

图 2-3　主从服务器在执行 psync 命令期间的通信过程

发送 psync 命令的目的是让从服务器与主服务器进行同步,以确保从服务器的数据与主服务器的数据保持一致。当从服务器发送 psync 命令后,主服务器可能会有以下 3 种响应情况。

(1) +FULLRESYNC:第一次连接,进行全量复制。

(2) +CONTINUE:进行部分复制。

(3) −ERR:不支持 psync 命令,进行全量复制。

**5. 功能丰富**

Redis 不仅是优秀的存储数据库,还担任着其他角色,如缓存系统、队列系统等。

作为缓存系统,Redis 为每个键设置生存时间(Time To Live,TTL),生存时间到期后键会自动被删除,还可以限定数据占用的最大内存空间,在数据达到空间限制后按照一定的规则自动淘汰不需要的键。借助 Redis 出色的性能、丰富的数据类型及其特有的持久化,用户可将 Redis 应用到更加宽广、丰富的业务中去。

Redis 是一个高性能的优先级队列,它借助列表类型键实现队列,支持阻塞时的读取操作。除此之外,Redis 还支持"发布/订阅"的消息模式,可帮助用户构建聊天室系统。

**6. 简单稳定**

Redis 使用起来十分便捷,它提供了几十种编程语言的客户端库。用户可以使用命令操作 Redis 数据库,实现读写数据,便于在程序中与 Redis 交互。命令语句与 Redis 的关系相当于 SQL 语句与 MySQL 的关系。

Redis 的开发代码量仅 3 万多行,并且开源,便于用户通过修改 Redis 源代码来适应自己的项目需求。同时,对于希望充分发挥数据库性能的开发者而言,Redis 也具有很大的吸引力。到目前为止,已有近百名开发者为 Redis 贡献了代码。在良好的开发氛围和严谨的版本发布机制下,Redis 稳定版本的性能更具可靠性。

## 2.1.3　Redis 的应用场景

Redis 数据库主要被大型企业、初创公司和政府组织用于以下场景:缓存、构建队列系统、实时欺诈检测、全球用户会话管理、实时库存管理、AI/ML 功能存储及索赔处理。

Redis 数据库在内存中读写数据的容量受到物理内存的限制,不适合用于海量数据的高性能读写,再加上它缺少原生的可扩展机制,不具备可扩展能力,需要通过客户端来实现分布式读写,因此 Redis 适合的场景主要局限在较小数据量的高性能操作和运算上。目前,国内的互联网企业，如新浪微博和知乎，以及国外互联网企业的产品，如 GitHub、Stack Overflow、Flickr 和 Instagram，这些都是 Redis 的用户。

Redis 常见应用场景包括以下 6 种。

**1. 存储数据库**

当使用云数据库 Redis 时，Redis 作为持久化数据库，主程序部署在 ECS（Elastic Compute Service，云服务器）上，所有业务数据存储在 Redis 中。云数据库 Redis 版支持主备双机的冗余数据存储策略，从而保证了服务的高可用性。其适用场景广泛，包括但不限于游戏网站及需要快速读写、持久化存储的游戏应用。

**2. 缓存**

Redis 最常见的应用场景是作为缓存系统。它使用 String 类型来将序列化后的对象存储到内存中。当提到缓存系统时，不可避免地要提到 Redis 和 Memcached 的比较。Redis 和 Memcached 的比较如表 2-1 所示。

表 2-1　Redis 与 Memcached 的比较

| 比 较 内 容 | Redis | Memcached |
|---|---|---|
| CPU | 单核 | 支持多核 |
| 内存利用率 | 低（压缩比 Memcached 高） | 高 |
| 持久性 | 有（硬盘存储，主从同步） | 无 |
| 数据结构 | 复杂 | 简单 |
| 工作环境 | Linux | Linux、Windows |

Redis 是单线程模型，而 Memcached 则支持多线程。当应用在多核服务器上时，Redis 的性能比 Memcached 要逊色一些。Redis 的性能优异，通常情况下其性能不会成为服务的瓶颈。Redis 将会很好地代替 Memcached，成为热点数据缓存的首选工具。

**3. 消息队列**

Redis 支持保存 List（链表）和 Set（集合）的数据结构，且支持对 List 进行各种操作。基于 List 来做 FIFO 双向链表可实现一个轻量级的高性能消息队列服务。其常见的应用场景包括 12306 网站的排队购票业务和候补业务，以及电商网站的秒杀、抢购等业务。

**4. 排行榜**

Redis 使用有序集合和一个计算热度的算法，可以轻松地得到一个热度排行榜。其常见的应用场景有新闻头条、微博热搜榜、热歌榜、游戏排行榜等。

**5. 位操作**

当需要处理大规模数据量的情况时，可以考虑使用位操作。例如，处理几亿用户的签到、去重登录的统计、查询用户的在线状态等场景。如果为每个用户建立一个 Key，那么对于拥有十多亿用户的腾讯来说，所需要的内存大小将难以想象。使用 Redis 的位操作命令，如 setbit、getbit 和 bitcount，可以解决上述问题。可以在 Redis 内部构建一个足够长的数组，每个数组的值为 0 或 1 的 bit。数组的下标（Index）使用数字表示用户 ID。这样，可以使用下标和元素值来记录并存储数亿条 bit 记录。

**6. 计数器**

Redis 高效率读写的特点可以充分发挥其计数功能。在 Redis 的数据结构中，String、Hash 等支持原子性的递增操作，适用诸如统计点击数应用。因为 Redis 是单线程，所以能够避免并发问题,保证不会出错,而且其 100％毫秒级的性能,非常适用于高并发的秒杀活动、分布式序列号的生成、网站访问统计等场景。

# 2.2　Redis 支持的数据结构

Redis 以键值对的形式存储数据,而 Value 则支持多种数据类型,常见的数据结构有 String(字符串)、List(列表)、Set(集合)、Hash(散列)和 Sorted Sets(有序集合)。本节将详细讲解这 5 种数据结构。

**1. String(字符串)**

String 类型是 Redis 最基本的数据类型,一个 Key 对应一个 Value,String 类型的 Value 最大能存储 512 MB。String 的值是二进制类型的,具有较高的安全性,其值的数据类型可以是文本、图片、视频或者序列化的对象。String 的内部组成结构如图 2-4 所示。

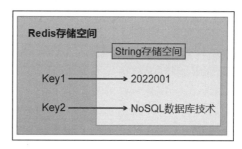

图 2-4　String 的内部组成结构

String 数据结构多用于实现计数功能,例如掘金文章的点击数量、阅读数量、视频观看量、分布式锁,也常用于集群环境下的 session(会话)共享。

**2. List(列表)**

Redis 列表是简单的字符串列表,按照插入顺序排序,最多可存储 $2^{32}-1$ 个元素。在对列表进行读写操作时,只能添加或读取一个元素到列表的头部(左边)或者尾部(右边)。List 的内部组成结构如图 2-5 所示。

如图 2-5 所示,GoodID 为列表的键名,2022001、2022002、2022003 和 2022003 都是列表中的键值。这些值均按照插入顺序排列,分别为列表的第 1 个字符串元素、第 2 个字符串元素、第 3 个字符串元素、第 4 个字符串元素。另外,List 允许出现重复的值,如该 List 中的第 3 个字符串元素和第 4 个字符串元素都为 2022003。

List 数据结构可用于获取最新的评论列表、最近 N 天的活跃用户数、新闻推荐等。

**3. Set(集合)**

Set 是字符串元素的无序集合。其中,字符串元素是不重复且无序的,集合最多可存储 $2^{32}-1$ 个元素。Set 的内部组成结构如图 2-6 所示。

图 2-5　List 的内部组成结构

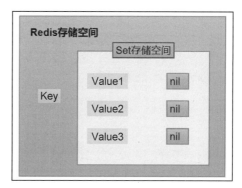

图 2-6　Set 的内部组成结构

Set 类型与 Hash 类型的存储结构相同,仅存储键,不存储值(nil)。这是因为 Set 的内部实现是一个 Value 永远为 null 的 HashMap。HashMap 通过计算 Hash 的方式来实现快速排重,这也是 Set 类型能提供判断一个成员是否在集合内的原因。Set 的 Value 和 List 的 Value 类似,都是一个字符串列表,区别在于 Set 是无序的,且 Set 中的元素是唯一的。

利用 Redis 提供的 Set 数据结构可以存储大量的数据,并且高效的内部存储机制使其在查询方面具有更高的工作效率。

Set 可用于存储一些集合性的数据,如在微博应用中,把一个用户关注的人放在一个集合中,一个用户的粉丝放到一个集合中,通过集合的交集、并集、差集等操作,实现共同关注、互相关注、可能认识的人等功能。除此之外,Set 集合常用于限时抽奖活动、共同好友、商品筛选等场景。

**4. Hash(散列)**

Redis Hash 是一个无序的键值对集合。Redis 本身就是 Key-Value 类型,此处的 Hash 数据结构指的是 Key-Value 中的 Value,正是因为如此,Hash 特别适合用于存储对象。Hash 的内部组成结构如图 2-7 所示。

Hash 是一个字符串类型的 Key 和 Value 的映射表,其中存储键的类型必须为字符串类型,值的类型可以是不可重复的字符串、数字等。

Hash 使用哈希表结构实现数据存储,一个存储空间保存多个键值对数据,常应用于各种商城的购物车,如淘宝、京东等。

**5. Sorted Sets(有序集合)**

Sorted Sets 是在 Set 的基础上,为 Value 中的每个字符串关联了一个 Score(得分)属性。Sorted Sets 通过计算得分,将字符串进行排序,这也是有序集合与散列的主要区别。Sorted Sets 的内部组成结构如图 2-8 所示。

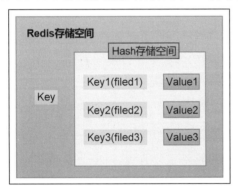

图 2-7  Hash 的内部组成结构

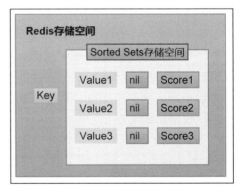

图 2-8  Sorted Sets 的内部组成结构

有序集合允许直接操作值,散列则是通过键来查找值;有序集合的键是唯一的,值是不唯一的,而散列的值是唯一的。有序集合是按照值的大小进行排序的,常用于各种排行榜,如百度新闻榜单、热搜榜等。

# 2.3  在 Linux 系统中部署 Redis

## 2.3.1  下载与安装 Redis

### 1. 下载 Redis 安装包

首先访问 Redis 官网,进入 Redis 下载页面,如图 2-9 所示。

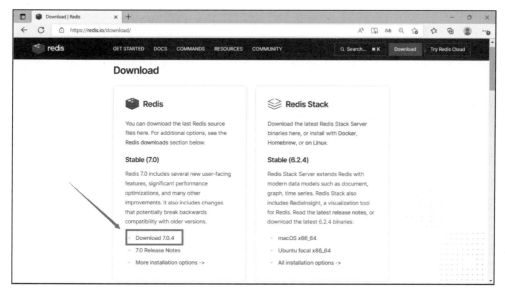

图 2-9　Redis 下载页面

如图 2-9 所示，Redis 当前最新版本为 7.0.4，Redis 版本号的命名规则借鉴了 Linux 操作系统。若该版本号的第 2 位为奇数，则表示该 Redis 版本是非稳定版本；若为偶数，则表示是稳定版本。因此，本书使用的 Redis 7.0.4 为稳定版本，在生产环境中，优先选取稳定版本的 Redis。右击 Download 7.0.4 链接，复制 Redis 下载链接，如图 2-10 所示。

图 2-10　复制 Redis 下载链接

使用 wget 命令从 Redis 官网 http://download.redis.io 下载 Redis 软件包，具体如下。

```
[root@qfedu ~]# wget https://github.com/redis/redis/archive/7.0.4.tar.gz
...
Saving to: '7.0.4.tar.gz'
2022-09-14 17:58:35 (2.32 MB/s) - '7.0.4.tar.gz' saved [2994242/2994242]
...
```

### 2. 解压 Redis 安装包

将 Redis 软件包移动到根目录(/)下,并进入该目录,对软件包进行解压,命令如下。

```
[root@qfedu ~]# mv 7.0.4.tar.gz /
[root@qfedu ~]# cd /
[root@qfedu /]# ls
7.0.4.tar.gz …
[root@qfedu /]# tar xzf 7.0.4.tar.gz
```

### 3. 编译安装

解压完成后,进入 Redis 安装包所在目录,输入 make 命令开始编译,具体如下。

```
[root@qfedu /]# cd redis-7.0.4/
[root@qfedu redis-7.0.4]# make
……省略部分过程……
    CC cli_common.o
    LINK redis-cli
    CC redis-benchmark.o
    LINK redis-benchmark
    INSTALL redis-check-rdb
    INSTALL redis-check-aof
Hint: It's a good idea to run 'make test' ;)
make[1]: Leaving directory '/redis-7.0.4/src'
```

由上述输出结果可知,当返回结果为 Hint: It's a good idea to run 'make test'时,表示 Redis 文件夹的文件编译成功。若提示因缺少 GCC 环境导致编译失败,读者可自行输入 yum -y install gcc,配置编译环境。编译完成后,查看 Redis 软件目录,查询结果如下。

```
[root@qfedu redis-7.0.4] # ls
00-RELEASENOTES      INSTALL       runtest-cluster     tests
BUGS                 Makefile      runtest-moduleapi   TLS.md
CODE_OF_CONDUCT.md   MANIFESTO     runtest-sentinel    utils
CONTRIBUTING.md      README.md     SECURITY.md
COPYING              redis.conf    sentinel.conf
deps                 runtest       src
```

安装已经编译完成的 Redis 程序,具体如下。

```
[root@qfedu redis-7.0.4]# make install
cd src && make install
make[1]: Entering directory    '/redis-7.0.4/src'
    CC Makefile.dep
make[1]: Leaving directory     '/redis-7.0.4/src'
make[1]: Entering directory    '/redis-7.0.4/src'
Hint: It's a good idea to run 'make test' ;)
    INSTALL redis-server
    INSTALL redis-benchmark
    INSTALL redis-cli
make[1]: Leaving directory     '/redis-7.0.4/src'
```

由上述输出结果可知,Redis 安装成功。

## 2.3.2 启动与停止 Redis 服务

### 1. 启动 Redis 服务

Redis 服务有 3 种启动方式,分别为直接启动 Redis 服务,使用配置文件启动 Redis 服务,以及使用启动脚本启动 Redis 服务。接下来分别介绍这 3 种方式。

1）直接启动 Redis 服务

在/usr/local/bin 目录下存在着 Redis 的相关操作命令及可执行文件，具体如下。

```
[root@qfedu redis-7.0.4]# ls -l /usr/local/bin/
total 22476
-rwxr-xr-x 1 root root  1001112 Aug  5 2020  busybox-x86_64
-rwxr-xr-x 1 root root  5197816 Sep 15 10:27 redis-benchmark
lrwxrwxrwx 1   root root       12 Sep 15 10:27 redis-check-aof -> redis-server
lrwxrwxrwx 1   root root       12 Sep 15 10:27 redis-check-rdb -> redis-server
-rwxr-xr-x 1 root root  5411008 Sep 15 10:27 redis-cli
lrwxrwxrwx 1   root root       12 Sep 15 10:27 redis-sentinel -> redis-server
-rwxr-xr-x 1 root root 11395280 Sep 15 10:27 redis-server
```

由上述输出结果可知，在/usr/local/bin 目录下有 6 个可执行文件。/usr/local/bin 目录下的可执行文件的说明如表 2-2 所示。

表 2-2    /usr/local/bin 目录下的可执行文件的说明

| 可执行文件 | 说　　明 |
| --- | --- |
| redis-server | Redis 服务器端，启动 Redis |
| redis-cli | Redis 命令行客户端 |
| redis-benchmark | Redis 性能测试工具 |
| redis-check-aof | AOF 持久化文件修复工具 |
| redis-check-rdb | RDB 持久化文件检测工具 |
| redis-sentinel | 哨兵模式工具（应用于集群） |

需要注意的是，当通过编译源码安装 Redis 时，也会产生一个 redis.conf 的配置文件。

执行 redis-server 命令可以直接启动 Redis 服务，如图 2-11 所示。

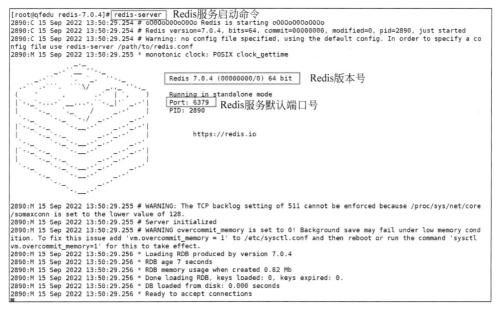

图 2-11    执行 redis-server 命令直接启动 Redis 服务

如图 2-11 所示，Redis 服务器端窗口显示了端口号 6379，由此可知，Redis 服务启动成功。

如果想要关闭 Redis 服务,可以使用组合键 Ctrl＋C 关闭服务。6379 也是 Redis 默认的端口号,可以使用--port 参数指定启动端口号。指定端口启动 Redis 服务如图 2-12 所示。

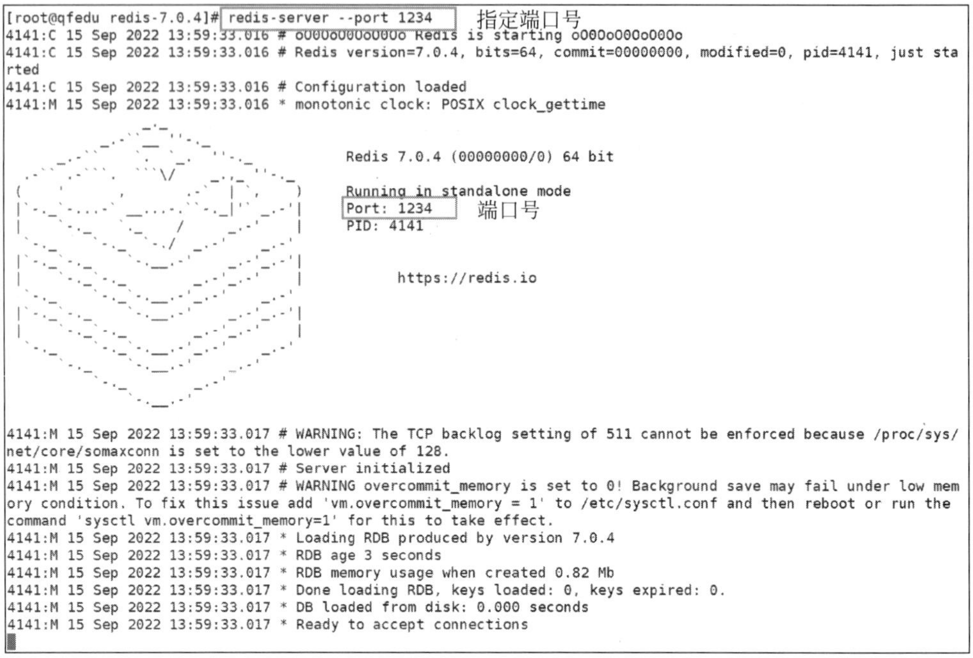

```
[root@qfedu redis-7.0.4]# redis-server --port 1234    指定端口号
4141:C 15 Sep 2022 13:59:33.016 # oOoOoOoOoOoOo Redis is starting oOoOoOoOoOoOo
4141:C 15 Sep 2022 13:59:33.016 # Redis version=7.0.4, bits=64, commit=00000000, modified=0, pid=4141, just sta
rted
4141:C 15 Sep 2022 13:59:33.016 # Configuration loaded
4141:M 15 Sep 2022 13:59:33.016 * monotonic clock: POSIX clock_gettime

                    _._
               _.-``__ ''-._
          _.-``    `.  `_.  ''-._           Redis 7.0.4 (00000000/0) 64 bit
      .-`` .-```.  ```\/    _.,_ ''-._
     (    '      ,       .-`  | `,    )     Running in standalone mode
     |`-._`-...-` __...-.``-._|'` _.-'|     Port: 1234    端口号
     |    `-._   `._    /     _.-'    |     PID: 4141
      `-._    `-._  `-./  _.-'    _.-'
     |`-._`-._    `-.__.-'    _.-'_.-'|
     |    `-._`-._        _.-'_.-'    |           https://redis.io
      `-._    `-._`-.__.-'_.-'    _.-'
     |`-._`-._    `-.__.-'    _.-'_.-'|
     |    `-._`-._        _.-'_.-'    |
      `-._    `-._`-.__.-'_.-'    _.-'
          `-._    `-.__.-'    _.-'
              `-._        _.-'
                  `-.__.-'

4141:M 15 Sep 2022 13:59:33.017 # WARNING: The TCP backlog setting of 511 cannot be enforced because /proc/sys/
net/core/somaxconn is set to the lower value of 128.
4141:M 15 Sep 2022 13:59:33.017 # Server initialized
4141:M 15 Sep 2022 13:59:33.017 # WARNING overcommit_memory is set to 0! Background save may fail under low mem
ory condition. To fix this issue add 'vm.overcommit_memory = 1' to /etc/sysctl.conf and then reboot or run the
command 'sysctl vm.overcommit_memory=1' for this to take effect.
4141:M 15 Sep 2022 13:59:33.017 * Loading RDB produced by version 7.0.4
4141:M 15 Sep 2022 13:59:33.017 * RDB age 3 seconds
4141:M 15 Sep 2022 13:59:33.017 * RDB memory usage when created 0.82 Mb
4141:M 15 Sep 2022 13:59:33.017 * Done loading RDB, keys loaded: 0, keys expired: 0.
4141:M 15 Sep 2022 13:59:33.017 * DB loaded from disk: 0.000 seconds
4141:M 15 Sep 2022 13:59:33.017 * Ready to accept connections
```

图 2-12 指定端口启动 Redis 服务

需要注意的是,使用--port 参数仅是临时指定端口,后续可在配置文件中永久修改端口号。

在 redis-server 命令后加 & 可以使 Redis 服务作为后台程序继续运行,具体如下。

```
[root@qfedu redis-7.0.4] # redis-server &
```

可通过查看 Redis 进程,进一步验证 Redis 是否开启,具体如下。

```
[root@qfedu redis-7.0.4] # ps -ef | grep redis
root      7338 13227   0 14:21 pts/0    00:00:00 redis-server *:6379
root      7705 13227   0 14:24 pts/0    00:00:00 grep --color=auto redis
```

为了不影响后续实验结果,可以使用 pkill redis 命令关闭 Redis 进程,具体如下。

```
[root@qfedu redis-7.0.4] # pkill redis
[root@qfedu redis-7.0.4] # ps -ef | grep redis
root      8381 13227   0 14:29 pts/0    00:00:00 grep --color=auto redis
```

2) 使用配置文件启动 Redis 服务

Redis 的核心配置文件为 redis.conf。使用 Redis 服务命令指定配置文件,同样可以启动 Redis 服务。使用配置文件启动 Redis 服务如图 2-13 所示。

下一步,修改 Redis 的配置文件,将参数 daemonize 的值改为 yes,用于启动守护进程,如图 2-14 所示。

至此,已通过启动守护进程的方式,实现在后台运行 Redis 服务的目的。接下来,通过启动 Redis 服务进一步验证 Redis 是否启动成功,具体如下。

```
[root@qfedu redis-7.0.4]# redis-server /redis-7.0.4/redis.conf
9094:C 15 Sep 2022 14:34:21.921 # o000o000o000o Redis is starting o000o000o000o
9094:C 15 Sep 2022 14:34:21.921 # Redis version=7.0.4, bits=64, commit=00000000, modified=0, pid=9094, just
 started
9094:C 15 Sep 2022 14:34:21.921 # Configuration loaded
9094:M 15 Sep 2022 14:34:21.921 * monotonic clock: POSIX clock_gettime
              _._
         _.-``__ ''-._
    _.-``    `.  `_.  ''-._           Redis 7.0.4 (00000000/0) 64 bit
 .-`` .-```.  ```\/    _.,_ ''-._
 (    '      ,       .-`  | `,    )     Running in standalone mode
 |`-._`-...-` __...-.``-._|'` _.-'|     Port: 6379
 |    `-._   `._    /     _.-'    |     PID: 9094
  `-._    `-._  `-./  _.-'    _.-'
 |`-._`-._    `-.__.-'    _.-'_.-'|
 |    `-._`-._        _.-'_.-'    |           https://redis.io
  `-._    `-._`-.__.-'_.-'    _.-'
 |`-._`-._    `-.__.-'    _.-'_.-'|
 |    `-._`-._        _.-'_.-'    |
  `-._    `-._`-.__.-'_.-'    _.-'
      `-._    `-.__.-'    _.-'
          `-._        _.-'
              `-.__.-'

9094:M 15 Sep 2022 14:34:21.922 # WARNING: The TCP backlog setting of 511 cannot be enforced because /proc/
sys/net/core/somaxconn is set to the lower value of 128.
9094:M 15 Sep 2022 14:34:21.922 # Server initialized
9094:M 15 Sep 2022 14:34:21.922 # WARNING overcommit_memory is set to 0! Background save may fail under low
 memory condition. To fix this issue add 'vm.overcommit_memory = 1' to /etc/sysctl.conf and then reboot or
run the command 'sysctl vm.overcommit_memory=1' for this to take effect.
9094:M 15 Sep 2022 14:34:21.922 * Loading RDB produced by version 7.0.4
9094:M 15 Sep 2022 14:34:21.922 * RDB age 43 seconds
9094:M 15 Sep 2022 14:34:21.922 * RDB memory usage when created 0.82 Mb
9094:M 15 Sep 2022 14:34:21.922 * Done loading RDB, keys loaded: 0, keys expired: 0.
9094:M 15 Sep 2022 14:34:21.922 * DB loaded from disk: 0.000 seconds
9094:M 15 Sep 2022 14:34:21.922 * Ready to accept connections
```

图 2-13　使用配置文件启动 Redis 服务

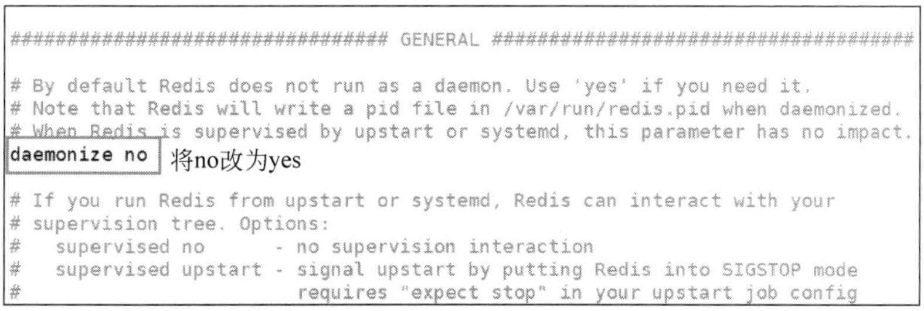

```
############################## GENERAL ###############################

# By default Redis does not run as a daemon. Use 'yes' if you need it.
# Note that Redis will write a pid file in /var/run/redis.pid when daemonized.
# When Redis is supervised by upstart or systemd, this parameter has no impact.
daemonize no      将no改为yes

# If you run Redis from upstart or systemd, Redis can interact with your
# supervision tree. Options:
#   supervised no      - no supervision interaction
#   supervised upstart - signal upstart by putting Redis into SIGSTOP mode
#                        requires "expect stop" in your upstart job config
```

图 2-14　参数 daemonize 的值改为 yes

```
＃查看进程
[root@qfedu redis-7.0.4] # ps -ef | grep redis
root    15032 13227    0 15:17 pts/0    00:00:00 grep --color=auto redis
＃启动 Redis
[root@qfedu redis-7.0.4] # redis-server /redis-7.0.4/redis.conf
＃查看进程
[root@qfedu redis-7.0.4] # ps -ef | grep redis
root    15048      1    0 15:17 ?        00:00:00 redis-server 127.0.0.1:6379
root    15069 13227    0 15:17 pts/0    00:00:00 grep --color=auto redis
```

由上述输出结果可知,Redis 启动成功,并在后台运行。

除此之外,使用 redis-server --daemonize yes 命令同样可以使 Redis 服务在后台运行。

3) 使用启动脚本启动 Redis 服务

Redis 安装之后,需要配置相关文件来设置其开机自启动,首先在/etc 下创建 Redis 系统配置文件夹,具体如下。

```
[root@qfedu redis-7.0.4] # mkdir /etc/redis
```

创建完成后,将 Redis 启动脚本从其原安装目录复制到系统自启动脚本目录,具体如下。

```
[root@qfedu redis-7.0.4]# cp /redis-7.0.4/utils/redis_init_script /etc/init.d/redis
```

开发者可对 Redis 的启动脚本进行编辑,如设置脚本的启动级别,为脚本文件添加说明,修改 Redis 的变量路径等。Redis 启动脚本内容如下。

```
[root@qfedu redis-7.0.4]# cat /etc/init.d/redis
#!/bin/sh
#
# Simple Redis init.d script conceived to work on Linux systems
# as it does use of the /proc filesystem.
### BEGIN INIT INFO
# Provides:        redis_6379
# Default-Start:   2 3 4 5
# Default-Stop:    0 1 6
# Short-Description: Redis data structure server
# Description:        Redis data structure server. See https://redis.io
### END INIT INFO
REDISPORT=6379
EXEC=/usr/local/bin/redis-server
CLIEXEC=/usr/local/bin/redis-cli
PIDFILE=/var/run/redis_${REDISPORT}.pid
CONF="/etc/redis/${REDISPORT}.conf"
case "$1" in
    start)
        if [ -f $PIDFILE ]
        then
                echo "$PIDFILE exists, process is already running or crashed"
        else
                echo "Starting Redis server…"
                $EXEC $CONF
        fi
        ;;
    stop)
        if [ ! -f $PIDFILE ]
        then
                echo "$PIDFILE does not exist, process is not running"
        else
                PID=$(cat $PIDFILE)
                echo "Stopping …"
                $CLIEXEC -p $REDISPORT shutdown
                while [ -x /proc/${PID} ]
                do
                    echo "Waiting for Redis to shutdown …"
                    sleep 1
                done
                echo "Redis stopped"
        fi
        ;;
    *)
        echo "Please use start or stop as first argument"
        ;;
esac
[root@qfedu redis-7.0.4]# cp /redis-7.0.4/redis.conf /etc/redis/6379.conf
```

Redis 的启动脚本修改完成后,需要更改 Redis 启动脚本权限为 777,便于系统运行该脚本。

```
[root@qfedu redis-4.0.9]# chmod 777 /etc/init.d/redis
```

随后执行 Redis 的启动脚本,具体如下。

```
[root@qfedu redis - 7.0.4] # sh /etc/init.d/redis start
Starting Redis server…
[root@qfedu redis - 7.0.4] # ps - ef | grep redis
root     30751      1  0 17:09 ?        00:00:00 /usr/local/bin/redis - server 127.0.0.1:6379
root     30781 13227  0 17:09 pts/0    00:00:00 grep -- color = auto redis
```

并将 Redis 加入系统开机启动项,具体如下。

```
[root@qfedu redis - 4.0.9] # chkconfig -- add redis
[root@qfedu redis - 4.0.9] # chkconfig redis on
[root@qfedu redis - 4.0.9] # systemctl daemon - reload
```

上述设置完成后,启动 Redis,并查看其状态,具体如下。

```
[root@qfedu ~] # systemctl start redis
[root@qfedu ~] # systemctl status redis
• redis.service - LSB: Redis data structure server
  Loaded: loaded (/etc/rc.d/init.d/redis; bad; vendor preset: disabled)
  Active: active (exited) since Fri 2022 - 09 - 16 09:25:27 CST; 2s ago
    Docs: man:systemd - sysv - generator(8)
 Process: 14524 ExecStart = /etc/rc.d/init.d/redis start (code = exited, status = 0/SUCCESS)
Sep 16 09:25:27 qfedu systemd[1]: Starting LSB: Redis data stru…
Sep 16 09:25:27 qfedu redis[14524]: /var/run/redis_6379.pid exi…d
Sep 16 09:25:27 qfedu systemd[1]: Started LSB: Redis data struc…
Hint: Some lines were ellipsized, use - l to show in full.
```

需要注意的是,systemctl stop redis 命令只能关闭使用 systemctl start redis 命令启动的 Redis 服务。为了不影响启动结果,使用不同方法启动 Redis 服务前可以提前关闭已启动的 Redis 服务。

**2. 停止 Redis 服务**

停止 Redis 服务的方式有多种,如已经讲解过的组合键 Ctrl+C 及 pkill 命令。还可以使用 kill -9 "进程号"命令停止 Redis 进程。

首先,启动 Redis 服务,具体如下。

```
[root@qfedu ~] # redis - server /etc/redis/6379.conf
[root@qfedu ~] # ps - ef | grep redis
root      2108      1  0 11:32 ?        00:00:00 redis - server 127.0.0.1:6379
root      2131   1415  0 11:32 pts/1    00:00:00 grep -- color = auto redis
```

由上述输出结果可知,Redis 已开启,并且其服务运行的进程号为 2108。

随后,使用 kill 命令结束该进程,具体如下。

```
[root@qfedu ~] # kill - 9 2108
[root@qfedu ~] # ps - ef | grep redis
root      2849   1415  0 11:37 pts/1    00:00:00 grep -- color = auto redis
```

需要注意的是,若在 Redis 同步内存中的数据到硬盘中时强制结束 Redis 进程,可能会导致数据丢失。

正确停止 Redis 的方式应该是向 Redis 客户端发送 SHUTDOWN 命令。该方法会先断开所有客户端的连接,然后根据配置执行持久化,最后完成退出 Redis 服务。

可以在 Redis 客户端执行 SHUTDOWN 命令,具体如下。

```
//启动 Redis 服务
[root@qfedu ~] # redis - server /etc/redis/6379.conf
```

```
[root@qfedu ~] # ps - ef | grep redis
root    3802    1   0 11:43 ?        00:00:00 redis - server 127.0.0.1:6379
root    3810  1415  0 11:43 pts/1  00:00:00 grep -- color = auto redis
//客户端连接 Redis
[root@qfedu ~] # redis - cli
127.0.0.1:6379 > SHUTDOWN
not connected > exit
[root@qfedu ~] # ps - ef | grep redis
root    3921  1415  0 11:44 pts/1  00:00:00 grep -- color = auto redis
```

执行完 SHUTDOWN 命令后,命令行状态为 not connected,表示 Redis 服务已经关闭。
除此之外,还可以直接执行 redis-cli shutdown 命令关闭 Redis 服务,具体如下。

```
//启动 Redis 服务
[root@qfedu ~] # redis - server /etc/redis/6379.conf
[root@qfedu ~] # ps - ef | grep redis
root    5045    1   0 11:51 ?        00:00:00 redis - server 127.0.0.1:6379
root    5061  1415  0 11:51 pts/1  00:00:00 grep -- color = auto redis
[root@qfedu ~] # redis - cli shutdown
[root@qfedu ~] # ps - ef | grep redis
root    5112  1415  0 11:51 pts/1  00:00:00 grep -- color = auto redis
```

## 2.3.3　使用 Redis-cli 连接 Redis

Redis-cli 是 Redis 命令行页面,通过这个简单的程序,可以直接从终端向 Redis 发送命令,并读取服务器发送的回复。

执行 redis-cli 命令启动并进入 Redis 客户端,具体如下。

```
//启动 Redis 服务
[root@qfedu ~] # redis - server -- daemonize yes
[root@qfedu ~] # ps - ef | grep redis
root   23315    1   0 13:58 ?        00:00:00 redis - server * :6379
root   23326  1415  0 13:58 pts/1  00:00:00 grep -- color = auto redis
[root@qfedu ~] # redis - cli
127.0.0.1:6379 >
```

"127.0.0.1:6379 >"提示符表示已经成功连接到 Redis 数据库,且已成功启动 Redis 客户端。

在 Redis 客户端中,使用 ping 命令测试 Redis 的客户端是否与服务器端连接,具体如下。

```
[root@qfedu ~] # redis - cli
127.0.0.1:6379 > ping
PONG
127.0.0.1:6379 >
```

返回结果为 PONG,表示 Redis 的客户端与服务器端已成功连接。
随后运行 Redis,写入测试信息并进行查询,观察 Redis 能否正确缓存并读出测试信息。
测试 Redis 时,首先使用 set 语句,创建 Key 为 name,Value 为 qianfeng 的键值对,再使用命令进行查询,具体测试过程如下。

```
[root@qfedu ~] # redis - cli
127.0.0.1:6379 > ping
PONG
127.0.0.1:6379 > set name qianfeng
OK
```

```
127.0.0.1:6379 > get name
"qianfeng"
```

可以看出,Redis可写可读,信息无误,说明Redis已成功部署且运行良好。

当开发者需要退出Redis客户端时,可以执行quit或者exit命令,也可以使用组合键Ctrl+C强制关闭。

# 2.4　Redis键值管理操作

通常情况下,关系数据库可以创建多个数据库存储数据。与关系数据库类似,Redis使用多个字典来存储数据。客户端可以将数据存储在指定字典中,每个字典可以看作一个独立的数据库。

Redis默认支持16个数据库,分别编号为0,1,2,…,15。Redis每个数据库都以编号命名,不支持自定义数据库名称,因此开发者必须要明确哪个数据库存放了哪些数据。

Redis可以通过配置参数databases修改数据库的数量,配置参数databases的信息如图2-15所示。

```
# Set the number of databases. The default database is DB 0, you can select
# a different one on a per-connection basis using SELECT <dbid> where
# dbid is a number between 0 and 'databases'-1
databases 16
```

图 2-15　配置参数 databases 的信息

Redis的每个数据库都是独立的,即当开发者在0号数据库中插入数据后,便无法在1号数据库中访问到该数据。

客户端与Redis建立连接后默认选择0号数据库,开发者可通过SELECT命令来更换数据库。例如,选择3号数据库,具体如下。

```
[root@qfedu ~] # redis - cli
127.0.0.1:6379 > SELECT 3
OK
127.0.0.1:6379[3]>
```

Redis数据库不仅为数据库的管理提供了简洁的命令,而且针对不同存储结构的键值数据提供了丰富的数据操作命令。Redis数据库操作命令的分类如表2-3所示。

表 2-3　Redis 数据库操作命令的分类

| 命 令 类 型 | 说　　　明 |
| --- | --- |
| Key | 用于管理Redis的键,如创建、查询、删除等 |
| String | 用于管理字符串结构键值操作 |
| List | 用于管理双向列表类型键值操作 |
| Set | 用于管理集合结构键值操作 |
| Hash | 用于管理散列结构键值操作 |
| Sorted Sets | 用于管理有序集合结构键值操作 |

## 2.4.1　操 作 键

Redis常用的键操作命令及相关说明如表2-4所示。

33

表 2-4　Redis 常用的键操作命令及相关说明

| 序号 | 操 作 命 令 | 相 关 说 明 |
|---|---|---|
| 1 | SET | 为指定键设置值 |
| 2 | MSET | 同时为多个键设置值 |
| 3 | KEYS | 查找所有符合给定模式 pattern(通常是正则表达式)的键列表 |
| 4 | GET | 获取指定键的值 |
| 5 | MGET | 获取多个键的对应值 |
| 6 | DUMP | 序列化指定的键,并返回被序列化的值 |
| 7 | EXISTS | 检查指定的键是否存在,存在为 1,不存在为 0 |
| 8 | TYPE | 查看指定键的类型 |
| 9 | RENAME | 修改指定键的名称 |
| 10 | EXPIRE | 设置指定键的过期时间,以秒为单位 |
| 11 | TTL | 返回指定键的剩余生存时间(Time To Live,TTL),以秒为单位 |
| 12 | PERSIST | 移除键的过期时间,键将持久存在 |
| 13 | MOVE | 将当前数据库中的键移动到指定数据库当中 |
| 14 | RANDOMKEY | 从当前数据库中随机返回一个键 |
| 15 | DEL | 删除已存在的键 |

接下来,将通过具体的示例讲解表 2-4 中列举的 15 个 Redis 键操作命令。

**1. SET**

使用 SET 命令为指定键设置值,语法格式如下。

```
SET key value
```

上述语句中,在 SET 为键指定值时,当键不存在时,直接创建键,反之则覆盖已有键值。下面通过具体示例演示如何使用 SET 命令为指定键设置值,如例 2-1 所示。

【例 2-1】　为键 book 指定值 Poetics。

```
127.0.0.1:6379 > SET book Poetics
OK
```

返回 OK 表示成功地为键 book 指定了值 Poetics。

**2. MSET**

使用 MSET 命令同时为多个键设置值,语法格式如下。

```
MSET key1 value1 key2 value2 … key[n] value[n]
```

上述语句中,MSET 命令与 SET 命令类似,如果键不存在,则直接创建键;如果键存在,则覆盖该键所对应的原值。

下面通过具体示例演示如何使用 MSET 命令同时为多个键指定值,如例 2-2 所示。

【例 2-2】　为键 subject1 设置值 Cloud Computing,为键 subject2 设置值 Python,为键 subject3 设置值 HTML5,为键 subject4 设置值 Java,具体如下。

```
127.0.0.1:6379 > MSET subject1 "Cloud Computing" subject2 "Python" subject3 "HTML5" subject4
"Java"
OK
```

已成功使用 MSET 命令为多个键分别指定值。

**3. KEYS**

使用 KEYS 命令查找所有符合给定模式的键,语法格式如下。

```
KEYS PATTERN
```

上述语句中,KEYS 是查找所有符合指定模式的键的命令,PATTERN(正则表达式)则是指定的查找条件模式。PATTERN 有如下几种情况。

(1) ＊：可以代替 0 个、1 个或多个真正字符,如 a＊,匹配的可以是 ab、attitude 等。

(2) ?：代替一个字符,如 a? c,匹配的可以是 abc、a2c、aac 等。

(3) [ab]：匹配所包含的任意一个字符,如 t[ab]e,匹配的可以是 tae、tbe。

(4) [^c]：匹配未包含的任意字符,如 a[^c]b,匹配的可以是 aab、ahb,但是不能是 acb。

(5) [a—b]：匹配指定范围内的任意字符,如 a[a—b]e,匹配的是 aae、abe,[a—b]可以匹配 a 到 b 范围内的任意小写字母字符。

下面通过具体示例演示如何使用 KEYS 命令查找所有符合指定模式的 key,如例 2-3 所示。

【例 2-3】 查找所有键。

```
127.0.0.1:6379 > KEYS *
```

输出结果如下。

```
1) "subject2"
2) "book"
3) "subject1"
4) "subject4"
5) "subject3"
```

由上述输出结果可知,0 号数据库中共有 5 个键。

**4. GET**

使用 GET 命令获取指定键的值,语法格式如下。

```
GET key
```

上述语句中,GET 是获取指定键的命令,key 是指定键。

下面通过具体示例演示如何使用 GET 命令获取指定键的值,如例 2-4 所示。

【例 2-4】 获取键 book 的值。

```
127.0.0.1:6379 > GET book
```

输出结果如下。

```
"Poetics"
```

由上述输出结果可知,键 book 的值为 Poetics。

**5. MGET**

使用 MGET 命令获取多个键的对应值,语法格式如下。

```
MGET key1 key2 …
```

下面通过具体示例演示如何使用 MGET 命令获取多个键的对应值,如例 2-5 所示。

【例 2-5】 获取键 subject、键 subject1、键 subject2、键 subject3、键 subject4 的值。

```
127.0.0.1:6379 > MGET subject subject1 subject2 subject3 subject4
```

输出结果如下。

```
1) (nil)
2) "Cloud Computing"
3) "Python"
4) "HTML5"
5) "Java"
```

由上述输出结果可知,已成功获取到除键 subject 外的所有键的值,包括 subject1、subject2、subject3、subject4。需要注意,由于键 subject 不存在,所以系统自动返回 nil。

**6. DUMP**

使用 DUMP 命令序列化指定的键,并返回被序列化的值,语法格式如下。

```
DUMP key
```

下面通过具体示例演示 DUMP 命令的使用方法,如例 2-6 所示。

**【例 2-6】** 对键 book 进行序列化操作,并返回被序列化后的值。

```
127.0.0.1:6379 > DUMP book
```

输出结果如下。

```
"\x00\aPoetics\n\x00\x89\x99\xd2♯ = \xc1\x1f\x18"
```

由上述输出结果可知,键 book 已经被序列化,被序列化的值为"\x00\aPoetics\n\x00\x89\x99\xd2♯＝\xc1\x1f\x18"。

**7. EXISTS**

使用 EXISTS 命令检查某个指定的键是否存在,语法格式如下。

```
EXISTS key
```

上述语句中,EXISTS 是检查指定的键是否存在的命令,若存在,则返回 1;不存在则返回 0。

下面通过具体示例演示如何使用 EXISTS 命令检查某个指定的键是否存在,如例 2-7 所示。

**【例 2-7】** 判断键 book 和键 book1 是否存在。

```
127.0.0.1:6379 > EXISTS book
```

输出结果如下。

```
(integer) 1
127.0.0.1:6379 > EXISTS book1
```

输出结果如下。

```
(integer) 0
```

由上述输出结果可知,键 book 存在,键 book1 不存在。

**8. TYPE**

使用 TYPE 命令查看指定键的类型,语法格式如下。

```
TYPE key
```

下面通过具体示例演示如何使用 TYPE 命令查看指定键的类型,如例 2-8 所示。

**【例 2-8】** 查看键 book 的类型。

```
127.0.0.1:6379 > TYPE book
```

输出结果如下。

```
String
```

由上述输出结果可知,键 book 的类型为 String。

**9. RENAME**

使用 RENAME 命令修改指定键的名称,语法格式如下。

```
RENAME key newkey
```

上述语句中,RENAME 是修改指定键的名称的命令,key 为旧名称,newkey 为新名称。
下面通过具体示例演示如何使用 RENAME 命令修改指定键的名称,如例 2-9 所示。

【例 2-9】 修改键 book 的名称为 newbook。

```
127.0.0.1:6379 > RENAME book newbook
```

输出结果如下。

```
OK
127.0.0.1:6379 > KEYS *
```

输出结果如下。

```
1) "subject2"
2) "newbook"
3) "subject1"
4) "subject4"
5) "subject3"
```

由上述输出结果可知,键 book 的名称已经修改为 newbook。

**10. EXPIRE**

使用 EXPIRE 命令设置指定键的过期时间,语法格式如下。

```
EXPIRE key seconds
```

上述语句中,EXPIRE 是设置指定键的过期时间的命令,key 为键名,seconds 为设置的
过期时间,以秒为单位。

下面通过具体示例演示如何使用 EXPIRE 命令设置指定键的过期时间,如例 2-10
所示。

【例 2-10】 设置键 subject4 的过期时间为 60 秒。

```
127.0.0.1:6379 > EXPIRE subject4 60
```

输出结果如下。

```
(integer) 1
```

由上述输出结果可知,已成功设置键 subject4 的过期时间为 60 秒。当 60 秒过后,键
subject4 会自动消失。

**11. TTL**

使用 TTL 命令查看指定键的剩余生存时间,语法格式如下。

```
TTL key
```

下面通过具体示例演示如何使用 TTL 命令查看指定键的剩余生存时间,如例 2-11
所示。

【例 2-11】 查看键 subject4 的剩余生存时间。

```
127.0.0.1:6379 > TTL subject4
```

输出结果如下。

```
(integer) 34
```

由上述输出结果可知,键 subject4 的剩余生存时间为 34 秒。

### 12. PERSIST

使用 PERSIST 命令移除键的过期时间,使键从生存状态转换到持久存在状态,语法格式如下。

```
PERSIST key
```

下面通过具体示例演示 PERSIST 命令的使用方法,如例 2-12 所示。

【例 2-12】 移除键 subject4 的过期时间。

```
127.0.0.1:6379 > PERSIST subject4
```

输出结果如下。

```
(integer) 1
```

由上述输出结果可知,键 subject4 的过期时间已经被移除。

### 13. MOVE

使用 MOVE 命令将当前数据库中的键移动到指定数据库当中,语法格式如下。

```
MOVE key db
```

上述语句中,MOVE 是将当前数据库中的键移动到另一个指定数据库当中的命令,key 为键名,db 为指定的数据库。

下面通过具体示例演示如何使用 MOVE 命令将当前数据库中的键移动到指定数据库当中,如例 2-13 所示。

【例 2-13】 将键 subject4 移动到编号为 2 的数据库。

```
127.0.0.1:6379 > MOVE subject4 2
```

输出结果如下。

```
(integer) 1
127.0.0.1:6379 > SELECT 2
```

输出结果如下。

```
OK
127.0.0.1:6379[2]> KEYS *
```

输出结果如下。

```
1) "subject4"
```

由上述输出结果可知,键 subject4 已成功移动到编号为 2 的数据库中。

### 14. RANDOMKEY

使用 RANDOMKEY 命令从当前数据库中随机返回一个键,语法格式如下。

```
RANDOMKEY
```

下面通过具体示例演示如何使用 RANDOMKEY 命令从当前数据库中随机返回一个键，如例 2-14 所示。

**【例 2-14】** 从数据库 0 中，随机返回一个键。

```
127.0.0.1:6379 > SELECT 0
```

输出结果如下。

```
OK
127.0.0.1:6379 > RANDOMKEY
```

输出结果如下。

```
"subject3"
```

由上述输出结果可知，已从数据库 0 中随机返回了键 subject3。

**15. DEL**

使用 DEL 命令删除已存在的键，语法格式如下。

```
DEL key
```

下面通过具体示例演示如何删除已存在的键，如例 2-15 所示。

**【例 2-15】** 将键 subject3 和键 subject6 删除。

```
127.0.0.1:6379 > KEYS *
```

输出结果如下。

```
1) "subject2"
2) "newbook"
3) "subject1"
4) "subject3"
127.0.0.1:6379 > DEL subject3
```

输出结果如下。

```
(integer) 1
127.0.0.1:6379 > DEL subject6
```

输出结果如下。

```
(integer) 0
127.0.0.1:6379 > KEYS *
```

输出结果如下。

```
1) "subject2"
2) "newbook"
3) "subject1"
```

由上述输出结果可知，已成功删除键 subject3，而由于键 subject6 不存在，因此该键删除失败。

## 2.4.2 操作字符串

Redis 常用的字符串（String）操作命令及相关说明如表 2-5 所示。

表 2-5　**Redis 常用的字符串操作命令及相关说明**

| 序 号 | 操 作 命 令 | 相 关 说 明 |
|---|---|---|
| 1 | SET | 设置指定字符串键的值 |
| 2 | MSET | 设置多个字符串键的值 |
| 3 | GET | 获取指定字符串键的值 |
| 4 | MGET | 获取多个字符串键的对应值 |
| 5 | GETSET | 获取指定字符串键的旧值并为其设置新值 |
| 6 | STRLEN | 获取键所存储的字符串值的字节长度 |
| 7 | SETRANGE | 为字符串键的指定索引位置设置值 |
| 8 | GETRANGE | 返回字符串键的指定索引范围的值内容 |
| 9 | APPEND | 追加新内容到原有值的末尾 |

接下来,通过具体的示例讲解表 2-5 中列举的 9 个 Redis 字符串操作命令。

**1. SET**

使用 SET 命令设置指定字符串键的值,此命令与操作键的命令用法相同,语法格式如下。

```
SET key value
```

上述语句中,key 为字符串键,value 为字符串键设置的值。若该字符串键存在,则覆盖其值,反之,则以该字符串键为键名创建一个新的键。

下面通过具体示例演示如何使用 SET 命令设置指定字符串键的值,如例 2-16 所示。

【**例 2-16**】　设置字符串键 website 的值为 www.fengyunedu.cn。

```
127.0.0.1:6379 > SET website "www.fengyunedu.cn"
```

输出结果如下。

```
OK
```

由上述输出结果可知,已成功为字符串键 website 设置值 www.fengyunedu.cn。

**2. MSET**

使用 MSET 命令设置多个字符串键的值,语法格式如下。

```
MSET key value [key value …]
```

上述语句中,[key value…]表示可以为多个字符串键设置相应的值。

下面通过具体示例演示如何使用 MSET 命令设置多个字符串键的值,如例 2-17 所示。

【**例 2-17**】　为键 website1 设置值 www.qfedu.com,为键 website2 设置值 www.codingke.com,为 website3 设置值 www.xiaoshiedu.com。

```
127.0.0.1:6379 > MSET website1 "www.qfedu.com" website2 "www.codingke.com" website3 "www.
xiaoshiedu.com"
```

输出结果如下。

```
OK
```

由上述输出结果可知,已成功为多个字符串键设置了相应的值。

**3. GET**

使用 GET 命令获取指定字符串键的值,语法格式如下。

```
GET key
```

下面通过具体示例演示如何使用 GET 命令获取指定字符串键的值,如例 2-18 所示。

【例 2-18】 获取字符串键 website 的值。

```
127.0.0.1:6379 > GET website
```

输出结果如下。

```
"www.fengyunedu.cn"
```

由上述输出结果可知,字符串键 website 的值为 www.fengyunedu.cn。

#### 4. MGET

使用 MGET 命令获取多个字符串键的对应值,语法格式如下。

```
MGET key1 key2 …
```

下面通过具体示例演示如何使用 MGET 命令获取多个字符串键的对应值,如例 2-19 所示。

【例 2-19】 查找字符串键 website1、字符串键 website2、字符串键 website3 的值。

```
127.0.0.1:6379 > MGET website1 website2 website3
```

输出结果如下。

```
1) "www.qfedu.com"
2) "www.codingke.com"
3) "www.xiaoshiedu.com"
```

由上述输出结果可知,字符串键 website1、字符串键 website2、字符串键 website3 的值分别为 www.qfedu.com、www.codingke.com、www.xiaoshiedu.com。

#### 5. GETSET

使用 GETSET 命令获取指定字符串键的旧值并为其设置新值,语法格式如下。

```
GETSET key value
```

上述语句中,GETSET 是获取指定字符串键的旧值并为其设置新值的命令,key 为字符串键,value 为字符串键的新值。如果该字符串键存在,那么返回该键的旧值,反之则返回 nil 特殊值。

下面通过具体示例演示如何使用 GETSET 命令获取指定字符串键的旧值并为其设置新值,如例 2-20 所示。

【例 2-20】 首先,获取字符串键 website4 的值,并设置其新值为 www.mobiletrain.org。然后,获取字符串键 website4 的值,并设置其新值为 www.goodprogramma.org。最后,查看字符串键 website4 的新值是否被设置成功。

```
127.0.0.1:6379 > GETSET website4 "www.mobiletrain.org"
```

输出结果如下。

```
(nil)
127.0.0.1:6379 > GETSET website4 "www.goodprogramma.org"
```

输出结果如下。

```
"www.mobiletrain.org"
127.0.0.1:6379 > GET website4
```

输出结果如下。

```
"www.goodprogramma.org"
```

由上述输出结果可知,开始时,字符串键 website4 不存在,对其进行设置新值操作后,系统将返回 nil;接着在获取字符串键 website4 的值并设置新值 www. goodprogramma. org 时,系统返回了旧值 www. mobiletrain. org;最终,字符串键 website4 的值为 www. goodprogramma. org。

**6. STRLEN**

使用 STRLEN 命令获取键所存储的字符串值的字节长度,语法格式如下。

```
STRLEN key
```

下面通过具体示例演示如何使用 STRLEN 命令获取键所存储的字符串值的字节长度,如例 2-21 所示。

**【例 2-21】** 获取字符串键 website 值的字节长度。

```
127.0.0.1:6379 > STRLEN website
```

输出结果如下。

```
(integer) 17
127.0.0.1:6379 > get website
```

输出结果如下。

```
"www.fengyunedu.cn"
```

由上述输出结果可知,字符串键 website 值的字节长度为 17,即 www. fengyunedu. cn 的字节长度。

**7. SETRANGE**

使用 SETRANGE 命令为字符串键的指定索引位置设置值,语法格式如下。

```
SETRANGE key offset value
```

上述语句中,SETRANGE 是为字符串键的指定索引位置设置值的命令,key 为字符串键,offset 为偏移量,value 为字符串键的指定索引位置的替换值。

下面通过具体示例演示如何使用 SETRANGE 命令为字符串键的指定索引位置设置值,如例 2-22 所示。

**【例 2-22】** 设置字符串键 website4 的索引为 4 的位置的替换值为 123456。

```
127.0.0.1:6379 > SETRANGE website4 4 "123456"
```

输出结果如下。

```
(integer) 21
127.0.0.1:6379 > get website4
```

输出结果如下。

```
"www.123456ogramma.org"
```

由上述输出结果可知,字符串键 website4 的值在索引为 4 的位置处的替换值为 123456,由于 www. goodprogramma. org 包含 21 字节,以位置为 4 处作为起点,位置为 9 处作为终点,替换为 123456。上述输出结果表明,字符串键 website4 的指定位置的字节已被成功替换。

### 8. GETRANGE

使用 GETRANGE 命令返回字符串键的指定索引范围的值内容，语法格式如下。

```
GETRANGE key start end
```

上述语句中，GETRANGE 是返回字符串键的指定索引范围的值内容的命令，key 为字符串键，start 为指定范围的起始索引，end 为指定范围的结束索引。

下面通过具体示例演示 GETRANGE 命令的使用方法，如例 2-23 所示。

【例 2-23】 获取字符串键 website 的指定索引范围为[4,10]的值内容。

```
127.0.0.1:6379 > GETRANGE website 4 10
```

输出结果如下。

```
"fengyun"
```

由上述输出结果可知，字符串键 website 的指定索引范围[4,10]的值内容为 fengyun。

### 9. APPEND

使用 APPEND 命令将新内容追加到指定键的原有值的末尾，语法格式如下。

```
APPEND key value
```

上述语句中，APPEND 是追加新内容到原有值的末尾的命令，key 为字符串键，value 为追加的新内容。

下面通过具体示例演示如何使用 APPEND 命令，如例 2-24 所示。

【例 2-24】 为字符串键 website 的值追加"/fengyunSchool"。

```
127.0.0.1:6379 > get website
```

输出结果如下。

```
"www.fengyunedu.cn"
127.0.0.1:6379 > APPEND website "/fengyunSchool"
```

输出结果如下。

```
(integer) 31
127.0.0.1:6379 > get website
```

输出结果如下。

```
"www.fengyunedu.cn/fengyunSchool"
```

由上述输出结果可知，已成功为字符串键 website 的值内容追加"/fengyunSchool"。

## 2.4.3 操作列表

Redis 常用的列表(List)操作命令及相关说明如表 2-6 所示。

表 2-6 Redis 常用的列表操作命令及相关说明

| 序 号 | 操作命令 | 相 关 说 明 |
|---|---|---|
| 1 | RPUSH | 在列表中添加一个或多个值，即将一个或多个元素推入列表的右端 |
| 2 | LPUSH | 在列表的头部插入一个或多个值，即将一个或多个元素推入列表的左端 |
| 3 | LRANGE | 获取列表指定索引范围内的元素 |

| 序号 | 操 作 命 令 | 相 关 说 明 |
|------|-----------|------------|
| 4 | LINDEX | 通过索引获取列表中的元素 |
| 5 | RPOP | 弹出列表最右端的元素,即移除列表最后一个元素,返回值为该元素 |
| 6 | LPOP | 弹出列表最左端的元素,即移除并获取列表的第一个元素 |
| 7 | LLEN | 获取指定列表的长度 |
| 8 | LREM | 移除列表中的指定元素 |

接下来通过具体的示例讲解表 2-6 中列举的 8 个 Redis 列表操作命令。

**1. RPUSH**

使用 RPUSH 命令在列表中添加一个或多个值,即将一个或多个元素推入列表的右端,语法格式如下。

```
RPUSH key value
```

上述语句中,RPUSH 是在列表中添加一个或多个值的命令,即将一个或多个元素推入列表的右端,key 为列表,value 为列表插入文档元素值。如果列表不存在,则会创建列表,然后向该列表的右端插入元素。

下面通过具体示例演示 RPUSH 命令的使用方法,如例 2-25 所示。

【例 2-25】 为列表 fruits 按顺序添加 apple、pear、grape、watermelon、cherry。

```
127.0.0.1:6379 > RPUSH fruits "apple"
```

输出结果如下。

```
(integer) 1
127.0.0.1:6379 > RPUSH fruits "pear"
```

输出结果如下。

```
(integer) 2
127.0.0.1:6379 > RPUSH fruits "grape"
```

输出结果如下。

```
(integer) 3
127.0.0.1:6379 > RPUSH fruits "watermelon"
```

输出结果如下。

```
(integer) 4
127.0.0.1:6379 > RPUSH fruits "cherry"
```

输出结果如下。

```
(integer) 5
```

由上述输出结果可知,已成功为列表 fruits 依次添加 apple、pear、grape、watermelon、cherry。下面进一步验证是否已经成功为列表 fruits 添加这 5 个元素,具体如下。

```
127.0.0.1:6379 > LRANGE fruits 0 5
```

输出结果如下。

```
1) "apple"
2) "pear"
3) "grape"
4) "watermelon"
5) "cherry"
```

由上述输出结果可知,已经成功为列表 fruits 添加这 5 个元素。

**2. LPUSH**

使用 LPUSH 命令在列表的头部插入一个或多个值,即将一个或多个元素推入列表的左端,语法格式如下。

```
LPUSH key value
```

上述语句中,LPUSH 是在列表的头部插入一个或多个值的命令,即将一个或多个元素推入列表的左端,key 为列表,value 为列表插入文档元素值。当指定列表不存在时,系统将自动创建列表,然后向该列表的左端插入元素。

下面通过具体示例演示 LPUSH 命令的使用方法,如例 2-26 所示。

【例 2-26】 向列表 fruits 的头部插入 rose、sunflower、tulips、carnation。

```
127.0.0.1:6379 > LPUSH fruits rose sunflower tulips carnation
```

输出结果如下。

```
(integer) 9
127.0.0.1:6379 > LRANGE fruits 0 - 1
```

输出结果如下。

```
1) "carnation"
2) "tulips"
3) "sunflower"
4) "rose"
5) "apple"
6) "pear"
7) "grape"
8) "watermelon"
9) "cherry"
```

由上述输出结果可知,已成功向列表 fruits 的头部插入 rose、sunflower、tulips、carnation。

**3. LRANGE**

使用 LRANGE 命令获取列表指定索引范围内的元素,语法格式如下。

```
LRANGE key start stop
```

上述语句中,LRANGE 是获取列表指定索引范围内的元素的命令,key 为列表,区间通过偏移量 start 和 end 进行设置,start 为起始索引,end 为终止索引。使用数字表示区间时,0 指列表的第 1 个元素,1 指列表的第 2 个元素,以此类推;使用负数索引时,以 -1 表示列表的最后 1 个元素,-2 表示列表的倒数第 2 个元素,以此类推。

下面通过具体示例演示如何使用 LRANGE 命令获取列表指定索引范围内的元素,如例 2-27 所示。

【例 2-27】 获取列表 fruits 中全部的元素,获取列表 fruits 指定索引范围[0,5]内的元素。

```
127.0.0.1:6379 > LRANGE fruits 0 -1
```

输出结果如下。

```
1) "carnation"
2) "tulips"
3) "sunflower"
4) "rose"
5) "apple"
6) "pear"
7) "grape"
8) "watermelon"
9) "cherry"
127.0.0.1:6379 > LRANGE fruits 0 5
```

输出结果如下。

```
1) "carnation"
2) "tulips"
3) "sunflower"
4) "rose"
5) "apple"
6) "pear"
```

由上述输出结果可知,使用[0,-1]范围可以获取列表的全部元素,使用[0,5]范围获取的是列表的前 6 个元素。

**4. LINDEX**

使用 LINDEX 命令通过索引获取列表中的元素,语法格式如下。

```
LINDEX key index
```

上述语句中,LINDEX 是通过索引获取列表中的元素的命令,key 为列表,index 为索引位置。index 可以使用负数索引,以 -1 表示列表的最后 1 个元素,-2 表示列表的倒数第 2 个元素,以此类推。

下面通过具体示例演示如何使用 LINDEX 命令通过索引获取列表中元素,如例 2-28 所示。

**【例 2-28】** 获取列表 fruits 索引位置为 4 的元素。

```
127.0.0.1:6379 > LRANGE fruits 0 -1
```

输出结果如下。

```
1) "carnation"
2) "tulips"
3) "sunflower"
4) "rose"
5) "apple"
6) "pear"
7) "grape"
8) "watermelon"
9) "cherry"
127.0.0.1:6379 > LINDEX fruits 4
```

输出结果如下。

```
"apple"
```

由上述输出结果可知,列表 fruits 索引位置为 4 的元素是 apple,即第 5 个元素。

**5. RPOP**

使用 RPOP 命令弹出列表最右端的元素,即移除列表最后一个元素,返回值为该元素,语法格式如下。

```
RPOP key
```

下面通过具体示例演示 RPOP 命令的使用方法,如例 2-29 所示。

【例 2-29】 移除列表 fruits 的最后一个元素。

```
127.0.0.1:6379 > RPOP fruits
```

输出结果如下。

```
"cherry"
127.0.0.1:6379 > LRANGE fruits 0 - 1
```

输出结果如下。

```
1) "carnation"
2) "tulips"
3) "sunflower"
4) "rose"
5) "apple"
6) "pear"
7) "grape"
8) "watermelon"
```

由上述输出结果可知,通过 LRANGE fruits 0 −1 命令可验证,已经成功移除列表的最后一个元素 cherry。

**6. LPOP**

使用 LPOP 命令弹出列表最左端的元素,即移除并获取列表的第一个元素,语法格式如下。

```
LPOP key
```

下面通过具体示例演示 LPOP 命令的使用方法,如例 2-30 所示。

【例 2-30】 移除列表 fruits 的第一个元素。

```
127.0.0.1:6379 > LPOP fruits
```

输出结果如下。

```
"carnation"
127.0.0.1:6379 > LRANGE fruits 0 - 1
```

输出结果如下。

```
1) "tulips"
2) "sunflower"
3) "rose"
4) "apple"
5) "pear"
6) "grape"
7) "watermelon"
```

由上述输出结果可知,通过 LRANGE fruits 0 −1 命令可验证,已经成功移除列表的第一个元素 carnation。

**7. LLEN**

使用 LLEN 命令获取指定列表的长度,语法格式如下。

```
LLEN key
```

下面通过具体示例演示如何使用 LLEN 命令获取指定列表的长度,如例 2-31 所示。

**【例 2-31】** 获取列表 fruits 的长度。

```
127.0.0.1:6379 > LLEN fruits
```

输出结果如下。

```
(integer) 7
```

由上述输出结果可知,列表 fruits 的长度为 7,即包含 7 个元素。

**8. LREM**

使用 LREM 命令移除列表中的指定元素,语法格式如下。

```
LREM key count value
```

上述语句中,LREM 是移除列表中的指定元素的命令,key 为列表,count 参数的值决定移除元素的方式,value 表示要移除的元素。count 参数有以下几种情况。

（1）count＞0：从列表头开始向列表尾搜索,移除与 value 相等的元素,数量为 count。

（2）count＜0：从列表尾开始向列表头搜索,移除与 value 相等的元素,数量为 count 的绝对值。

（3）count＝0：移除列表中所有与 value 相等的值。

下面通过具体示例演示如何使用 LREM 命令移除列表中的指定元素,如例 2-32 所示。

**【例 2-32】** 首先,为列表 drinks 依次添加 tea、tea、cola、soda、tea、orange、tea 元素；然后,从右往左移除列表 drinks 中值为 tea 的 3 个元素。

```
127.0.0.1:6379 > RPUSH drinks tea tea cola soda tea orange tea
```

输出结果如下。

```
(integer) 7
127.0.0.1:6379 > LRANGE drinks 0 − 1
```

输出结果如下。

```
1) "tea"
2) "tea"
3) "cola"
4) "soda"
5) "tea"
6) "orange"
7) "tea"
```

由上述输出结果可知,已为列表 drinks 成功添加了 tea、tea、cola、soda、tea、orange、tea 元素。

```
127.0.0.1:6379 > LREM drinks − 3 tea
```

输出结果如下。

```
(integer) 3
127.0.0.1:6379 > LRANGE drinks 0 - 1
```

输出结果如下。

```
1) "tea"
2) "cola"
3) "soda"
4) "orange"
```

由上述输出结果可知，已从列表的尾部至头部依次删除了 3 个 tea 元素。

### 2.4.4 操作集合

Redis 常用的集合(Set)操作命令及相关说明如表 2-7 所示。

表 2-7 Redis 常用的集合操作命令及相关说明

| 序号 | 操 作 命 令 | 相 关 说 明 |
| --- | --- | --- |
| 1 | SADD | 向集合添加一个或多个元素 |
| 2 | SCARD | 获取集合的元素数 |
| 3 | SDIFF | 返回第一个集合与其他集合之间的差异 |
| 4 | SINTER | 返回所有给定集合的交集 |
| 5 | SUNION | 返回所有给定集合的并集 |
| 6 | SISMEMBER | 判断元素是否为集合 key 的成员 |
| 7 | SMEMBERS | 返回集合中的所有元素 |
| 8 | SRANDMEMBER | 返回集合中的一个或多个随机数 |
| 9 | SREM | 移除集合中的一个或多个元素 |
| 10 | SMOVE | 将元素从一个集合移动到另一个集合 |

接下来将通过具体的示例讲解表 2-7 中列举的 10 个 Redis 集合操作命令。

**1. SADD**

使用 SADD 命令向集合添加一个或多个元素，语法格式如下。

```
SADD key member1 [member2 …]
```

上述语句中，SADD 是向集合添加一个或多个元素的命令，key 为集合，member 为元素。

下面通过具体示例演示如何使用 SADD 命令向集合添加一个或多个元素，如例 2-33 所示。

【例 2-33】 向集合 city1 添加 5 个元素，分别为 Beijing、Shanghai、Shenzhen、Wuhan、Guangzhou；向集合 city2 添加 4 个元素，分别为 Changsha、Beijing、Wuhan、Hangzhou。

```
127.0.0.1:6379 > SADD city1 Beijing Shanghai Shenzhen Wuhan Guangzhou
```

输出结果如下。

```
(integer) 5
```

由上述输出结果可知，已成功将 Beijing、Shanghai、Shenzhen、Wuhan、Guangzhou 这 5 个元素添加至集合 city1 中。

```
127.0.0.1:6379 > SADD city2 Changsha Beijing Wuhan Hangzhou
```

输出结果如下。

```
(integer)4
```

由上述输出结果可知,已成功将元素 Changsha、Beijing、Wuhan、Hangzhou 添加至集合 city2 中。

### 2. SCARD

使用 SCARD 命令获取集合的元素数,语法格式如下。

```
SCARD key
```

下面通过具体示例演示如何使用 SCARD 命令获取集合的元素数,如例 2-34 所示。

【**例 2-34**】 获取集合 city1 的元素数。

```
127.0.0.1:6379 > SCARD city1
```

输出结果如下。

```
(integer) 5
```

由上述输出结果可知,集合 city1 的元素数为 5。

### 3. SDIFF

使用 SDIFF 命令返回第一个集合与其他集合之间的差异,即返回第一个集合中独有的元素,语法格式如下。

```
SDIFF key1 [key2 … ]
```

上述语句中,SDIFF 命令是用于返回第一个集合与其他集合之间的差异,key 为集合。数据库中不存在的集合将被看作空集。

下面通过具体示例演示如何使用 SDIFF 命令,如例 2-35 所示。

【**例 2-35**】 新建一个集合 city3,并添加 Shanghai 元素,返回集合 city1 与 city2、city3 之间的差异。

```
127.0.0.1:6379 > SDIFF city1 city2 city3
```

输出结果如下。

```
1) "Guangzhou"
2) "Shenzhen"
```

由上述输出结果可知,集合 city1 与 city2、city3 之间的差异表现为 Guangzhou、Shenzhen 元素的不一致,即 city1 中独有的元素。

### 4. SINTER

使用 SINTER 命令返回所有给定集合的交集,语法格式如下。

```
SINTER key1 [key2 … ]
```

上述语句中,SINTER 是返回所有给定集合的交集的命令,key 为集合。若给定集合当中有一个空集,则结果也为空集(根据集合运算规则)。

下面通过具体示例演示如何使用 SINTER 命令,如例 2-36 所示。

【例 2-36】　获取集合 city1 和 city2 共同包含的元素。

```
127.0.0.1:6379 > SINTER city1 city2
```

输出结果如下。

```
1) "Beijing"
2) "Wuhan"
```

由上述输出结果可知,集合 city1 和 city2 共同包含的元素为 Beijing、Wuhan。

**5. SUNION**

使用 SUNION 命令返回所有给定集合的并集,语法格式如下。

```
SUNION key1 [key2 …]
```

上述语句中,SUNION 是返回所有给定集合的并集的命令,key 为集合。

下面通过具体示例演示如何使用 SUNION 命令,如例 2-37 所示。

【例 2-37】　获取集合 city1、city2、city3 的所有元素。

```
127.0.0.1:6379 > SUNION city1 city2 city3
```

输出结果如下。

```
1) "Shenzhen"
2) "Guangzhou"
3) "Hangzhou"
4) "Beijing"
5) "Changsha"
6) "Wuhan"
7) "Shanghai"
```

由上述输出结果可知,集合 city1、city2、city3 中所有包含的元素为 Shenzhen、Guangzhou、Hangzhou、Beijing、Changsha、Wuhan、Shanghai。

**6. SISMEMBER**

使用 SISMEMBER 命令判断元素是否为集合 key 的成员,语法格式如下。

```
SISMEMBER key member
```

上述语句中,SISMEMBER 是判断 member 元素是否为集合 key 的成员的命令,key 为集合,member 为需要判断的元素。

下面通过具体示例演示如何使用 SISMEMBER 命令,如例 2-38 所示。

【例 2-38】　判断 Xian 和 Beijing 是否存在于集合 city1 中。

```
127.0.0.1:6379 > SISMEMBER city1 Xian
```

输出结果如下。

```
(integer) 0
127.0.0.1:6379 > SISMEMBER city1 Beijing
```

输出结果如下。

```
(integer) 1
```

由上述输出结果可知,Xian 元素不在集合 city1 中,Beijing 元素在集合 city1 中。

**7. SMEMBERS**

使用 SMEMBERS 命令返回集合中的所有元素,语法格式如下。

```
SMEMBERS key
```

下面通过具体示例演示如何使用 SMEMBERS 命令,如例 2-39 所示。

**【例 2-39】** 查找集合 city1 中所有的元素。

```
127.0.0.1:6379 > SMEMBERS city1
```

输出结果如下。

```
1) "Shenzhen"
2) "Guangzhou"
3) "Beijing"
4) "Wuhan"
5) "Shanghai"
```

由上述输出结果可知,已成功返回集合 city1 中所有的元素。

### 8. SRANDMEMBER

使用 SRANDMEMBER 命令返回集合中一个或多个随机数,语法格式如下。

```
SRANDMEMBER key [count]
```

上述语句中,SRANDMEMBER 是返回集合中一个或多个随机数的命令,key 为集合。count 的情况如下。

(1) 如果 count 为正数,且小于集合基数,那么该命令返回一个包含 count 个元素的数组,数组中的元素各不相同。如果 count 大于或等于集合基数,那么该命令将返回整个集合。

(2) 如果 count 为负数,那么该命令将返回一个数组,数组中的元素可能会重复出现多次,而数组的长度为 count 的绝对值。

下面通过具体示例演示如何使用 SRANDMEMBER 命令,如例 2-40 所示。

**【例 2-40】** 返回集合 city1 中的两个随机元素。

```
127.0.0.1:6379 > SRANDMEMBER city1 2
```

输出结果如下。

```
1) "Guangzhou"
2) "Beijing"
127.0.0.1:6379 > SRANDMEMBER city1 2
```

输出结果如下。

```
1) "Beijing"
2) "Wuhan"
```

由上述输出结果可知,该命令执行了两次,并且随机返回了集合 city1 的两个元素。

### 9. SREM

使用 SREM 命令移除集合中一个或多个元素,语法格式如下。

```
SREM key member1 [member2]
```

上述语句中,SREM 是移除集合中一个或多个元素的命令,key 为集合,member1 和 member2 为被移除的元素。

下面通过具体示例演示如何使用 SREM 命令,如例 2-41 所示。

**【例 2-41】**　移除集合 city1 中的 Beijing 元素。

```
127.0.0.1:6379 > SREM city1 Beijing
```

输出结果如下。

```
(integer) 1
127.0.0.1:6379 > SMEMBERS city1
```

输出结果如下。

```
1) "Shenzhen"
2) "Guangzhou"
3) "Wuhan"
4) "Shanghai"
```

由上述输出结果可知,已成功移除集合 city1 中的 Beijing 元素。

**10. SMOVE**

使用 SMOVE 命令将元素从一个集合移动到另一个集合,语法格式如下。

```
SMOVE source destination member
```

上述语句中,SMOVE 是将 member 元素从一个集合移动到另一个集合的命令,source 为原始集合,destination 为目标集合,member 为要移动的元素。

下面通过具体示例演示如何使用 SMOVE 命令,如例 2-42 所示。

**【例 2-42】**　将集合 city1 中的元素 Wuhan 移动到集合 city3 中。

```
//查看集合 city1、city3 的原有元素
127.0.0.1:6379 > SMEMBERS city1
```

输出结果如下。

```
1) "Shenzhen"
2) "Guangzhou"
3) "Wuhan"
4) "Shanghai"
127.0.0.1:6379 > SMEMBERS city3
```

输出结果如下。

```
1) "Shanghai"
//移动 Wuhan 元素
127.0.0.1:6379 > SMOVE city1 city3 Wuhan
```

输出结果如下。

```
(integer) 1
```

由上述输出结果可知,已成功将集合 city1 中的元素 Wuhan 移动到集合 city3 中。为了进一步验证,查看集合 city1 和集合 city3 的所有元素,具体如下。

```
127.0.0.1:6379 > SMEMBERS city1
```

输出结果如下。

```
1) "Shenzhen"
2) "Guangzhou"
3) "Shanghai"
```

```
127.0.0.1:6379 > SMEMBERS city3
```

输出结果如下。

```
1) "Wuhan"
2) "Shanghai"
```

### 2.4.5 操作散列

Redis 常用的散列(Hash)操作命令及相关说明如表 2-8 所示。

表 2-8　Redis 常用的散列操作命令及相关说明

| 序号 | 操作命令 | 相关说明 |
|---|---|---|
| 1 | HSET | 为散列中的指定 field 键设置值 |
| 2 | HMSET | 为散列中的多个 field 键设置值 |
| 3 | HGET | 获取存储在散列中指定 field 键的值 |
| 4 | HMGET | 获取散列中多个 field 键的值 |
| 5 | HGETALL | 获取散列中的所有 field 键值对 |
| 6 | HKEYS | 获取散列中的所有 field 键 |
| 7 | HVALS | 获取散列中的所有 field 键的值 |
| 8 | HDEL | 删除散列中指定的 field 键及其相对应的值 |
| 9 | HEXISTS | 检查散列中指定键中是否存在某个 field 键 |

接下来将通过具体的示例讲解表 2-8 中列举的 9 个 Redis 散列操作命令。

**1. HSET**

使用 HSET 命令为散列中的指定 field 键设置值,语法格式如下。

```
HSET key field value
```

上述语句中,HSET 是为散列中的指定 field 键设置值的命令,key 为散列,field 为散列中的键,value 为散列中的键值。若散列存在,则覆盖原先的键值,否则新建一个新的散列。

下面通过具体示例演示如何使用 HSET 命令,如例 2-43 所示。

**【例 2-43】** 为散列 computer 中的键 brand 设置值 Lenovo,具体如下。

```
127.0.0.1:6379 > HSET computer brand "Lenovo"
```

输出结果如下。

```
(integer) 1
```

由上述输出结果 1 可知,散列 computer 自动创建键 brand 并设置值 Lenovo。若存在键 brand 并覆盖原值,则返回结果为 0。

**2. HMSET**

使用 HMSET 命令为散列中的多个 field 键设置值,语法格式如下。

```
HMSET key field1 value1 [field2 value2 …]
```

上述语句中,HMSET 是为散列中的多个 field 键设置值的命令,key 为散列,field value 为散列中的一个或多个键及其值。

下面通过具体示例演示如何使用 HMSET 命令,如例 2-44 所示。

**【例 2-44】** 为散列 computer 中的键 product、cpu 分别设置值 Yoga Pro14s、intel i7。

```
127.0.0.1:6379 > HMSET computer product "Yoga Pro14s" cpu "intel i7"
```

输出结果如下。

```
OK
```

由上述输出结果可知，已成功为散列 computer 中的键 product、cpu 分别设置值 Yoga Pro14s、intel i7。

### 3. HGET

使用 HGET 命令获取存储在散列中指定 field 键的值，语法格式如下。

```
HGET key field
```

上述语句中，HGET 是获取存储在散列中指定 field 键的值的命令，key 为散列，field 为散列中的键。

下面通过具体示例演示如何使用 HGET 命令，如例 2-45 所示。

**【例 2-45】** 获取存储在散列 computer 中键 brand 的值。

```
127.0.0.1:6379 > HGET computer brand
```

输出结果如下。

```
"Lenovo"
```

由上述输出结果可知，散列 computer 中键 brand 的值为 Lenovo。

### 4. HMGET

使用 HMGET 命令获取散列中多个 field 键的值，语法格式如下。

```
HMGET key field1 [field2]
```

下面通过具体示例演示如何使用 HMGET 命令，如例 2-46 所示。

**【例 2-46】** 获取散列 computer 中键 brand、product、cpu 的值。

```
127.0.0.1:6379 > HMGET computer brand product cpu
```

输出结果如下。

```
1) "Lenovo"
2) "Yoga Pro14s"
3) "intel i7"
```

由上述输出结果可知，散列 computer 中键 brand、product、cpu 的值分别为 Lenovo、Yoga Pro14s、intel i7。

### 5. HGETALL

使用 HGETALL 命令获取散列中的所有 field 键值对，语法格式如下。

```
HGETALL key
```

下面通过具体示例演示如何使用 HGETALL 命令，如例 2-47 所示。

**【例 2-47】** 查看散列 computer 中的所有 field 键值对。

```
127.0.0.1:6379 > HGETALL computer
```

输出结果如下。

```
1) "brand"
2) "Lenovo"
3) "product"
4) "Yoga Pro14s"
5) "cpu"
6) "intel i7"
```

由上述输出结果可知,散列 computer 中的所有 field 键值对为 brand-Lenovo、product-Yoga Pro14s、cpu-intel i7。

**6. HKEYS**

使用 HKEYS 命令获取散列中的所有 field 键,语法格式如下。

```
HKEYS key
```

上述语句中,HKEYS 是获取散列中的所有 field 键的命令,key 为散列。

下面通过具体示例演示如何使用 HKEYS 命令,如例 2-48 所示。

**【例 2-48】** 获取散列 computer 中的所有 field 键。

```
127.0.0.1:6379 > HKEYS computer
```

输出结果如下。

```
1) "brand"
2) "product"
3) "cpu"
```

由上述输出结果可知,散列 computer 中的所有 field 键为 brand、product、cpu。

**7. HVALS**

使用 HVALS 命令获取散列中的所有 field 键的值,语法格式如下。

```
HVALS key
```

上述语句中,HVALS 是获取散列中的所有 field 键的值的命令,key 为散列。

下面通过具体示例演示如何使用 HVALS 命令,如例 2-49 所示。

**【例 2-49】** 获取散列 computer 中的所有 field 键的值。

```
127.0.0.1:6379 > HVALS computer
```

输出结果如下。

```
1) "Lenovo"
2) "Yoga Pro14s"
3) "intel i7"
```

由上述输出结果可知,散列 computer 中的所有 field 键的值为 Lenovo、Yoga Pro14s、intel i7。

**8. HDEL**

使用 HDEL 命令删除散列中指定的 field 键及相对应的值,语法格式如下。

```
HDEL key field1 [field2 …]
```

上述语句中,HDEL 是删除散列中指定的 field 键及相对应的值的命令,key 为散列,field 为散列中的键。

下面通过具体示例演示如何使用 HDEL 命令,如例 2-50 所示。

【例 2-50】 删除散列 computer 中的键 cpu。

```
127.0.0.1:6379 > HDEL computer cpu
```

输出结果如下。

```
(integer) 1
127.0.0.1:6379 > HKEYS computer
```

输出结果如下。

```
1) "brand"
2) "product"
```

由上述输出结果可知，散列 computer 中的键 cpu 已经被删除。

**9. HEXISTS**

使用 HEXISTS 命令检查散列中指定键中是否存在某个 field 键，语法格式如下。

```
HEXISTS key field
```

上述语句中，HEXISTS 是检查散列中指定键中是否存在某个 field 键的命令，key 为散列，field 为被检查的键。

下面通过具体示例演示如何使用 HEXISTS 命令，如例 2-51 所示。

【例 2-51】 判断键 price、brand 是否存在于散列 computer 中。

```
127.0.0.1:6379 > HEXISTS computer price
```

输出结果如下。

```
(integer) 0
127.0.0.1:6379 > HEXISTS computer brand
```

输出结果如下。

```
(integer) 1
```

由上述输出结果可知，键 price 不存在于散列 computer 中，键 brand 存在于散列 computer 中。

## 2.4.6 操作有序集合

Redis 常用的有序集合(Sorted Sets)操作命令及相关说明如表 2-9 所示。

表 2-9 Redis 常用的有序集合操作命令及相关说明

| 序号 | 操 作 命 令 | 相 关 说 明 |
|---|---|---|
| 1 | ZADD | 向有序集合添加一个或多个键值对 |
| 2 | ZCARD | 获取有序集合中元素的个数 |
| 3 | ZCOUNT | 统计有序集合中指定分值范围内的元素个数 |
| 4 | ZRANGE | 返回有序集合中指定索引范围内的元素 |
| 5 | ZSCORE | 返回有序集合中指定元素的分数值 |
| 6 | ZREM | 移除有序集合中的指定元素，将返回成功删除的元素个数 |
| 7 | ZRANK | 返回有序集合中指定元素的索引 |

接下来通过具体的示例讲解表 2-9 中列举的 7 个 Redis 有序集合操作命令。

### 1. ZADD

使用 ZADD 命令向有序集合添加一个或多个键值对,语法格式如下。

```
ZADD key [NX|XX] [CH] [INCR] score1 member1 [score2 member2 …]
```

上述语句中,ZADD 是向有序集合添加一个或多个键值对的命令;key 为有序集合;[NX|XX]为可选参数,表示不更新或更新存在的元素;[CH]为可选参数,表示统计发生变化的元素数量;[INCR]为可选参数,表示将元素按照分数值进行递增操作;score member 为有序集合中的键值对,score 指分值,即键值对中的键,member 指元素,即键值对中的值。

下面通过具体示例演示如何使用 ZADD 命令,如例 2-52 所示。

【例 2-52】 为有序集合 stock 添加 3 个键值对,分别为"score 为 300,member 为 T-shirt" "score 为 200,member 为 pants""score 为 400,member 为 socks"。

```
127.0.0.1:6379 > ZADD stock 300 "T - shirt" 200 "pants" 400 "socks"
```

输出结果如下。

```
(integer) 3
```

由上述输出结果可知,已成功向有序集合添加了 3 个键值对。

### 2. ZCARD

使用 ZCARD 命令获取有序集合中元素的个数,语法格式如下。

```
ZCARD key
```

上述语句中,ZCARD 是获取有序集合中元素的个数的命令,key 为有序集合。

下面通过具体示例演示如何使用 ZCARD 命令,如例 2-53 所示。

【例 2-53】 获取有序集合 stock 中元素的个数。

```
127.0.0.1:6379 > ZCARD stock
```

输出结果如下。

```
(integer) 3
```

由上述输出结果可知,有序集合 stock 中元素的个数为 3。

### 3. ZCOUNT

使用 ZCOUNT 命令统计有序集合中指定分值范围内的元素个数,语法格式如下。

```
ZCOUNT key min max
```

上述语句中,ZCOUNT 是统计有序集合中指定分值范围内的元素个数的命令,key 为有序集合,min 为分值范围的最小值,max 为分值范围的最大值。

下面通过具体示例演示如何使用 ZCOUNT 命令,如例 2-54 所示。

【例 2-54】 统计有序集合 stock 中分值在[100,300]范围内的元素的个数。

```
127.0.0.1:6379 > ZCOUNT stock 100 300
```

输出结果如下。

```
(integer) 2
```

由上述输出结果可知,在有序集合 stock 中分值在[100,300]范围内的元素的个数为 2。

### 4. ZRANGE

使用 ZRANGE 命令返回有序集合中指定索引范围内的元素,语法格式如下。

```
ZRANGE key start stop [WITHSCORES]
```

上述语句中,ZRANGE 是返回有序集合中指定索引范围内的元素的命令;key 为有序集合;start 为起始索引;stop 为终止索引;[WITHSCORES]为可选参数,表示带有分数值。下标参数 start 和 stop 都以 0 为基数,具体情况如下。

(1) 0:0 表示有序集合的第一个成员。

(2) 正数:1 表示有序集合的第二个成员,2 表示有序集合的第三个成员,以此类推。

(3) 负数:−1 表示有序集合的最后一个成员,−2 表示有序集合的倒数第二个成员,以此类推。

下面通过具体示例演示如何使用 ZRANGE 命令,如例 2-55 所示。

【例 2-55】 显示整个有序集合 stock 的元素,具体如下。

```
127.0.0.1:6379 > ZRANGE stock 0 −1
```

输出结果如下。

```
1) "pants"
2) "T - shirt"
3) "socks"
```

由上述输出结果可知,有序集合 stock 中索引范围[0,−1]内的元素,分别为 pants、T-shirt、socks。

**5. ZSCORE**

使用 ZSCORE 命令返回有序集合中指定元素的分数值,语法格式如下。

```
ZSCORE key member
```

上述语句中,ZSCORE 是返回有序集合中指定元素的分数值的命令,key 为有序集合,member 为元素。

下面通过具体示例演示如何使用 ZSCORE 命令,如例 2-56 所示。

【例 2-56】 获取有序集合 stock 中元素 pants 的分数值。

```
127.0.0.1:6379 > ZSCORE stock pants
```

输出结果如下。

```
"200"
```

由上述输出结果可知,有序集合 stock 中元素 pants 的分数值为 200。

**6. ZREM**

使用 ZREM 命令移除有序集合中的指定元素,并返回成功删除的元素个数,语法格式如下。

```
ZREM key member [member …]
```

上述语句中,ZREM 是移除有序集合中的指定元素的命令,key 为有序集合,member 为要被移除的元素。

下面通过具体示例演示如何使用 ZREM 命令,如例 2-57 所示。

【例 2-57】 移除有序集合 stock 中的元素 pants。

```
127.0.0.1:6379 > ZREM stock pants
```

输出结果如下。

```
(integer) 1
127.0.0.1:6379 > ZRANGE stock 0 - 1
```

输出结果如下。

```
1) "T - shirt"
2) "socks"
```

由上述输出结果可知,有序集合 stock 中的元素 pants 已经被删除。

**7. ZRANK**

使用 ZRANK 命令返回有序集合中指定元素的索引,语法格式如下。

```
ZRANK key member
```

上述语句中,ZRANK 是返回有序集合中指定元素的索引的命令,key 为有序集合,member 为有序集合中的元素。有序集合成员按分数值递增的顺序排列,如果 member 是有序集合中的元素,返回 member 的索引,反之则返回 nil。

下面通过具体示例演示如何使用 ZRANK 命令,如例 2-58 所示。

【例 2-58】 返回有序集合 stock 中的元素 T-shirt 和元素 socks 的索引。

```
127.0.0.1:6379 > ZRANK stock T - shirt
```

输出结果如下。

```
(integer) 0
127.0.0.1:6379 > ZRANK stock socks
```

输出结果如下。

```
(integer) 1
```

由上述输出结果可知,元素 T-shrit 索引返回 0,表示其排名第一;元素 socks 索引返回 1,表示其排名第二。

# 2.5 Redis 高级管理与监控

## 2.5.1 Redis 数据库配置

Redis 可通过使用命令行的方式进行数据库配置,也可以通过修改配置文件的方式进行数据库配置。由于数据库的配置选项较多,使用命令行的方式并不简便,因此数据库开发和管理人员大多采用修改配置文件的方式进行数据库配置。

Redis 配置文件位于 Redis 安装目录下,名为 redis. conf。在本书前面章节中已经介绍过 Redis 配置文件中的部分配置项,如参数 port 用于修改端口号,参数 daemonize 用于启动守护进程,参数 databases 用于修改数据库的数量。除此之外 Redis 还支持其他配置选项,如是否开启持久化、日志级别等。

Redis 常用的配置参数及说明如表 2-10 所示。

表 2-10　Redis 常用的配置参数及说明

| 配 置 参 数 | 含　　　义 | 参　数　值 |
|---|---|---|
| port | Redis 的监听端口 | 默认端口为 6379 |
| daemonize | Redis 是否开启守护进程 | yes 或者 no |
| pidfile | Redis 进程 ID 的文件位置 | 默认路径/var/run/redis.pid，可自定义 |
| bind | Redis 绑定的主机地址 | 默认值只允许本机发起访问 |
| timeout | 控制在客户端与服务器端之间通信时的空闲时间 | 默认值为 0，表示关闭该功能 |
| loglevel | Redis 的日志记录级别 | 默认为 notice，其他 3 个级别分别为 debug、verbose、warning |
| databases | Redis 数据库的数量 | 默认为 16 |
| dbfilename | 本地数据库文件名 | 默认为 dump.rdb |
| dir | 本地数据库存放目录 | 自定义 |
| rdbcompression | 存储至本地数据库时是否压缩数据 | 默认值为 yes |
| requirepass | Redis 连接密码，此配置项默认关闭 | 默认值为 foobared |
| maxclients | 同一时间最大客户端连接数 | 默认无限制 |
| maxmemory | Redis 最大内存限制 | 默认值为 0，无限制 |

　　Redis 多个数据库之间并不是完全隔离的，且 Redis 并不支持为每个数据库设置不同的访问密码。当客户端访问数据库时，要么没有权限访问任意一个数据库，要么能访问所有数据库。使用 FLUSHALL 命令可以清空一个 Redis 实例中所有数据库中的数据。

## 2.5.2　Redis 数据库备份与恢复

　　Redis 非常轻量级，一个空的 Redis 占用的内存只有 1 MB 左右，即使是多个 Redis 实例也不存在额外占用很多内存的问题，因此建议不同的应用使用不同的 Redis 实例存储数据。

　　由于 Redis 的所有数据都存储在内存中，当 Redis 数据备份定期地通过异步方式保存到磁盘上时，该方式称为半持久化（Redis DataBase，RDB）方法。当每一次的数据变化都写入 AOF 文件里面时，则称为全持久化（Append Only File，AOF）方法。

　　Redis 提供的两种不同的持久化方法中，RDB 方法是在不同的时间点，将 Redis 存储的数据生成快照并存储到磁盘等介质中；而 AOF 方法将 Redis 执行过的所有写指令（每秒钟）记录在日志中，在下次 Redis 重新启动时，将这些指令从前到后再重复执行一遍，恢复数据。RDB 与 AOF 的特点对比如表 2-11 所示。

表 2-11　RDB 与 AOF 的特点对比

| 对 比 内 容 | RDB | AOF |
|---|---|---|
| 备份策略 | 周期性 | 实时性 |
| 备份形式 | 全量备份，一次保存整个数据库 | 增量备份，一次保存一个修改数据库的命令 |
| 保存的间隔 | 较长 | 默认 1 秒 |
| 数据还原速度 | 较快 | 一般 |
| 启动优先级 | 低 | 高 |
| 体积 | 小 | 大 |

　　RDB 更适合用于数据备份，默认开启；而 AOF 更适合用来保存数据，默认关闭。

　　具体的持久化方法可以根据业务的特点来定，单独使用其中一种方法或者组合使用都可以。这里讲解一下单独采用 RDB 或 AOF 方法进行数据持久化的缺点,读者在具体使用中应根据业务承受的能力进行选择。

(1) 单独使用 RDB 方法时。因为 RDB 方法是周期性地进行快照备份,若在两个备份节点间服务器意外宕机,所有从上次进行快照的时间节点到服务器宕机时所产生的数据将全部丢失。

(2) 单独使用 AOF 方法时。AOF 机制将 Redis 执行的每一条命令全部追加到磁盘中,大量数据的写入会降低服务器及 Redis 的性能,服务器可能会反应迟钝或出现卡顿现象。

除此之外,Redis 也支持同时开启 RDB 和 AOF 方法。系统重启后,Redis 会优先使用 AOF 方法来恢复数据,将数据的损失降低到最小。RDB 方法可以视为冷备,在 AOF 方法文件丢失或损坏不可用时,使用 RDB 方法来进行数据的快速恢复。

### 1. RDB 方法

当在 Redis 配置文件中启用自动快照时,可以通过配置项 save 来定义触发快照的条件,具体如下。

```
# Save the DB to disk
#
# save < seconds > < changes > [< seconds > < changes > … ]
# save <指定时间间隔> <执行指定次数更新操作>
……省略部分代码……
save 300 5
```

save 参数的两个值分别为指定间隔时间和改动的键的个数,两个值分别为 300 和 5,表示 300 秒内有 5 个更改,将内存中的数据快照写入磁盘。该配置项的意义为,当在指定的时间内被更改的键的个数大于指定的个数时,Redis 会自动将内存中的所有数据进行快照,并创建 dump.rdb 文件存储在硬盘上,以此完成数据备份。

禁用自动快照,只需要将所有的 save 参数删除即可。使用 SAVE 命令创建当前数据库的备份,具体如下。

```
127.0.0.1:6379 > SAVE
```

输出结果如下。

```
OK
```

SAVE 命令默认将备份文件 dump.rdb 保存至 Redis 的安装目录,查看备份文件所在的 Redis 安装目录,具体如下。

```
127.0.0.1:6379 > CONFIG GET dir
```

输出结果如下。

```
1) "dir"
2) "/"
```

也可以使用 BGSAVE 命令,将 SAVE 命令放至后台运行,具体如下。

```
127.0.0.1:6379 > BGSAVE
```

输出结果如下。

```
Background saving started
```

两个命令的区别在于,SAVA 命令在执行时会阻塞 Redis 服务器进程,直至备份过程结束;而 BGSAVE 命令则会创建一个子程序,不影响 Redis 服务器的父进程。

进行数据备份前查看数据库包含键的数量及具体情况,具体如下。

```
127.0.0.1:6379 > DBSIZE
```

输出结果如下。

```
(integer) 17
127.0.0.1:6379 > KEYS *
```

输出结果如下。

```
 1) "city2"
 2) "subject2"
 3) "website3"
 4) "website4"
 5) "city3"
 6) "website2"
 7) "city1"
 8) "newbook"
 9) "computer"
10) "website9"
11) "fruits"
12) "subject1"
13) "website"
14) "web"
15) "drinks"
16) "website1"
17) "stock"
```

由上述输出结果可知,当前数据库中含有 17 条数据。

为了演示备份数据的恢复,先将备份数据移动到其他文件夹,防止丢失,然后使用 FLUSHDB 命令删除当前数据库的数据,具体如下。

```
[root@qfedu ~] # mv /dump.rdb /data/
//清空当前数据库
127.0.0.1:6379 > FLUSHDB
```

输出结果如下。

```
OK
127.0.0.1:6379 > KEYS *
```

输出结果如下。

```
(empty array)
```

由上述输出结果可知,当前数据库为空。

使用 systemctl stop redis 命令模拟数据库宕机。当恢复数据时,将备份文件 dump.rdb 移动到 Redis 的安装目录下,然后启动服务即可完成,具体如下。

```
[root@qfedu ~] # systemctl stop redis
[root@qfedu ~] # cp /tmp/dump.rdb /
[root@qfedu ~] # systemctl start redis
```

最后,查看 Redis 数据库,验证数据是否恢复,具体如下。

```
127.0.0.1:6379 > ping
```

输出结果如下。

```
PONG
127.0.0.1:6379 > KEYS *
```

输出结果如下。

```
 1) "city2"
 2) "subject2"
 3) "website3"
 4) "website4"
 5) "city3"
 6) "website2"
 7) "city1"
 8) "newbook"
 9) "computer"
10) "website9"
11) "fruits"
12) "subject1"
13) "website"
14) "web"
15) "drinks"
16) "website1"
17) "stock"
```

由上述输出结果可知,数据已经被成功恢复。

**2. AOF 方法**

AOF 方法通过日志记录每个写操作,并追加到文件中。AOF 文件的保存位置是通过 dir 参数设置的,默认的文件名是 appendonly.aof,可以通过 appendfilename 参数修改该名称。

AOF 方法的参数配置如下。

(1) appendonly yes:开启 AOF 持久化功能。

(2) appendfilename appendonly.aof:AOF 持久化保存文件名。

(3) appendfsync always:每次执行写入都会执行同步,最安全也最慢。

(4) ♯appendfsync everysec:每秒执行一次同步操作。

(5) ♯appendfsync no:不主动进行同步操作,而是完全交由操作系统来进行,每 30 秒一次,最快也最不安全。

(6) auto-aof-rewrite-percentage 100:当 AOF 文件大小超过上一次重写时的 AOF 文件大小的百分之多少时会再次进行重写,如果之前没有重写过,则以启动时的 AOF 文件大小为依据。

(7) auto-aof-rewrite-min-size 64mb:允许重写的最小 AOF 文件大小,配置写入 AOF 文件后,要求系统刷新硬盘缓存的机制。

若只配置了 AOF,当重启 Redis 服务时,Redis 会加载 AOF 文件,通过逐个执行 AOF 文件中的命令将数据载入内存中。

## 2.5.3 Redis 命令批量执行

在实际应用中,会出现大量用户在一定时间内产生大量数据的状况,而这些数据需要被快速地创建与装载。前文已经讲解了如何通过一条条指令实现插入数据及管理数据,接下来讲解如何批量地执行多条 Redis 命令。

创建一个 TXT 文件,将需要执行的命令写入文件中,每一行即代表一条命令。假设命令如下。

```
SET k1 v1
SET k2 "www.fengyunedu.cn"
RPUSH list3 "a1" "b2" "c3" "d4"
SADD sset4 one two three
HSET hash5 hsk1 "hsv1"
ZADD zset6 300 "E" 200 "F" 400 "G"
MSET k3 v3 k4 v4 k5 v5
```

假设将该文件命名为 data1.txt,并存储在"/"目录下。为达到更明显的实验效果,需清空数据库中的所有数据,具体如下。

```
127.0.0.1:6379 > FLUSHALL
```

输出结果如下。

```
OK
127.0.0.1:6379 > KEYS *
```

输出结果如下。

```
(empty array)
```

使用 cat 命令批量执行命令文件,具体如下。

```
[root@qfedu ~] # cat /data1.txt | redis-cli
```

输出结果如下。

```
OK
OK
(integer) 4
(integer) 3
(integer) 1
(integer) 3
OK
```

为了进一步验证命令文件是否执行成功,可通过 KEYS 命令查看 Redis 数据库中的全部数据,具体如下。

```
127.0.0.1:6379 > KEYS *
```

输出结果如下。

```
1) "sset4"
2) "k3"
3) "zset6"
4) "k5"
5) "k2"
6) "k1"
7) "hash5"
8) "list3"
9) "k4"
```

### 2.5.4 Redis 图形化管理工具

Redis 数据库管理不仅支持 Redis-cli 命令行工具,还支持多种交互性友好的图形化管理工具。下面针对 Redis 数据库存储数据为键值对类型的特点,简单介绍 5 个知名的 Redis 图形化管理工具。

(1) Redis Desktop Manager:一款基于 Qt5 的跨平台 Redis 可视化桌面管理工具,也是目前为止使用率最高的可视化工具。它支持全平台,例如 Windows(Windows 7 以上版本)、Linux、macOS 等。

(2) Another Redis Desktop Manager:GitHub 上的一个开源项目,不仅开源,而且提供在 Windows、macOS 上平台的安装包,体积小,完全免费。

(3) Medis:macOS 上一款页面美观而且易于使用的 Redis 数据库管理工具。

(4) RedisView:一个开源跨平台的国产 Redis 图形化页面工具。

(5) FastoRedis:一个跨平台的 Redis 数据库管理软件,也是收费软件,方便进行 Redis 集群监控和管理。

接下来以 Another Redis Desktop Manager 为例,演示使用图形化工具管理 Redis 数据库。

首先在 GitHub 或者 Gitee(开源中国)网站下载 Another Redis Desktop Manager 软件包,然后安装该软件。双击打开该软件,通过"设置"选项将语言设置为简体中文,利于用户操作,如图 2-16 所示。

图 2-16　将语言设置为简体中文

单击"确定"按钮,然后新建一个连接,填写 Redis 数据库信息,连接 Redis 数据库,如图 2-17 所示。

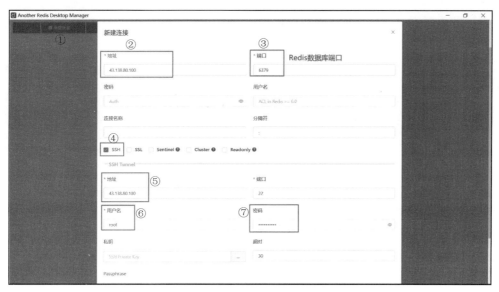

图 2-17　填写 Redis 数据库信息

如图 2-17 所示，该软件正在对 Redis 数据库进行远程连接，因此需要提前开启 Redis 数据库的端口，关闭本地保护模式，关闭仅限本地连接的配置项，最后关闭系统的防火墙，具体如下。

```
[root@qfedu ~]# vim /etc/redis/6379.conf
...
protected-mode no          # 将值 yes 改为 no
#bind 127.0.0.1 -::1        # 注释该配置项
...
[root@qfedu ~]# systemctl stop firewalld
[root@qfedu ~]# systemctl disable firewalld
```

回到软件连接页面，连接 Redis 数据库，如图 2-18 所示。

图 2-18　连接 Redis 数据库

单击图 2-18 所示页面中的"刷新"按钮,可呈现 Redis 数据库及其所在系统的相关信息。至此,Redis 数据库图形管理工具已经安装并成功连接数据库,用户可通过相关提示对数据库进行自主操作。

# 2.6　本章小结

本章首先介绍了 Redis 的简介、特点及应用场景,其次重点介绍了 Redis 支持的数据结构;然后讲解了如何在 Linux 系统中部署 Redis,并详细讲解了 Redis 的键值管理操作;最后讲解了 Redis 的高级管理操作及监控管理工具。"学者自博而约,自易而难,自近而远,乃得其序",希望读者牢记学习要循序渐进,根据本章内容,仔细思考,并且勤加练习,进一步掌握 Redis 数据库的相关知识。

# 2.7　习　　题

**1. 填空题**

(1) Redis 是一个开源的、高性能的_____存储系统,是跨平台的_____数据库。

(2) Redis 通常被称为数据结构服务器,因为它不仅支持多种类型的数据结构,如_____、_____、_____、_____等,而且可以通过 Redis 哨兵(Sentinel)和自动分区(Cluster)实现高可用性。

(3) Redis 数据库常用作_____、_____、_____等。

(4) _____是 Redis 命令行页面,通过这个简单的程序,可以直接从终端向 Redis 发送命令,并读取服务器发送的回复。

(5) Redis 提供了两种不同的持久化方法,一种是_____,另一种是_____。

**2. 简答题**

(1) 简述 Redis 的特点。

(2) 简述 Redis 和 Memcached 的优劣。

(3) 简述 Redis 提供的两种不同持久化方法的原理。

**3. 操作题**

(1) 请在 Linux 平台下完成 Redis 数据库的安装。

(2) 请选择 Hash 键值结构存储购物车基本信息,Hash 键的各个字段自行设计,分别写出完整的命令并实践,实现以下操作。

① 新增第 1 个商品信息:商品标识为 23001,商品名为手表,数量为 1,价格为 200 元。

② 添加第 2 个商品信息:商品标识为 23002,商品名为笔记本,数量为 5,价格为 55 元,店铺名为 aaa 旗舰店。

③ 添加第 3 个商品信息:商品标识为 23003,商品名为洗发水,数量为 2,价格为 128 元,店铺名为 bbb 旗舰店。

④ 查找商品标识为 23003 的商品键值信息。

⑤ 删除商品标识为 23002 的商品的店铺信息。

⑥ 修改商品标识为 23003 的商品信息,新增一个字段商品类型,值为促销。

⑦ 删除商品标识为 23001 的键值信息。

（3）请为服装店铺设计一个商品分类列表键，该店铺将服装分为春装、夏装、秋装、冬装 4 类，请用合适的数据结构类型存储每个商品。写出具体的命令完成以下操作。

① 秋装类别中有外套、牛仔裤、长袖。

② 秋装上新，新上架长裙，置于秋装的顶部。

③ 下架秋装中的末尾的商品。

（4）请以有序集合数据结构设计相应的键，用于存储 2022 年上半年旅行社接待数据 TOP15 省（自治区、直辖市），写出命令序列并实践，完成以下数据的存储。

① 编号为 S32，江苏省接待人数 225.7（万人次）。

② 编号为 S53，云南省接待人数 78.0（万人次）。

③ 编号为 S34，安徽省接待人数 84.2（万人次）。

④ 编号为 S43，湖南省接待人数 100（万人次）。

⑤ 查询当前推荐列表中的旅行社接待数据信息。

⑥ 修改 S43 的接待人数为 106.6（万人次）。

⑦ 按照接待人数降序排序，显示编号信息。

# 第3章 | 文档存储数据库 MongoDB

**本章学习目标**
- 了解 MongoDB 的简介。
- 熟悉 MongoDB 的文档存储结构。
- 掌握 MongoDB 的安装部署。
- 熟悉 MongoDB 的命令行操作。
- 了解文档数据备份与恢复的方法。
- 了解安全与访问控制的概念。

MongoDB 是一种跨平台的、面向文档的非关系数据库,也是目前被广泛使用的较新型的数据库。它不仅具备键值对存储数据库的灵活性,而且支持关系数据库的大多数操作,因此可以提高开发效率。MongoDB 的应用已经逐渐渗透到各个领域,如视频直播、游戏、社交网络等。本章将详细介绍文档存储数据库 MongoDB 的相关知识。

## 3.1 认识 MongoDB

### 3.1.1 MongoDB 简介

作为 NoSQL 文档存储数据库的一员"大将",MongoDB 是一个由 C++语言编写的数据库产品,也是非关系数据库当中功能最丰富、最像关系数据库的产品。MongoDB 不但是介于关系数据库和非关系数据库之间的数据库产品,而且是一个基于分布式文件存储的开源数据库系统。

MongoDB 中的 Mongo 来源于单词 humongous 的中间部分,其含义为巨大无比的数据库,表示能存储海量数据。MongoDB 数据库最大的特点是具有强大的查询语言功能,该特点帮助 MongoDB 数据库在众多数据库中脱颖而出。除此之外,其开源、跨平台、分布式的特点,为用户提供了可扩展的高性能数据存储方案。根据 DB-Engines 数据库排行网的调查统计,MongoDB 数据库一直位居前列。

MongoDB 的主要特点如下。

**1. 模式自由**

MongoDB 采用无模式结构存储,是一个面向无模式文档存储的数据库,可以在一个数据库中存储不同结构的文件,操作起来相对简单灵活。可在文件中嵌入文档和数组,使得在一条记录中能够表现复杂的层级关系。由于文档的键和值没有固定的类型和大小,因此进行添加或删除操作时能够更得心应手,便于数据库管理者快速更改数据。

**2. 易扩展性**

MongoDB 采用分片技术对数据进行水平扩展。所谓水平扩展,就是将数据分布在集群中,集群各节点存储的数据大小一样,增加集群的节点可以对数据库进行相应的扩展。MongoDB 能自动分片、自动转移分片里面的数据块,但数据之间没有关系。采用分片技术能够存储更多的数据,可以做到 TB 甚至 PB 级的数据量,以及数千、数万、数十万到百万级的并发等,从而实现更大的负载。

### 3. 高性能

MongoDB 具备高性能的数据持久性,支持嵌入式数据模型,减少了数据库系统上的 I/O 活动。

MongoDB 支持查询和完全索引。MongoDB 支持丰富的查询操作,其中包括 SQL 中的大部分查询操作。MongoDB 允许在任意属性上创建索引,其中也包含内部对象。MongoDB 的索引与关系数据库的索引相似,都可以通过指定属性和内部对象建立索引,以提高查询的速度。虽然 MongoDB 的数据是存储在硬盘上的,但经常读取的数据会被加载到内存中。存储在物理内存中的热数据能够实现高速读写。

### 4. 高可用

MongoDB 支持复制数据和数据恢复。MongoDB 的主从复制集群提供了数据备份、故障恢复、读写数据的扩展等功能,以此保证数据库的高可用性。MongoDB 不但具备网站实时数据存储所需的复制及高度伸缩性,其副本集还提供了故障的自动恢复功能,可以防止集群数据丢失,提高数据可用性。

### 5. 支持多种语言

MongoDB 提供了当前所有主流开发语言的数据库驱动包,支持 Perl、PHP、Java、C♯、JavaScript、Ruby、C、C++ 等多种编程语言。开发人员使用任何一种主流开发语言都可以实现轻松编程,实现访问 MongoDB 数据库。

### 6. 支持多种存储引擎

MongoDB 支持多个存储引擎,不同的引擎对于特定的工作负载性能会更好,选择合适的存储引擎会极大地提高应用程序的性能。MongoDB 从 3.2 版本开始,默认的存储引擎为 WiredTiger 存储引擎,适用于大多数工作负载。除此之外,还有内存存储(In-Memory)引擎和 MMAPv1 存储引擎。需要注意的是,从 4.2 版开始,MongoDB 已不再支持 MMAPv1 存储引擎。

### 7. 速度与持久性

MongoDB 通过驱动调用写入时,可以立即返回成功的结果(即使是报错),这样能够加快写入速度。MongoDB 由于完全依赖网络,因此会有一定的不安全性。

## 3.1.2 MongoDB 的应用场景

MongoDB 作为一款为 Web 应用程序和互联网基础设施设计的数据库管理系统,集 Key-Value 存储方式和 RDBMS 的优势于一身,应用在多种业务场景中。

MongoDB 已经渗透到各个领域,如游戏、物流、电商、内容管理、社交、物联网、视频直播等。根据官方网站的描述,MongoDB 适用于以下场景。

(1)网站数据:MongoDB 支持实时地插入、更新与查询数据,并且具备网站实时数据存储所需的复制及高度伸缩性。例如,游戏网站中,使用 MongoDB 以文档的形式存储用户信息、用户装备、用户积分等数据,便于查询数据和更新数据。

（2）缓存：MongoDB 高性能的特点，使其适用于信息基础设施的缓存层。即使系统重启，由 MongoDB 搭建的持久化缓存层也可以避免下层的数据源过载的问题。

（3）大尺寸、低价值的数据：MongoDB 作为最像关系数据库的 NoSQL 数据库，使用起来比传统的关系数据库成本更低，性价比更高。

（4）高伸缩性的场景：MongoDB 适用于由数十或数百台服务器组成的数据库，MongoDB 的路线图中已经包含对 MapReduce 引擎的内置支持。

（5）用于对象及 JSON 数据的存储：MongoDB 的 BSON 数据格式适用于文档化格式的存储及查询。

MongoDB 不适用的场景如下。

（1）高度事务性的系统：对于大量原子性复杂事务的应用程序仍需要使用传统的关系数据库，如银行、会计系统等。

（2）传统的商业智能应用：大数据商业智能（Business Intelligence，BI）需要能够处理和分析大数据的 BI 软件，其中特定问题的数据分析、多数据实体关联涉及复杂的、高度优化的查询方式。对于此类应用，数据仓库是更合适的选择。

### 3.1.3　MongoDB 的文档存储结构

MongoDB 的文档存储结构是一种层次结构，主要分为 3 部分，分别为数据库（Database）、集合（Collection）和文档（Document）。一个 MongoDB 实例可以包含一组数据库，一个数据库可以包含一组集合，一个集合可以包含一组文档。一个文档包含一组字段（Field），每个字段都是一个键值对。MongoDB 的存储逻辑结构如图 3-1 所示。

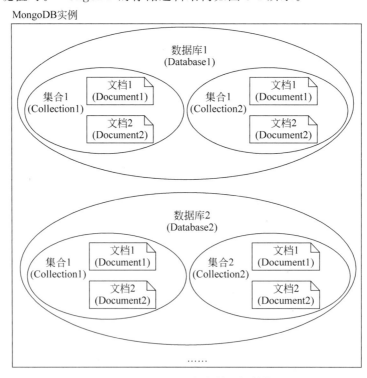

图 3-1　MongoDB 的存储逻辑结构

图 3-1 清晰地梳理了数据库、集合、文档的层次关系。MongoDB 与 MySQL 的架构有相似之处，MongoDB 与 MySQL 的存储结构对比如表 3-1 所示。

**表 3-1　MongoDB 与 MySQL 的存储结构对比**

| 非关系数据库 MongoDB | 关系数据库 MySQL |
|---|---|
| Database(数据库) | Database(数据库) |
| Collection(集合)<br>{"name":"apple","place":"Yantai"}<br>{"name":"banana","place":"Hainan"} | Table(数据表)<br>name　place<br>苹果　烟台<br>香蕉　海南 |
| Document(文档)<br>{"name":"apple","place":"Yantai"} | Row(行)<br>苹果　烟台 |

由表 3-1 读者可以进一步理解 MongoDB 存储结构的层次关系，以及 MongoDB 实例与数据库、数据库与集合均是一对多关系。

接下来对实例、数据库、集合及文档进行解释。

**1. 实例**

MongoDB 实例是由各种高速缓冲池及后台进程组成的，负责维护和访问数据库数据。

**2. 数据库**

MongoDB 中的多个文档组成集合，多个集合组成数据库。一个实例能够承载多个数据库，数据库之间彼此独立，并具有独立的权限，即使在磁盘中，不同数据库也存放至不同的文件中。MongoDB 中有以下 3 个系统数据库。

（1）admin 数据库：权限数据库，可视为 root 数据库，若将用户添加到 admin 数据库中，则该用户就自动继承了所有数据库的权限。

（2）local 数据库：本地数据库，此数据库永远不会被复制，能够存储本地单台服务器的任意集合。

（3）config 数据库：当 MongoDB 使用分片模式时，此数据库用于分片设置，保存分片信息。

**3. 集合**

集合就是一组文档，与关系数据库中的表类似。集合是无固定模式的，集合中的文档也没有固定结构。不同模式的文档都可以放在同一个集合中，例如{"hello,world":"Mike"}和{"foo":3}，两个文档的键不同，值的类型也不同。创建多个集合，将文档分类存放在不同的集合中，便于开发者和管理员对集合进行管理。例如，根据日志的级别存储网站的日志记录，Info 级别日志放到集合 Info 中，Debug 级别日志放到集合 Debug 中。用户可以利用集合的存储特点，灵活划分文档。

用户可以使用"."按照命名空间将集合划分为子集合。例如，网站的日志记录可以划分为 log.info 和 log.debug 两个子集合，使得组织结构更清晰，即使集合 log 与 log.info 和 log.debug 没有任何关系。使用子集合可使组织数据结构更清晰，这也是 MongoDB 推荐的方法。

#### 4. 文档

文档是 MongoDB 中数据的基本单位,是键值对的一个有序集。多个键及其关联的值有序地放在一起就构成了文档。例如以下文档。

```
1 {"greeting":"hello,world"}
2 {"greeting":"hello,world","foo":3}
3 {"foo":3,"greeting":"hello,world"}
```

上述示例中,第 1 个文档只包含一个键"greeting",对应的值为"hello,world";第 2 个文档包含 2 个键值对;第 3 个文档与第 2 个文档是完全不同的文档,这是因为文档中的键值对是有序的。

## 3.1.4 MongoDB 的数据类型

MongoDB 中的文档是一个记录,是由字段(键)和值对组成的数据结构。MongoDB 文档类似于 JSON 对象,MongoDB 键值对示例如图 3-2 所示。

图 3-2　MongoDB 键值对示例

如图 3-2 所示,字段的值不仅可以包括双引号中的字符串、整型等,也可以是其他文档、数组和文档数组,允许文档嵌套。文档中的键类型只能是字符串。

MongoDB 主要的数据类型如表 3-2 所示。

表 3-2　MongoDB 主要的数据类型

| 数 据 类 型 | 相 关 说 明 |
| --- | --- |
| Null | 空值类型,用于创建空值,如{"a":null} |
| String | 字符串类型,MongoDB 仅支持 UTF-8 编码的字符串 |
| Double | 双精度浮点型,用于存储浮点值。shell 默认使用 64 位浮点型数值,如{"a":3.14} |
| Boolean | 布尔类型,用于存储布尔(true/false)值,无须使用双引号 |
| Object | 对象类型,嵌套文档,被嵌套的文档作为值处理,如{"a":{"b":6}} |
| Array | 数组类型,用于存储多个值,如有序的数据列表或无序的数据集合等,如{"a":["x","y","z"]} |
| BinaryData | 二进制数据,用于存储二进制数据 |
| ObjectId | 对象 ID 类型,用于存储文档的 ID,值是一个 12 字节的字符串,用于唯一标识文档,如{"a":objectId()} |
| Date | 日期类型,以 UNIX 时间格式存储标准时间的毫秒数,不存储时区,如{"a":new Data()} |
| Regular Expression | 正则表达式类型,用于存储正则表达式 |
| Code | 代码类型,用于将 JavaScript 代码存储到文档中 |
| Int32 | 整型,用于存储 32 位整型数值,如{"a":6} |
| Int64 | 整型,用于存储 64 位整型数值 |

| 数 据 类 型 | 相 关 说 明 |
| --- | --- |
| Decimal128 | Decimal 类型,用于记录、处理货币数据,例如财经数据、税率数据等 |
| Timestamp | 时间戳类型,用于记录文档修改或添加的具体时间 |
| Min key | 存储 BSON 中的最小值 |
| Max key | 存储 BSON 中的最大值 |

# 3.2　部署 MongoDB

MongoDB 支持多种平台部署,官方提供了 Windows、Linux、macOS、Solaris 等平台的安装包。本节以 Windows 和 Linux 平台为例讲解如何部署 MongoDB。

## 3.2.1　基于 Windows 平台部署 MongoDB

下面以 Windows 10 操作系统平台部署 MongoDB 6.0.2 为例演示安装 MongoDB 的过程。

**1. 下载 MongoDB 安装包**

首先访问 MongoDB 的官方网站首页,在导航栏的产品模块中选择 Products→Community Edition,如图 3-3 所示。

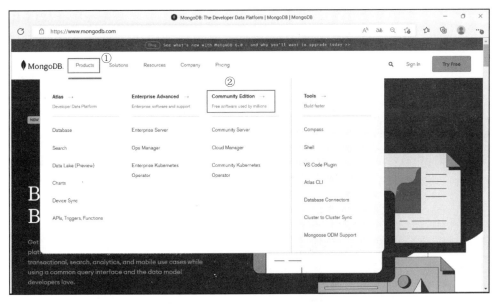

图 3-3　MongoDB 的官方网站首页

进入 MongoDB 下载页面,如图 3-4 所示。

基于 Windows 平台的 MongoDB 安装包有两个版本,一个是以.zip 为扩展名的压缩版本,另一个是以.msi 为扩展名的二进制安装版本。这里以扩展名为.msi 的二进制版本为例讲解如何安装 MongoDB。

单击 Download 按钮下载 MongoDB 安装包。下载完成后,在本地文件中找到 MongoDB 安装程序,如图 3-5 所示。

图 3-4　MongoDB 下载页面

图 3-5　MongoDB 安装程序

## 2. 安装 MongoDB

双击图 3-5 中所示的 MongoDB 安装程序，进入 MongoDB 安装页面首页，如图 3-6 所示。

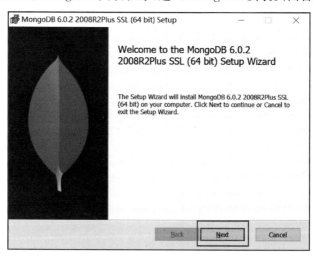

图 3-6　MongoDB 安装页面首页

单击 Next 按钮,进入安装许可协议页面,如图 3-7 所示。

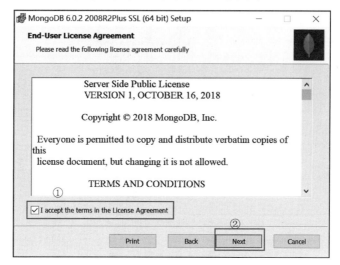

图 3-7　安装许可协议页面

接受许可协议中的条款,然后单击 Next 按钮,选择安装类型,如图 3-8 所示。

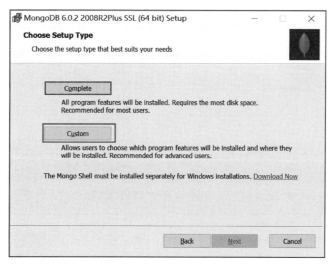

图 3-8　选择安装类型

单击 Custom 按钮表示选择自定义安装 MongoDB,然后单击 Next 按钮进入选择安装目录页面,如图 3-9 所示。

根据如图 3-9 中标注的步骤,首先单击 Browse 按钮配置 MongoDB 的安装目录,然后单击 OK 按钮,最后单击 Next 按钮,将 MongoDB 安装为 Windows 服务,如图 3-10 所示。

选择 Install MongoD as a Service 复选框,复选框下方的第 1 个选项表示以网络服务用户身份运行服务(默认),第 2 个选项表示以本地或域用户身份运行服务。此处选择第 1 个选项,将 MongoDB 配置为 Windows 服务并启动。

Data Directory 用于指定数据目录,对应--dbpath 参数。Log Directory 用于指定日志目录,对应--logpath 参数。如果任意一个目录不存在,安装程序将创建目录并将目录访问权限设置给服务用户。

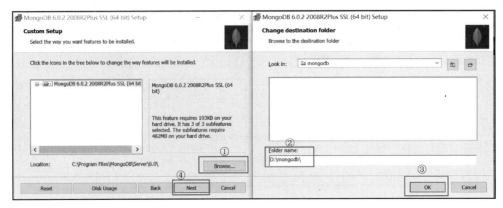

图 3-9　选择安装目录页面

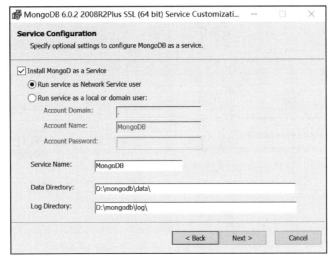

图 3-10　将 MongoDB 安装为 Windows 服务

单击 Next 按钮,进入 MongoDB Compass 安装页面,如图 3-11 所示。

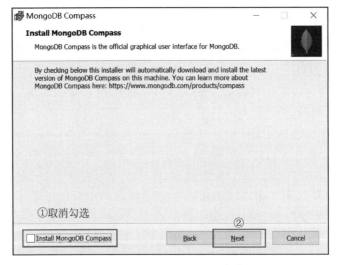

图 3-11　MongoDB Compass 安装页面

MongoDB Compass 是 MongoDB 的官方图形用户页面，也可以在官网下载安装。为了节省安装时间，此处取消勾选 Install MongoDB Compass。单击 Next 按钮，进入 MongoDB 6.0.2 安装页面，如图 3-12 所示。

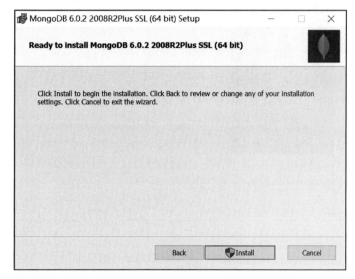

图 3-12　MongoDB 6.0.2 安装页面

单击 Install 按钮开始安装 MongoDB，MongoDB 的安装进度如图 3-13 所示。

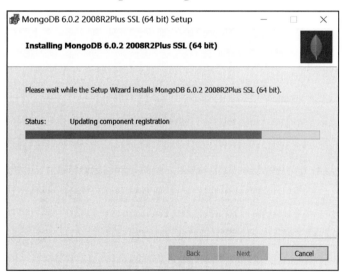

图 3-13　MongoDB 的安装进度

MongoDB 安装完成页面如图 3-14 所示。

单击 Finish 按钮，至此，MongoDB 安装完成。MongoDB 的安装目录如图 3-15 所示。

完成以上操作后，MongoDB 6.0.2 就成功安装至 Windows 10 平台上了。为了进一步验证安装是否成功，可以查看"计算机管理"的"服务"页面中是否存在 MongoDB Server，"计算机管理"的"服务"页面如图 3-16 所示。

如图 3-16 所示，MongoDB Server 的状态为正在运行，说明 MongoDB 已经安装成功。

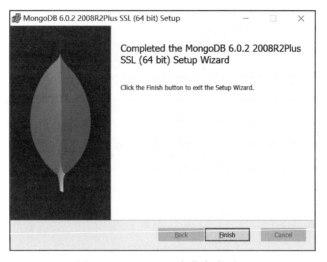

图 3-14　MongoDB 安装完成页面

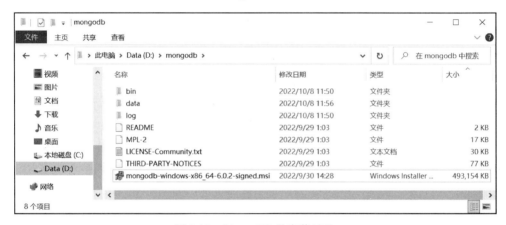

图 3-15　MongoDB 的安装目录

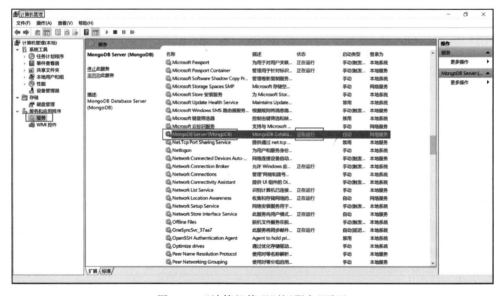

图 3-16　"计算机管理"的"服务"页面

### 3. 连接 MongoDB 数据库

MongoDB Shell 是 MongoDB 自带的交互式 JavaScript Shell,是用来对 MongoDB 进行操作和管理的交互式环境。在某些版本中,MongoDB 自带了 MongoDB Shell(也就是 mongo.exe),有的版本中 MongoDB Shell 则需要另行下载。本书使用的 MongoDB 6.0.2 版本需要另外安装 MongoDB Shell。

进入 MongoDB Shell 下载页面,如图 3-17 所示。

图 3-17　MongoDB Shell 下载页面

本书以 MongoDB Shell 的.msi 安装文件为例讲解安装步骤,读者也可以下载.zip 格式的 MongoDB Shell 安装包。

选择 Windows(MSI)版本,单击 Download 按钮,下载之后会得到一个.msi 安装文件,如图 3-18 所示。

图 3-18　.msi 安装文件

双击 MongoDB Shell 的.msi 安装文件进行安装,MongoDB Shell 安装页面如图 3-19 所示。

单击 Next 按钮,进入 MongoDB Shell 选择安装位置的页面。为了更好地兼容,可将其安装到 MongoDB 的 bin 文件夹下,选择 MongoDB Shell 的安装路径,如图 3-20 所示。

单击 Next 按钮,进入安装页面后,单击 Install 按钮开始安装 MongoDB Shell,直至安装完成显示 Finish 页面。至此,MongoDB Shell 安装完成。MongoDB Shell 安装完成后,bin 目录下会新增几个文件,bin 目录如图 3-21 所示。

MongoDB 的 bin 目录下主要的 MongoDB 可执行文件如表 3-3 所示。

图 3-19　MongoDB Shell 安装页面

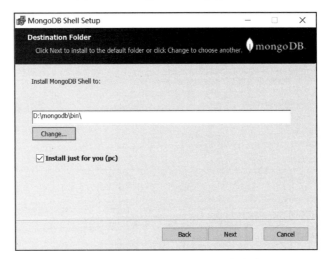

图 3-20　选择 MongoDB Shell 的安装路径

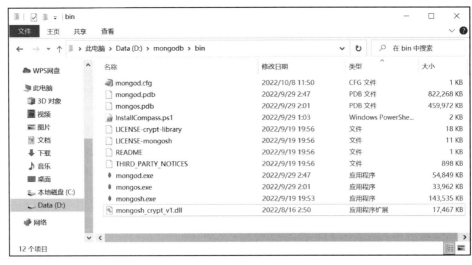

图 3-21　bin 目录

表 3-3　bin 目录下主要的 MongoDB 可执行文件

| 可执行文件（程序） | 说　　　明 |
| --- | --- |
| mongod.exe | 用于启动 MongoDB 服务，是 MongoDB 中最核心的内容，负责数据库的创建、删除等各项管理工作。详细参数可通过 mongod --help 查看 |
| mongos.exe | 用于启动 MongoDB 分片路由服务，分析并定位所有应用程序端的查询操作 |
| mongosh.exe | 命令行交互页面，与 mongo.exe 相同，可执行 MongoDB 执行手册中的所有操作 |
| mongod.cfg | 数据库的配置文件，其配置项包括端口、安全管理、数据位置、日志位置、分片、复制集等 |

双击 mongosh.exe 文件即可进入 MongoDB Shell 页面，启动时可以选择连接的 MongoDB。由于 MongoDB Shell 可以远程连接其他 MongoDB，而此处使用的是本地的 MongoDB 数据库，因此直接按 Enter 键使用默认情况即可（默认情况即为使用本地数据库）。MongoDB Shell 连接 MongoDB 如图 3-22 所示。

图 3-22　MongoDB Shell 连接 MongoDB

如图 3-22 所示，已经成功连接 MongoDB，通过命令行可以对数据库执行一系列的操作命令。

## 3.2.2　基于 Linux 平台部署 MongoDB

下面以 Linux 平台下的 CentOS 7.6 操作系统平台部署 MongoDB 为例讲解 MongoDB 的安装过程。MongoDB 的安装方式有多种，此处使用 yum 源（软件仓库）的方式在线安装 MongoDB。

**1. 安装 MongoDB**

首先，创建 yum 源的配置文件/etc/yum.repos.d/mongodb-org-6.0.repo，并加入以下代码。

```
[root@qfedu ~] # vim /etc/yum.repos.d/mongodb-org-6.0.repo
[mongodb-org-6.0]
name = MongoDB Repository
baseurl = https://repo.mongodb.org/yum/redhat/$ releasever/mongodb-org/6.0/x86_64/
gpgcheck = 1
```

```
enabled = 1
gpgkey = https://www.mongodb.org/static/pgp/server - 6.0.asc
```

其次,使用 yum 命令下载安装 MongoDB,具体如下。

```
[root@VM - 16 - 4 - centos ~] # yum - y install mongodb - org
Installed:
    mongodb - org.x86_64 0:6.0.2 - 1.el7
Dependency Installed:
    cyrus - sasl.x86_64 0:2.1.26 - 24.el7_9
    cyrus - sasl - gssapi.x86_64 0:2.1.26 - 24.el7_9
    mongodb - database - tools.x86_64 0:100.6.0 - 1
    mongodb - mongosh.x86_64 0:1.6.0 - 1.el8
    mongodb - org - database.x86_64 0:6.0.2 - 1.el7
    mongodb - org - database - tools - extra.x86_64 0:6.0.2 - 1.el7
    mongodb - org - mongos.x86_64 0:6.0.2 - 1.el7
    mongodb - org - server.x86_64 0:6.0.2 - 1.el7
    mongodb - org - tools.x86_64 0:6.0.2 - 1.el7
Complete!
```

由于 MongoDB 6.0.2 版本默认不带有命令行工具,因此可以将如下代码添加到/etc/yum.conf 文件中来安装特定的组件包。

```
[root@qfedu ~] # vim /etc/yum.conf
# 追加以下代码
exclude = mongodb - org, mongodb - org - database, mongodb - org - server, mongodb - mongosh,
mongodb - org - mongos, mongodb - org - tools
```

最后,使用 yum 命令下载安装 MongoDB 及相应组件,具体如下。

```
[root@bogon ~] # yum install - y mongodb - org mongodb - org - database\
> mongodb - org - server mongodb - org - server mongodb - mongosh\
> mongodb - org - mongos mongodb - org - tools
```

若上述命令的执行结果为 You could try using --skip-broken to work around the problem,则说明可能是软件包没有完全卸载,可以在命令后添加--skip-broken 参数来解决,具体如下。

```
[root@qfedu ~] # yum install - y mongodb - org mongodb - org - database\
> mongodb - org - server mongodb - mongosh mongodb - org - mongos\
> mongodb - org - tools -- skip - broken
```

### 2. 数据库目录

在默认情况下,MongoDB 的数据目录为/var/lib/mongo,日志目录为/var/log/mongodb。如果要使用默认目录以外的数据目录或日志目录,可以通过创建新目录然后编辑配置文件/etc/mongod.conf 并相应地修改以下字段来实现,具体如下。

```
storage.dbPath 指定新的数据目录路径(例如/some/data/directory)
systemLog.path 指定新的日志目录路径(例如/some/log/directory/mongod.log)
```

### 3. 启动和停止 MongoDB 服务

启动和停止 MongoDB 服务不止一种方式,本章主要介绍使用命令行参数的方式和使用 systemctl 工具的方式,读者任选其一掌握即可。

(1) 使用命令行参数的方式。

使用命令行参数的方式启动 MongoDB 服务,具体如下。

```
[root@qfedu ~] # mongod -- dbpath = /var/lib/mongo\
> -- logpath = /var/log/mongodb/mongod.log -- logappend - fork
```

```
about to fork child process, waiting until server is ready for connections.
forked process: 8884
child process started successfully, parent exiting
```

上述命令中,--dbpath 参数指定数据文件存放的位置,--logpath 参数指定日志文件存放的位置,--logappend 参数指定以追加的方式写日志,-fork 参数可以使进程在后台以守护进程的方式运行。

为了进一步验证 MongoDB 服务是否开启,在第 2 个命令行窗口查看 MongoDB 进程是否存在,具体如下。

```
[root@qfedu local] # ps - ef | grep mongod
root    22148  1625 13 13:42 pts/1   00:00:00 mongod -- dbpath = /var/lib/mongo
root    22222  1544  0 13:42 pts/0   00:00:00 grep -- color = auto mongod
```

由上述输出结果可知,MongoDB 服务已经成功启动。如果想要关闭 MongoDB 服务,可以通过组合键 Ctrl+C 关闭服务,或者通过 pkill 命令关闭 MongoDB 服务,具体如下。

```
[root@qfedu ~] # pkill mongod
[root@qfedu ~] # ps - aux | grep mongod
root    25496  0.0  0.0 112812   980 pts/0   S+   13:59   0:00 grep -- color = auto mongod
```

要停止 MongoDB 服务还可以使用以下命令,具体如下。

```
[root@qfedu ~] # mongod -- dbpath = /var/lib/mongo -- logpath = /var/log/mongodb/mongod.
log -- shutdown
{"t":{" $ date":"2022 - 10 - 10T09:08:21.232Z"},"s":"I", "c":"CONTROL", "id":20697, "ctx":
" - ","msg":"Renamed existing log file","attr":{"oldLogPath":"/var/log/mongodb/mongod.log",
"newLogPath":"/var/log/mongodb/mongod.log.2022 - 10 - 10T09 - 08 - 21"}}
Killing process with pid: 8884
```

(2)使用 systemctl 工具的方式。

使用 systemctl 工具的方式启动 MongoDB 服务。

使用 systemd 命令启动时,实际是使用 mongod 用户的身份启动 MongoDB 服务,否则可能会导致部分文件无权写入,具体如下。

```
[root@qfedu ~] chown mongod.mongod /var/lib/mongo/
[root@qfedu ~] chown mongod.mongod /var/log/mongodb/mongod.log
# 删除 root 用户产生的文件
[root@qfedu ~] # rm - rf /var/lib/mongo/ *
```

启动 MongoDB 服务,具体如下。

```
[root@qfedu ~] # systemctl start mongod
[root@qfedu ~] # ps - ef |grep mongod
mongod   3894     1  0 16:24 ?       00:00:03 /usr/bin/mongod - f /etc/mongod.conf
root     7004  1368  0 16:40 pts/0   00:00:00 grep -- color = auto mongod
```

由上述输出结果可知,已成功启动 MongoDB 服务。如果想要关闭 MongoDB 服务,可以使用如下命令来实现。

```
[root@qfedu ~] # systemctl stop mongod
[root@qfedu ~] # ps - ef |grep mongod
root     7688  1368  0 16:44 pts/0   00:00:00 grep -- color = auto mongod
```

**4. MongoDB 后台管理 Shell**

启动 MongoDB 服务后,使用 mongosh 命令连接数据库,进入 MongoDB 后台管理平台,具体如下。

```
[root@qfedu ~] # systemctl start mongod
[root@qfedu ~] # mongosh
Current Mongosh Log ID: 6343e61b2f03db7a53856b32
Connecting to: mongodb://127.0.0.1:27017/?directConnection = true&serverSelectionTimeoutMS =
2000&appName = mongosh + 1.6.0
Using MongoDB: 6.0.2
Using Mongosh: 1.6.0
For mongosh info see: https://docs.mongodb.com/mongodb - shell/
To help improve our products, anonymous usage data is collected and sent to MongoDB periodically
(https://www.mongodb.com/legal/privacy - policy).
You can opt - out by running the disableTelemetry() command.
------
   The server generated these startup warnings when booting
   2022 - 10 - 10T17:10:24.046 + 08:00: Using the XFS filesystem is strongly recommended with
the WiredTiger storage engine. See http://dochub.mongodb.org/core/prodnotes - filesystem
   2022 - 10 - 10T17:10:24.641 + 08:00: Access control is not enabled for the database. Read and
write access to data and configuration is unrestricted
   2022 - 10 - 10T17:10:24.641 + 08:00: /sys/kernel/mm/transparent_hugepage/enabled is 'always'.
We suggest setting it to 'never'
   2022 - 10 - 10T17:10:24.642 + 08:00: /sys/kernel/mm/transparent_hugepage/defrag is 'always'.
We suggest setting it to 'never'
   2022 - 10 - 10T17:10:24.642 + 08:00: vm.max_map_count is too low
------

   Enable MongoDB's free cloud - based monitoring service, which will then receive and display
   metrics about your deployment (disk utilization, CPU, operation statistics, etc).
   The monitoring data will be available on a MongoDB website with a unique URL accessible to you
   and anyone you share the URL with. MongoDB may use this information to make product
   improvements and to suggest MongoDB products and deployment options to you.

   To enable free monitoring, run the following command: db.enableFreeMonitoring()
   To permanently disable this reminder, run the following command: db.disableFreeMonitoring()
------
test >
```

由上述输出结果可知,通过 mongosh 工具已成功连接 MongoDB,并进入 MongoDB Shell 中。MongoDB 初始化安装完成后,默认的数据库为 test,读者可在该数据库中进行后续的操作练习。

# 3.3 使用 Shell 管理 MongoDB

使用 MongoDB Shell 与 MongoDB 数据库进行交互,可以直接进行数据库的查询、更新等管理操作。在 MongoDB 4.4 版本之前,管理数据库使用的是 MongoDB Shell 中的 mongo 工具,在后续的版本中,又引入了一个新工具 mongosh。为了保持向后兼容性,mongosh 支持的方法的语法与 mongo 中相应方法的语法相同。

## 3.3.1 MongoDB 的基础操作

### 1. 数据库操作

1) 创建数据库

创建指定数据库,语法格式如下。

```
use DATABASE_NAME
```

在上述语句中,使用 use 命令创建或切换指定的数据库,DATABASE_NAME 为数据库名,如果指定的数据库不存在,则会直接创建该数据库,反之则切换到指定的数据库。

在定义数据库名称时,要注意遵循命名规则,MongoDB 数据库名称的命名规则如表 3-4 所示。

表 3-4   MongoDB 数据库名称的命名规则

| 序　号 | 命　名　规　则 |
| --- | --- |
| 1 | 不允许是空字符串,如"" |
| 2 | 不得含有""(空格)、.、$ 、/、\、\0(空字符) |
| 3 | 区分大小写,建议全部小写 |
| 4 | 名称最多为 64 字节 |
| 5 | 不得使用保留的数据库名,如 admin、local、config、test |

例如,创建数据库 productsdb,具体如下。

```
> use productsdb
switched to db productsdb
```

2) 查看数据库

查看数据库包含查看所有数据库、查看当前数据库,语法格式如下。

```
# 查看所有数据库
show dbs
# 查看当前数据库
db
```

在上述语句中,使用 show 命令可以获取所有数据库的名称及存储情况,dbs 表示 databases,db 为当前数据库。

例如,首先查看所有数据库,然后查看当前所在数据库,具体如下。

```
productsdb > show dbs
```

输出结果如下。

```
admin     40.00 KiB
config    72.00 KiB
local     40.00 KiB
productsdb > db
```

输出结果如下。

```
productsdb
```

由上述输出结果可知,当前所有的数据库包括 admin、config、local,但是没有刚刚创建的 productsdb 数据库。这是因为使用 use 命令创建的 productsdb 数据库存储在内存中,并且数据库为空,所以无法使用 show dbs 获取,并且 test 数据库也是这种情况。test 数据库是 MongoDB 默认的数据库,同样存储在内存中,且数据库为空。

3) 删除数据库

删除当前数据库,语法格式如下。

```
db.dropDatabase()
```

在上述语句中,db 为当前数据库,dropDatabase()为删除数据库的方法。若想删除指定的数据库,需要先切换到指定数据库中,再执行删除数据库的命令。

例如,删除 productsdb 数据库,具体如下。

```
test > use productsdb
```

输出结果如下。

```
switched to db productsdb
productsdb > db
```

输出结果如下。

```
productsdb
productsdb > db.dropDatabase()
```

输出结果如下。

```
{ ok: 1, dropped: 'productsdb' }
```

由上述输出结果可知,productsdb 数据库已被成功删除。

**2. 集合操作**

1) 创建集合

在数据库中创建集合的语法格式如下。

```
db.createCollection(COLLECTION_NAME,[OPTIONS])
```

在上述语句中,db 是当前数据库;createCollection()为创建集合的方法;COLLECTION_NAME 为要创建的集合名称;[OPTIONS]为可选参数,指定有关内存大小及索引的选项。

MongoDB 数据库集合名称的命名规则如表 3-5 所示。

表 3-5　MongoDB 数据库集合名称的命名规则

| 序　　号 | 命　名　规　则 |
| --- | --- |
| 1 | 不允许是空字符串,如"" |
| 2 | 不得含有 $ 、\0(空字符) |
| 3 | 不允许以 system. 开头,这是为系统集合保留的前缀 |
| 4 | 用.来组织子集合,如 book.itbook |

例如,在 test 数据库中创建集合 collection1 和集合 collection2,具体如下。

```
productsdb > use test
```

输出结果如下。

```
switched to db test
test > db.createCollection("collection1")
```

输出结果如下。

```
{ ok: 1 }
test > db.createCollection("collection2")
```

输出结果如下。

```
{ ok: 1 }
```

为了进一步验证集合 collection1 和集合 collection2 是否创建成功，可使用 show collections 查看当前数据库下的所有集合，具体如下。

```
test > show collections
```

输出结果如下。

```
collection1
collection2
```

由上述输出结果可知，集合集合 collection1、集合 collection2 已被成功创建。

2）删除集合

在数据库中删除指定集合的语法格式如下。

```
db.COLLECTION_NAME.drop()
```

在上述语句中，db 为当前数据库，COLLECTION_NAME 为要删除的集合名称，drop() 为删除集合的方法。

例如，删除集合 collection1，具体如下。

```
test > db.collection1.drop()
```

输出结果如下。

```
true
test > show collections
```

输出结果如下。

```
collection2
```

由上述输出结果可知，集合 collection1 已被成功删除。

### 3. 统计数据库信息

统计当前数据库信息的语法格式如下。

```
db.stats()
```

例如，统计 test 数据库的信息，具体如下。

```
test > db
```

输出结果如下。

```
test
test > db.stats()
```

输出结果如下。

```
{
  db: 'test',
  collections: 1,
  views: 0,
  objects: 0,
  avgObjSize: 0,
  dataSize: 0,
  storageSize: 4096,
  indexes: 1,
```

```
  indexSize: 4096,
  totalSize: 8192,
  scaleFactor: 1,
  fsUsedSize: 5908676608,
  fsTotalSize: 42140381184,
  ok: 1
}
```

#### 4. 查看当前数据库下的集合名称

查看当前数据库下的所有集合名称,类似于 show collections 命令,语法格式如下。

```
db.getCollectionNames()
```

例如,查看当前数据库下的所有集合名称,具体如下。

```
test > db.getCollectionNames()
```

输出结果如下。

```
[ 'collection2' ]
```

#### 5. 查看数据库的用户角色权限

查看当前数据库的用户角色权限及用户名、密码等信息的语法格式如下。

```
show roles
```

例如,查看 test 数据库的用户角色权限及用户名、密码等信息,具体如下。

```
test > show roles
```

输出结果如下。

```
[
  {
    role: 'userAdmin',        //提供在当前数据库上创建和修改角色和用户的功能。由于该角色
                              //允许操作员向任何用户授予任何权限,因此该角色还间接地提供对
                              //数据库的超级用户(root)的访问权限
    db: 'test',
    isBuiltin: true,          //内置角色
    roles: [],                //放置用户角色、权限等信息
    inheritedRoles: []
  },
  {
    role: 'dbOwner',          //提供数据库任何管理操作功能,此角色集合了 readwrite、dbAdminhe
                              //userAdmin 角色授予的权限
    db: 'test',
    isBuiltin: true,
    roles: [],
    inheritedRoles: []
  },
  {
    role: 'enableSharding',   //提供分片操作权限
    db: 'test',
    isBuiltin: true,
    roles: [],
    inheritedRoles: []
  },
  {
    role: 'readWrite',        //主要提供自定义业务数据库读写权限
```

```
        db: 'test',
        isBuiltin: true,
        roles: [],
        inheritedRoles: []
    },
    {
        role: 'read',                 //主要提供自定义业务数据库读权限
        db: 'test',
        isBuiltin: true,
        roles: [],
        inheritedRoles: []
    },
    {
        role: 'dbAdmin',              //数据库管理角色,执行数据库管理相关操作功能
        db: 'test',
        isBuiltin: true,
        roles: [],
        inheritedRoles: []
    }
]
```

## 3.3.2 新增文档

在 MongoDB 指定集合里新增文档,即插入文档,相当于给传统关系数据库的数据表添加一条记录。插入文档的语法格式如下。

```
#插入单个文档
db.COLLECTION_NAME.insertOne(
    <document>,
    {
        writeConcern: <document>
    })
#插入多个文档
db.COLLECTION_NAME.insertMany(
    [<document 1>, <document 2>, …],
    {
        writeConcern: <document>,
        ordered: <boolean>
    })
```

在上述语句中列出了两种插入文档的方法,语法参数说明如下。

(1) COLLECTION_NAME:指定的集合名称。

(2) insertOne():用于将单个文档插入至集合内的方法。

(3) document:文档内容。

(4) writeConcern:写入策略,默认为 1,即要求确认写操作,0 是不要求。

(5) ordered:指定是否按顺序写入,默认 true,按顺序写入。

(6) insertMany():用于将多个文档插入至集合中的方法。

(7) [<document 1>,<document 2>,…]:由多个文档组成的数组。

db.COLLECTION_NAME.insertMany()方法也是一种隐式创建集合的方式,若集合不存在,通过直接插入文档来自动创建集合。MongoDB 数据库文档名称的命名规则如表 3-6 所示。

表 3-6　MongoDB 数据库文档名称的命名规则

| 序　号 | 命 名 规 则 |
| --- | --- |
| 1 | 不允许包含\0(空字符),该字符表示键的结束 |
| 2 | . 和 $ 只能在特定环境下用 |
| 3 | 区分类型(如字符串、整数等),同时也区分大小写 |
| 4 | 键不能重复,在一条文档里起唯一的作用 |

接下来通过具体示例演示如何添加单个文档,如例 3-1 所示。

【例 3-1】　向数据库 poetrydb 中的集合 tang 添加 1 个文档。

```
test > use poetrydb
```

输出结果如下。

```
switched to db poetrydb
poetrydb > db.tang.insertOne({"poetryid":"10001","content":"危楼高百尺,手可摘星辰。不敢
高声语,恐惊天上人.","authorid":"001","author":["李白","诗仙"],"life":{"birth":"701.2.28",
"death":"762.12.0"},"type":"五言绝句"})
```

输出结果如下。

```
{
  acknowledged: true,
  insertedId: ObjectId("63491c29a4eab481374a7cdf")
}
```

由上述输出结果可知,acknowledged:true 表示单个文档插入成功,insertedId 表示文档的_id 字段。MongoDB 使用_id 字段唯一标识集合中的文档,若插入文档时没有指定_id 字段,MongoDB 则自动为文档指定一个唯一的 ObjectId 作为_id 字段的值。

为了进一步验证单个文档是否添加成功,可以使用 db.tang.find()方法查看集合 tang 中的所有文档,具体如下。

```
poetrydb > db.tang.find()
```

输出结果如下。

```
[
  {
    _id: ObjectId("63491c29a4eab481374a7cdf"),
    poetryid: '10001',
    content: '危楼高百尺,手可摘星辰.不敢高声语,恐惊天上人.',
    authorid: '001',
    author: [ '李白', '诗仙' ],
    life: { birth: '701.2.28', death: '762.12.0' },
    type: '五言绝句'
  }
]
```

由上述输出结果可知,集合 tang 中包含一个文档。

下面通过具体示例演示如何添加多个文档,如例 3-2 所示。

【例 3-2】　向数据库 test 中的集合 poetry 添加 3 个文档。

```
poetrydb > db.tang.insertMany([{"_id":"1","poetryid":"10002","title":"《出塞》","content":
"秦时明月汉时关,万里长征人未还。但使龙城飞将在,不教胡马度阴山.","authorid":"002",
```

"author":"王昌龄","type":"七言绝句"},{"_id":"2","poetryid":"10002","title":"«登高»",
"content":"风急天高猿啸哀,渚清沙白鸟飞回。无边落木萧萧下,不尽长江滚滚来。万里悲秋常作
客,百年多病独登台。艰难苦恨繁霜鬓,潦倒新停浊酒杯。","authorid":"003","author":["杜甫",
"诗圣"],"type":"七言律诗"},{"_id":"3","poetryid":"10013","title":"«山居秋暝»",
"content":"空山新雨后,天气晚来秋。明月松间照,清泉石上流。竹喧归浣女,莲动下渔舟。随意春
芳歇,王孙自可留。","authorid":"004","author":["王维","王右丞"],"type":"五言律诗"}])

输出结果如下。

```
{ acknowledged: true, insertedIds: { '0': '1', '1': '2', '2': '3' } }
```

由上述输出结果可知,已成功向集合 tang 中插入 3 个文档。为了进一步验证文档是否添加成功,可以使用 db.tang.find()方法查看集合 tang 中的所有文档,具体如下。

```
poetrydb > db.tang.find()
```

输出结果如下。

```
[
  {
    _id: ObjectId("63491c29a4eab481374a7cdf"),
    poetryid: '10001',
    content: '危楼高百尺,手可摘星辰。不敢高声语,恐惊天上人。',
    authorid: '001',
    author: [ '李白', '诗仙' ],
    life: { birth: '701.2.28', death: '762.12.0' },
    type: '五言绝句'
  },
  {
    _id: '1',
    poetryid: '10002',
    title: '«出塞»',
    content: '秦时明月汉时关,万里长征人未还。但使龙城飞将在,不教胡马度阴山。',
    authorid: '002',
    author: '王昌龄',
    type: '七言绝句'
  },
  {
    _id: '2',
    poetryid: '10002',
    title: '«登高»',
    content: '风急天高猿啸哀,渚清沙白鸟飞回。无边落木萧萧下,不尽长江滚滚来。万里悲秋常
作客,百年多病独登台。艰难苦恨繁霜鬓,潦倒新停浊酒杯。',
    authorid: '003',
    author: [ '杜甫', '诗圣' ],
    type: '七言律诗'
  },
  {
    _id: '3',
    poetryid: '10013',
    title: '«山居秋暝»',
    content: '空山新雨后,天气晚来秋。明月松间照,清泉石上流。竹喧归浣女,莲动下渔舟。随意
春芳歇,王孙自可留。',
    authorid: '004',
    author: [ '王维', '王右丞' ],
    type: '五言律诗'
  }
]
```

由上述输出结果可知,集合 tang 中共有 4 个文档,其中包含插入单个文档时的数据,以及插入 3 个文档时的数据。

### 3.3.3 查询文档

MongoDB 主要通过 find()方法查询集合来获取文档。查询文档可以分为 3 种情况,分别是文档的简单查询、按条件查询文档和文档的高级查询。

**1. 文档的简单查询**

查询集合中的若干文档,语法格式如下。

```
#查询语法的基本格式
db.COLLECTION_NAME.find(query, projection)
#查询集合中的所有文档
db.COLLECTION_NAME.find()
#查询集合中的所有文档,结果以易读的方式展现
db.COLLECTION_NAME.find().pretty()
#查询集合中的第一个文档
db.COLLECTION_NAME.findOne()
```

在上述语句中列出了 4 类常用的简单查询语法格式,其参数说明如下。

(1) COLLECTION_NAME:指定的集合名称。

(2) query:可选参数,使用查询操作符指定查询条件。

(3) projection:可选参数,使用投影操作符指定返回的键。查询时返回文档中的所有键值,只需省略该参数(默认省略)。

(4) pretty():以格式化的方式来显示所有文档。

(5) findOne():查询集合中的第一个文档。

接下来通过具体示例演示 find()方法的使用,如例 3-3 所示。

【例 3-3】 查询集合 tang 中的所有文档。

```
poetrydb > db.tang.find()
```

输出结果如下。

```
[
  {
    _id: ObjectId("63491c29a4eab481374a7cdf"),
    poetryid: '10001',
    content: '危楼高百尺,手可摘星辰。不敢高声语,恐惊天上人。',
    authorid: '001',
    author: [ '李白', '诗仙' ],
    life: { birth: '701.2.28', death: '762.12.0' },
    type: '五言绝句'
  },
  {
    _id: '1',
    poetryid: '10002',
    title: '«出塞»',
    content: '秦时明月汉时关,万里长征人未还。但使龙城飞将在,不教胡马度阴山。',
    authorid: '002',
    author: '王昌龄',
    type: '七言绝句'
  },
```

```
{
  _id: '2',
  poetryid: '10002',
  title: '«登高»',
  content:'风急天高猿啸哀,渚清沙白鸟飞回。无边落木萧萧下,不尽长江滚滚来。万里悲秋常
作客,百年多病独登台。艰难苦恨繁霜鬓,潦倒新停浊酒杯。',
  authorid: '003',
  author: [ '杜甫', '诗圣' ],
  type: '七言律诗'
},
{
  _id: '3',
  poetryid: '10013',
  title: '«山居秋暝»',
  content:'空山新雨后,天气晚来秋。明月松间照,清泉石上流。竹喧归浣女,莲动下渔舟。随意
春芳歇,王孙自可留。',
  authorid: '004',
  author: [ '王维', '王右丞' ],
  type: '五言律诗'
}
]
```

由上述输出结果可知,使用 find()方法和 pretty()方法均可以查询到集合 tang 中的所有文档。

下面通过具体示例演示如何添加键值对来设置查询条件,如例 3-4 所示。

**【例 3-4】** 查询集合 tang 中字段 title 为《登高》的文档。

```
poetrydb > db.tang.find({"title":"«登高»"})
```

输出结果如下。

```
[
  {
    _id: '2',
    poetryid: '10002',
    title: '«登高»',
    content:'风急天高猿啸哀,渚清沙白鸟飞回。无边落木萧萧下,不尽长江滚滚来。万里悲秋常
作客,百年多病独登台。艰难苦恨繁霜鬓,潦倒新停浊酒杯。',
    authorid: '003',
    author: [ '杜甫', '诗圣' ],
    type: '七言律诗'
  }
]
```

由上述输出结果可知,通过指定字段 title 查询到相应文档。通过向查询文档中添加键值对来设置查询条件,可以添加多个键值对以实现多条件查询。

下面通过具体示例演示如何查询集合中第一个文档,如例 3-5 所示。

**【例 3-5】** 查询集合 tang 中第一个文档。

```
poetrydb > db.tang.findOne()
```

输出结果如下。

```
{
  _id: ObjectId("63491c29a4eab481374a7cdf"),
  poetryid: '10001',
  content:'危楼高百尺,手可摘星辰。不敢高声语,恐惊天上人。',
```

文档存储数据库 MongoDB

```
  authorid: '001',
  author: [ '李白', '诗仙' ],
  life: { birth: '701.2.28', death: '762.12.0' },
  type: '五言绝句'
}
```

由上述输出结果可知,已使用 findOne() 方法查询到集合 tang 中的第一个文档。

**2. 按条件查询文档**

MongoDB 提供了丰富的查询操作符用于文档查询。常用的查询操作符有关系比较类和逻辑运算类。关系比较类操作符包含等于(=)、不等于(!=)、大于(>)、大于或等于(>=)、小于(<)、小于或等于(<=)、包含(in)、不包含(not in)。MongoDB 的关系比较类操作符如表 3-7 所示。

表 3-7　MongoDB 的关系比较类操作符

| 操作符 | 说　　明 | 语　法　格　式 |
|---|---|---|
| $eq | 等于(=),匹配等于指定值的值 | db.COLLECTION_NAME.find({<key>:{ $ eq:<value>}}) |
| $ne | 不等于(!=),匹配所有不等于指定值的值 | db.COLLECTION_NAME.find({<key>:{ $ ne:<value>}}) |
| $gt | 大于(>),匹配大于指定值的值 | db.COLLECTION_NAME.find({<key>:{ $ gt:<value>}}) |
| $gte | 大于或等于(>=),匹配大于或等于指定值的值 | db.COLLECTION_NAME.find({<key>:{ $ gte:<value>}}) |
| $lt | 小于(<),匹配小于指定值的值 | db.COLLECTION_NAME.find({<key>:{ $ lt:<value>}}) |
| $lte | 小于或等于(<=),匹配小于或等于指定值的值 | db.COLLECTION_NAME.find({<key>:{ $ lte:<value>}}) |
| $in | 包含(in),匹配数组中指定的任何值 | db.COLLECTION_NAME.find({<key>:{ $ in:<value>}}) |
| $nin | 不包含(not in),不匹配数组中指定的任何值 | db.COLLECTION_NAME.find({<key>:{ $ nin:<value>}}) |

逻辑运算类操作符包含与(and)、或(or)、非(not)及或非(not or)操作符。MongoDB 的逻辑运算类操作符如表 3-8 所示。

表 3-8　MongoDB 的逻辑运算类操作符

| 操作符 | 说　　明 | 语　法　格　式 |
|---|---|---|
| $and | 与(and),用逻辑操作符 $and 将返回两个子句都匹配的所有文档 | db.COLLECTION_NAME.find({ $ and:[{<key1>:<value1>}, {<key2>:<value2>}]}) |
| $or | 或(or),用逻辑操作符 $or 将返回符合任一子句条件的所有文档 | db.COLLECTION_NAME.find({ $ or:[{<key1>:<value1>}, {<key2>:<value2>}]}) |
| $not | 非(not),反转查询表达式的效果,并返回与查询表达式不匹配的文档 | db.COLLECTION_NAME.find({<key>:{ $ not:{<$ 运算符>: <value>}}}) |
| $nor | 非(not or),用逻辑操作符 $nor 将返回两个子句均不匹配的所有文档 | db.COLLECTION_NAME.find({ $ nor:[{<key1>:<value1>}, {<key2>:<value2>}]}) |

接下来通过具体示例演示如何使用 $eq 操作符,如例 3-6 所示。

【例 3-6】　查询集合 tang 中满足字段 authorid 为 001 的文档。

```
poetrydb > db.tang.find({authorid:{ $ eq:"001"}})
```

输出结果如下。

```
[
  {
    _id: ObjectId("63491c29a4eab481374a7cdf"),
    poetryid: '10001',
    content: '危楼高百尺,手可摘星辰。不敢高声语,恐惊天上人。',
    authorid: '001',
    author: [ '李白', '诗仙' ],
    life: { birth: '701.2.28', death: '762.12.0' },
    type: '五言绝句'
  }
]
```

由上述输出结果可知,使用 $eq 操作符查询到满足 authorid:001 的文档。

下面通过具体示例演示如何使用 $ne 操作符,如例 3-7 所示。

**【例 3-7】** 查询集合 tang 中满足字段 authorid 不为 001 的文档。

```
poetrydb > db.tang.find({authorid:{ $ ne:"001"}})
```

输出结果如下。

```
[
  {
    _id: '1',
    poetryid: '10002',
    title: '《出塞》',
    content: '秦时明月汉时关,万里长征人未还。但使龙城飞将在,不教胡马度阴山。',
    authorid: '002',
    author: '王昌龄',
    type: '七言绝句'
  },
  {
    _id: '2',
    poetryid: '10002',
    title: '《登高》',
    content: '风急天高猿啸哀,渚清沙白鸟飞回。无边落木萧萧下,不尽长江滚滚来。万里悲秋常
作客,百年多病独登台。艰难苦恨繁霜鬓,潦倒新停浊酒杯。',
    authorid: '003',
    author: [ '杜甫', '诗圣' ],
    type: '七言律诗'
  },
  {
    _id: '3',
    poetryid: '10013',
    title: '《山居秋暝》',
    content: '空山新雨后,天气晚来秋。明月松间照,清泉石上流。竹喧归浣女,莲动下渔舟。随意
春芳歇,王孙自可留。',
    authorid: '004',
    author: [ '王维', '王右丞' ],
    type: '五言律诗'
  }
]
```

由上述输出结果可知,使用 $ne 操作符可查询到不含有 authorid:001 的 3 个文档,也
可以使用 $nin 操作符通过 db.tang.find({authorid:{ $nin:["001"]}})命令实现如上结果。

下面通过具体示例演示如何使用 $gt 操作符,如例 3-8 所示。

**【例 3-8】**  查询集合 tang 中满足字段 poetryid 大于 10012 的文档。

```
poetrydb > db.tang.find({poetryid:{ $ gt:"10012"}})
```

输出结果如下。

```
[
  {
    _id: '3',
    poetryid: '10013',
    title: '«山居秋暝»',
    content: '空山新雨后,天气晚来秋。明月松间照,清泉石上流。竹喧归浣女,莲动下渔舟。随意
春芳歇,王孙自可留。',
    authorid: '004',
    author: [ '王维', '王右丞'],
    type: '五言律诗'
  }
]
```

由上述输出结果可知,使用 $gt 操作符查询到满足 poetryid 大于 10012 的文档,即返回
了满足 poetryid 为 10013 的文档。

下面通过具体示例演示如何使用 $gte 操作符,如例 3-9 所示。

**【例 3-9】**  查询集合 tang 中满足字段 poetryid 大于或等于 10002 的文档。

```
poetrydb > db.tang.find({poetryid:{ $ gte:"10002"}})
```

输出结果如下。

```
[
  {
    _id: '1',
    poetryid: '10002',
    title: '«出塞»',
    content: '秦时明月汉时关,万里长征人未还。但使龙城飞将在,不教胡马度阴山。',
    authorid: '002',
    author: '王昌龄',
    type: '七言绝句'
  },
  {
    _id: '2',
    poetryid: '10002',
    title: '«登高»',
    content: '风急天高猿啸哀,渚清沙白鸟飞回。无边落木萧萧下,不尽长江滚滚来。万里悲秋常
作客,百年多病独登台。艰难苦恨繁霜鬓,潦倒新停浊酒杯。',
    authorid: '003',
    author: [ '杜甫', '诗圣'],
    type: '七言律诗'
  },
  {
    _id: '3',
    poetryid: '10013',
    title: '«山居秋暝»',
    content: '空山新雨后,天气晚来秋。明月松间照,清泉石上流。竹喧归浣女,莲动下渔舟。随意
春芳歇,王孙自可留。',
    authorid: '004',
    author: [ '王维', '王右丞'],
    type: '五言律诗'
  }
]
```

由上述输出结果可知,使用 $gte 操作符查询到满足 poetryid 大于或等于 10002 的文档,即返回了包含 poetryid 为 10002 和 poetryid 为 10013 的 3 个文档。

下面通过具体示例演示如何使用 $lt 操作符,如例 3-10 所示。

【例 3-10】 查询集合 tang 中满足字段 poetryid 小于 10001 的文档。

```
poetrydb > db.tang.find({poetryid:{ $ lt:"10001"}})
```

输出结果如下。

由上述输出结果可知,使用 $lt 操作符查询满足 poetryid 小于 10010 的文档,返回结果为空,即不存在符合条件的文档。

下面通过具体示例演示如何使用 $lte 操作符,如例 3-11 所示。

【例 3-11】 查询集合 tang 中满足字段 authorid 小于或等于 10001 的文档。

```
poetrydb > db.tang.find({poetryid:{ $ lte:"10001"}})
```

输出结果如下。

```
[
  {
    _id: ObjectId("63491c29a4eab481374a7cdf"),
    poetryid: '10001',
    content: '危楼高百尺,手可摘星辰。不敢高声语,恐惊天上人。',
    authorid: '001',
    author: [ '李白', '诗仙' ],
    life: { birth: '701.2.28', death: '762.12.0' },
    type: '五言绝句'
  }
]
```

由上述输出结果可知,使用 $lte 操作符查询到了满足 poetryid 小于或等于 10001 的文档,即返回了包含 poetryid 为 10001 的文档。

下面通过具体示例演示如何使用 $in 操作符,如例 3-12 所示。

【例 3-12】 查询集合 tang 中满足字段 author 为王昌龄或王维的文档。

```
poetrydb > db.tang.find({author:{ $ in:["王昌龄","王维"]}})
```

输出结果如下。

```
[
  {
    _id: '1',
    poetryid: '10002',
    title: '《出塞》',
    content: '秦时明月汉时关,万里长征人未还。但使龙城飞将在,不教胡马度阴山。',
    authorid: '002',
    author: '王昌龄',
    type: '七言绝句'
  },
  {
    _id: '3',
    poetryid: '10013',
    title: '《山居秋暝》',
```

```
    content: '空山新雨后,天气晚来秋。明月松间照,清泉石上流。竹喧归浣女,莲动下渔舟。随意
春芳歇,王孙自可留。',
    authorid: '004',
    author: [ '王维', '王右丞' ],
    type: '五言律诗'
  }
]
```

由上述输出结果可知,使用 $in 操作符查询到了满足字段 author 为王昌龄和字段 author 为王维的所有文档。

下面通过具体示例演示如何使用 $nin 操作符,如例 3-13 所示。

【例 3-13】 查询集合 tang 中满足字段 author 不为王昌龄或王维的文档。

```
poetrydb> db.tang.find({author:{ $ nin:["王昌龄","王维"]}})
```

输出结果如下。

```
[
  {
    _id: ObjectId("63491c29a4eab481374a7cdf"),
    poetryid: '10001',
    content: '危楼高百尺,手可摘星辰。不敢高声语,恐惊天上人。',
    authorid: '001',
    author: [ '李白', '诗仙' ],
    life: { birth: '701.2.28', death: '762.12.0' },
    type: '五言绝句'
  },
  {
    _id: '2',
    poetryid: '10002',
    title: '«登高»',
    content: '风急天高猿啸哀,渚清沙白鸟飞回。无边落木萧萧下,不尽长江滚滚来。万里悲秋常
作客,百年多病独登台。艰难苦恨繁霜鬓,潦倒新停浊酒杯。',
    authorid: '003',
    author: [ '杜甫', '诗圣' ],
    type: '七言律诗'
  }
]
```

由上述输出结果可知,使用 $nin 操作符查询到了所有满足字段 author 不为王昌龄和字段 author 不为王维的文档。

接下来通过具体示例演示如何使用 $and 操作符,如例 3-14 所示。

【例 3-14】 查询集合 tang 中满足字段 title 为《山居秋暝》,并且字段 author 为李白的文档。

```
poetrydb> db.tang.find({ $ and:[{title:"«山居秋暝»"},{author:"李白"}]})
```

输出结果如下。

由上述输出结果可知,使用 $and 操作符查找不到字段 title 为《山居秋暝》,并且满足字段 author 为李白的文档,返回结果为空。

下面通过具体示例演示如何使用 $or 操作符,如例 3-15 所示。

【例 3-15】 查询集合 tang 中满足字段 title 为《山居秋暝》或者字段 author 为李白的文档。

```
poetrydb> db.tang.find({ $ or:[{title:"《山居秋暝》"},{author:"李白"}]})
```

输出结果如下。

```
[
  {
    _id: ObjectId("63491c29a4eab481374a7cdf"),
    poetryid: '10001',
    content: '危楼高百尺,手可摘星辰。不敢高声语,恐惊天上人。',
    authorid: '001',
    author: [ '李白', '诗仙' ],
    life: { birth: '701.2.28', death: '762.12.0' },
    type: '五言绝句'
  },
  {
    _id: '3',
    poetryid: '10013',
    title: '《山居秋暝》',
    content: '空山新雨后,天气晚来秋。明月松间照,清泉石上流。竹喧归浣女,莲动下渔舟。随意
春芳歇,王孙自可留。',
    authorid: '004',
    author: [ '王维', '王右丞' ],
    type: '五言律诗'
  }
]
```

由上述输出结果可知,使用 $or 操作符查询到了满足字段 title 为《山居秋暝》的文档,以及字段 author 为李白的文档,满足任意一个条件即可。

下面通过具体示例演示如何使用 $not 操作符,如例 3-16 所示。

【例 3-16】 查询集合 tang 中满足字段 authorid 不为 001、002、003 的文档。

```
poetrydb> db.tang.find({authorid:{ $ not:{ $ in:["001","002","003"]}}})
```

输出结果如下。

```
[
  {
    _id: '3',
    poetryid: '10013',
    title: '《山居秋暝》',
    content: '空山新雨后,天气晚来秋。明月松间照,清泉石上流。竹喧归浣女,莲动下渔舟。随意
春芳歇,王孙自可留。',
    authorid: '004',
    author: [ '王维', '王右丞' ],
    type: '五言律诗'
  }
]
```

由上述输出结果可知,使用 $not 操作符嵌套 $in 操作符查询到了满足字段 authorid 不为 001、002、003 的文档。需要注意的是, $not 操作符可以搭配其他操作符去影响结果,但是不能独立检查字段和文档,因此,可以使用 $not 操作符来返回那些键值与运算结果不相等的文档。

下面通过具体示例演示如何使用 $nor 操作符,如例 3-17 所示。

【**例 3-17**】 查询集合 tang 中满足字段 author 不为王维或字段 authorid 不为 001 的文档。

```
poetrydb > db.tang.find({ $ nor:[{author:"王维"},{authorid:"001"}]})
```

输出结果如下。

```
[
  {
    _id: '1',
    poetryid: '10002',
    title: '《出塞》',
    content: '秦时明月汉时关,万里长征人未还。但使龙城飞将在,不教胡马度阴山。',
    authorid: '002',
    author: '王昌龄',
    type: '七言绝句'
  },
  {
    _id: '2',
    poetryid: '10002',
    title: '《登高》',
    content: '风急天高猿啸哀,渚清沙白鸟飞回。无边落木萧萧下,不尽长江滚滚来。万里悲秋常作客,百年多病独登台。艰难苦恨繁霜鬓,潦倒新停浊酒杯。',
    authorid: '003',
    author: [ '杜甫', '诗圣'],
    type: '七言律诗'
  }
]
```

由上述输出结果可知,使用 $nor 操作符查询到了满足字段 author 不为王维或 authorid 不为 001 的文档。

**3. 文档的高级查询**

find 会返回符合所有条件的所有文档,如果未指定查询文档,则会返回集合中的所有文档。除了基本的查询条件外,还有其他特定类型的查询条件,如 null、$regex、$size、$all 等。特定类型的查询条件如表 3-9 所示。

表 3-9　特定类型的查询条件

| 操作符 | 说　　明 | 语 法 格 式 |
|---|---|---|
| null | 匹配集合中字段值为 null 的文档 | db.COLLECTION_NAME.find({<key>:null}) |
| $regex | 正则表达式,匹配所有符合条件的文档。只对字符串有效 | db.COLLECTION_NAME.find({<key>:{ $ regex:/正则表达式/}})<br>或 db.COLLECTION_NAME.find({<key>::/正则表达式/}) |
| $size | 匹配数组长度。查询特定长度的数组 | db.COLLECTION_NAME.find({数组名:{ $ size:长度}}) |
| $all | 通过多个元素来匹配数组 | db.COLLECTION_NAME.find({数组名:{" $ all":[]}}) |

接下来通过具体示例演示如何使用 null,如例 3-18 所示。

【**例 3-18**】 查询集合 tang 中字段 title 为 null 的文档。

```
poetrydb > db.tang.find({title:null})
```

输出结果如下。

```
[
  {
    _id: ObjectId("63491c29a4eab481374a7cdf"),
    poetryid: '10001',
    content: '危楼高百尺,手可摘星辰。不敢高声语,恐惊天上人。',
    authorid: '001',
    author: [ '李白', '诗仙' ],
    life: { birth: '701.2.28', death: '762.12.0' },
    type: '五言绝句'
  }
]
```

由上述输出结果可知,成功查询到了字段 title 为 null 的文档。

下面通过具体示例演示如何使用正则表达式,如例 3-19 所示。

【例 3-19】 查询集合 tang 中字段 content 以"秦时明月"开头的文档。

```
poetrydb > db.tang.find({content:/^秦时明月/})
```

输出结果如下。

```
[
  {
    _id: '1',
    poetryid: '10002',
    title: '《出塞》',
    content: '秦时明月汉时关,万里长征人未还。但使龙城飞将在,不教胡马度阴山。',
    authorid: '002',
    author: '王昌龄',
    type: '七言绝句'
  }
]
```

由上述输出结果可知,成功查询到了字段 content 以"秦时明月"开头的文档。

下面通过具体示例演示如何使用 $size 操作符,如例 3-20 所示。

【例 3-20】 查询集合 tang 中字段名为 author 且字段值长度为 2 的文档。

```
poetrydb > db.tang.find({author:{ $ size:2}})
```

输出结果如下。

```
[
  {
    _id: ObjectId("63491c29a4eab481374a7cdf"),
    poetryid: '10001',
    content: '危楼高百尺,手可摘星辰。不敢高声语,恐惊天上人。',
    authorid: '001',
    author: [ '李白', '诗仙' ],
    life: { birth: '701.2.28', death: '762.12.0' },
    type: '五言绝句'
  },
  {
    _id: '2',
    poetryid: '10002',
    title: '《登高》',
    content: '风急天高猿啸哀,渚清沙白鸟飞回。无边落木萧萧下,不尽长江滚滚来。万里悲秋常
作客,百年多病独登台。艰难苦恨繁霜鬓,潦倒新停浊酒杯。',
    authorid: '003',
    author: [ '杜甫', '诗圣' ],
```

```
        type: '七言律诗'
    },
    {
        _id: '3',
        poetryid: '10013',
        title: '«山居秋暝»',
        content: '空山新雨后,天气晚来秋。明月松间照,清泉石上流。竹喧归浣女,莲动下渔舟。随意
春芳歇,王孙自可留。',
        authorid: '004',
        author: [ '王维', '王右丞' ],
        type: '五言律诗'
    }
]
```

由上述输出结果可知,使用 $size 操作符查询到了字段 author 长度为 2 的文档,返回的文档中包含"author":["李白","诗仙"]、"author":["杜甫","诗圣"]、"author":["王维","王右丞"]。

下面通过具体示例演示如何使用 $all 操作符,如例 3-21 所示。

【例 3-21】 查询集合 tang 中字段 author 中包含王维、王右丞的文档。

```
poetrydb> db.tang.find({author:{ $ all:["王维","王右丞"]}})
```

输出结果如下。

```
[
    {
        _id: '3',
        poetryid: '10013',
        title: '«山居秋暝»',
        content: '空山新雨后,天气晚来秋。明月松间照,清泉石上流。竹喧归浣女,莲动下渔舟。随意
春芳歇,王孙自可留。',
        authorid: '004',
        author: [ '王维', '王右丞' ],
        type: '五言律诗'
    }
]
```

由上述输出结果可知,成功查询到了字段 author 中包含王维、王右丞的文档。

### 3.3.4 更新文档

MongoDB 主要通过 update()方法实现文档的更新,可以分为 3 种更新情况,分别是更新单个文档、更新多个文档、替换文档。接下来分别讲解这 3 种更新情况。

#### 1. 更新单个文档

更新与过滤器匹配的第一个文档,语法格式如下。

```
db.collection.updateOne(
    <filter>,
    <update>,
    {
        upsert: <boolean>,
        writeConcern: <document>,
        collation: <document>,
        arrayFilters: [ <filterdocument1>, … ],
        hint: <document|string>        // Available starting in MongoDB 4.2.1
    })
```

上述语句中的参数说明如下。

（1）filter：update 的查询条件，也是更新的选择条件。可以使用与 find()方法中相同的查询选择器。

（2）update：用于对匹配的单个文档进行更新的操作。

（3）upsert：可选项，当没有文档匹配查询条件时，判断是否创建一个新文档。true 为插入新文档，默认值为 false，当没有找到匹配项时，不插入新文档。

（4）writeConcern：可选项，用于控制写操作的确认级别和持久性。

（5）collation：可选项，用于指定操作要使用的排序规则。排序规则允许用户为字符串比较指定特定于语言的规则，例如字母大小写和重音符号的规则。

（6）arrayFilters：可选项，筛选器文档数组，用于确定要对数组字段进行更新操作要修改的数组元素。

（7）hint：可选项，指定用于支持查询谓词的索引的文档或字符串。该选项可以采用索引规范文档或索引名称字符串。

该操作既可以替换现有文档，也可以更新现有文档中的特定字段。接下来通过具体示例演示更新单个文档的操作，如例 3-22 所示。

【例 3-22】 将集合 tang 中字段 title 的字段值由《山居秋暝》更新为《相思》。

```
poetrydb > db.tang.updateOne({"title":"《山居秋暝》"},{ $ set:{"title":"《相思》"}})
```

输出结果如下。

```
{
  acknowledged: true,
  insertedId: null,
  matchedCount: 1,
  modifiedCount: 1,
  upsertedCount: 0
}
```

由上述输出结果可知，文档更新成功，其中 insertedId 表示是否插入新文档，matchedCount 表示包含匹配文件的数量，modifiedCount 表示包含修改后的文件数，$set 表示更换一个字段与指定的值。

**2. 更新多个文档**

在 MongoDB 集合中更新匹配特定条件的多个文档，语法格式如下。

```
db.collection.updateMany(
   < filter >,
   < update >,
   {
     upsert: < boolean >,
     writeConcern: < document >,
     collation: < document >,
     arrayFilters: [ < filterdocument1 >, … ],
     hint: < document | string >
   })
```

接下来通过具体示例演示更新所有文档的操作，如例 3-23 所示。

【例 3-23】 将集合 tang 中字段 authorid 以"00"开头的文档修改为"11"。

```
poetrydb > db.tang.updateMany({"authorid":/^00/},{ $ set:{"authorid":"11"}})
```

输出结果如下。

```
{
  acknowledged: true,
  insertedId: null,
  matchedCount: 4,
  modifiedCount: 4,
  upsertedCount: 0
}
```

由上述输出结果可知,匹配条件的有 4 个文档,并且更新成功。

**3. 替换文档**

替换匹配特定条件的第一个文档,语法格式如下。

```
db.collection.replaceOne(
   <filter>,
   <replacement>,
   {
     upsert: <boolean>,
     writeConcern: <document>,
     collation: <document>,
     hint: <document|string>
   })
```

在上述语句中,replacement 为替换文件,该语法指定一个新文档以替换集合中返回的第一个文档。

接下来通过具体示例演示更新整个文档的操作,如例 3-24 所示。

【例 3-24】 将集合 tang 中字段 title 为《相思》的文档内容替换为 title：《相思》,content：
"红豆生南国,春来发几枝。愿君多采撷,此物最相思."。

```
poetrydb > db.tang.replaceOne({"title":"«相思»"},{"title":"«相思»","content":"红豆生南国,
春来发几枝。愿君多采撷,此物最相思。"})
```

输出结果如下。

```
{
  acknowledged: true,
  insertedId: null,
  matchedCount: 1,
  modifiedCount: 1,
  upsertedCount: 0
}
```

由上述输出结果可知,匹配条件的有 1 个文档,并且更新成功。

## 3.3.5 删除文档

MongoDB 删除文档可以分为两种情况,分别是删除符合条件的第一个文档和删除符合条件的所有文档。接下来详细讲解这两种删除文档的方式。

**1. 删除符合条件的第一个文档**

从集合中删除单个文档,语法格式如下。

```
db.collection.deleteOne(
   <filter>,
   {
```

```
      writeConcern: <document>,
      collation: <document>
   })
```

使用 deleteOne()方法时,即使多个文档可能与删除条件匹配,也只会删除第一个与删除条件匹配的文档。

接下来通过具体示例演示更新整个文档的操作,如例 3-25 所示。

【例 3-25】 查看集合 tang 中所有的文档,然后将字段 author 为"11"的第一个文档删除。

```
#查看集合中所有的文档
poetrydb > db.tang.find()
```

输出结果如下。

```
[
  {
    _id: ObjectId("63491c29a4eab481374a7cdf"),
    poetryid: '10001',
    content: '危楼高百尺,手可摘星辰。不敢高声语,恐惊天上人。',
    authorid: '11',
    author: [ '李白', '诗仙' ],
    life: { birth: '701.2.28', death: '762.12.0' },
    type: '五言绝句'
  },
  {
    _id: '1',
    poetryid: '10002',
    title: '«出塞»',
    content: '秦时明月汉时关,万里长征人未还。但使龙城飞将在,不教胡马度阴山。',
    authorid: '11',
    author: '王昌龄',
    type: '七言绝句'
  },
  {
    _id: '2',
    poetryid: '10002',
    title: '«登高»',
    content: '风急天高猿啸哀,渚清沙白鸟飞回。无边落木萧萧下,不尽长江滚滚来。万里悲秋常
作客,百年多病独登台。艰难苦恨繁霜鬓,潦倒新停浊酒杯。',
    authorid: '11',
    author: [ '杜甫', '诗圣' ],
    type: '七言律诗'
  },
  { _id: '3', title: '«相思»', content: '红豆生南国,春来发几枝。愿君多采撷,此物最相思。' }
]
#删除字段 authorid 为 11 的第一个文档
poetrydb > db.tang.deleteOne({"authorid":"11"})
```

输出结果如下。

```
{ acknowledged: true, deletedCount: 1 }
```

由上述输出结果可知,匹配条件的有 3 个文档,但是结果显示只删除了一个文档。

**2. 删除符合条件的所有文档**

从集合中删除所有匹配条件的文档,语法格式如下。

```
db.collection.deleteMany(
    <filter>,
    {
        writeConcern: <document>,
        collation: <document>
    })
```

如果使用 deleteMany()方法时,集合中可能有多个文档与删除条件匹配,则对这些文档执行删除操作。

接下来通过具体示例演示删除符合条件的所有文档,如例 3-26 所示。

【例 3-26】 查看集合 tang 中所有的文档,然后将字段 author 为“11”的文档删除。

```
#查看集合中所有的文档
poetrydb > db.tang.find()
```

输出结果如下。

```
[
    {
        _id: '1',
        poetryid: '10002',
        title: '《出塞》',
        content: '秦时明月汉时关,万里长征人未还。但使龙城飞将在,不教胡马度阴山。',
        authorid: '11',
        author: '王昌龄',
        type: '七言绝句'
    },
    {
        _id: '2',
        poetryid: '10002',
        title: '《登高》',
        content: '风急天高猿啸哀,渚清沙白鸟飞回。无边落木萧萧下,不尽长江滚滚来。万里悲秋常
作客,百年多病独登台。艰难苦恨繁霜鬓,潦倒新停浊酒杯。',
        authorid: '11',
        author: [ '杜甫', '诗圣' ],
        type: '七言律诗'
    },
    { _id: '3', title: '《相思》', content: '红豆生南国,春来发几枝。愿君多采撷,此物最相思。'}
#删除字段 authorid 为"11"的文档
poetrydb > db.tang.deleteMany({"authorid":"11"})
```

输出结果如下。

```
{ acknowledged: true, deletedCount: 2 }
```

由上述输出结果可知,匹配条件的有两个文档,结果显示删除了两个文档。

### 3.3.6 文档聚合和管道操作

MongoDB 的文档聚合(Aggregate)主要用于处理数据,计算并返回数据结果,如统计平均值、求和等。聚合操作还可以用来执行更复杂的计算,例如分页处理、价格分布分析、销售总额计算等。

MongoDB 常用的文档聚合运算操作符如表 3-10 所示。

表 3-10　MongoDB 常用的文档聚合运算操作符

| 操作符 | 说　　明 |
| --- | --- |
| $sum | 计算总和 |
| $avg | 计算平均值 |
| $min | 获取集合中所有文档对应值的最小值 |
| $max | 获取集合中所有文档对应值的最大值 |
| $push | 将值加入一个数组中,不会判断是否有重复的值 |
| $addToSet | 将值加入一个数组中,会判断是否有重复的值,若相同的值在数组中已经存在,则不加入 |
| $first | 根据资源文档的排序获取第一个文档数据 |
| $last | 根据资源文档的排序获取最后一个文档数据 |

MongoDB 6.0 的聚合操作包含聚合管道(Aggregation Pipeline)操作和单一用途聚合方法(Single Purpose Aggregation Method)。其中,聚合管道操作是一个基于数据处理管道模型的数据聚合框架,是指文档进入多阶段流水线,然后分阶段、分步骤将文档转换成汇总结果的过程。单一用途聚合方法是指聚合来自单个集合的文档,但缺乏聚合管道的功能。

**1. 聚合管道操作**

聚合管道由一个或多个阶段管道组成,将 MongoDB 文档在一个管道进行分组、过滤等,处理完毕后将结果传递给下一个管道处理,并且管道操作允许重复,最后输出结果,例如返回总计、平均值、最大值、最小值等。聚合管道的基本语法格式如下。

```
db.collection.aggregate([
    // 阶段 1
    {
        $ match: {< query >}
    },
    // 阶段 2:分组并计算
    {
        $ group: {< field1 >: < field2 >}
    }
])
```

聚合管道的操作符及说明如表 3-11 所示。

表 3-11　聚合管道的操作符及说明

| 操作符 | 说　　明 |
| --- | --- |
| $project | 用于修改输入文档的结构(增加、删除字段等)和名称,也可以用于创建计算结果及嵌套文档 |
| $match | 用于过滤数据,只输出符合条件的文档 |
| $limit | 用于限制 MongoDB 聚合管道返回的文档数 |
| $skip | 用于在聚合管道中跳过指定数量的文档,并返回剩余的文档 |
| $group | 将集合中的文档进行分组,用于后续统计结果 |
| $sort | 用于将输入的文档先进行排序后输出 |

在讲解聚合管道前,首先创建数据库和集合示例用于后面的例题演示。创建数据库 cake 并向集合 orders 中插入文档的代码如下。

```
> use cake
switched to db cake
cake > db.orders.insertMany( [
    { _id: 0, name: "Chocolates", size: "small", price: 190,
      quantity: 10, date: ISODate( "2022 - 10 - 18T08:14:30Z" ) },
```

```
  { _id: 1, name: "Chocolates", size: "medium", price: 200,
    quantity: 20, date : ISODate( "2022 - 10 - 20T09:13:24Z" ) },
  { _id: 2, name: "Chocolates", size: "large", price: 210,
    quantity: 30, date : ISODate( "2022 - 10 - 17T09:22:12Z" ) },
  { _id: 3, name: "Fruits", size: "small", price: 120,
    quantity: 15, date : ISODate( "2022 - 10 - 20T11:21:39.736Z" ) },
  { _id: 4, name: "Fruits", size: "medium", price: 130,
    quantity:50, date : ISODate( "2022 - 10 - 21T21:23:13.331Z" ) },
  { _id: 5, name: "Fruits", size: "large", price: 140,
    quantity: 10, date : ISODate( "2022 - 10 - 21T05:08:13Z" ) },
  { _id: 6, name: "Cheese", size: "small", price: 170,
    quantity: 10, date : ISODate( "2022 - 10 - 20T05:08:13Z" ) },
  { _id: 7, name: "Cheese", size: "medium", price: 180,
    quantity: 10, date : ISODate( "2022 - 10 - 20T05:10:13Z" ) },
] )
```

输出结果如下。

```
{
  acknowledged: true,
  insertedIds: { '0': 0, '1': 1, '2': 2, '3': 3, '4': 4, '5': 5, '6': 6, '7': 7 }
}
```

接下来通过具体示例演示聚合管道的操作,如例 3-27 和例 3-28 所示。

【例 3-27】 计算并返回按蛋糕名称分组的中型蛋糕的总订购量。

```
cake > db.orders.aggregate( [
    {
        $ match: { size: "medium" }
    },
    {
        $ group: { _id: "$ name", totalQuantity: { $ sum: "$ quantity" } }
    }
] )
```

输出结果如下。

```
[
  { _id: 'Cheese', totalQuantity: 10 },
  { _id: 'Chocolates', totalQuantity: 20 },
  { _id: 'Fruits', totalQuantity: 50 }
]
```

上述命令中,第 1 阶段,$match 按字段 size 过滤文档,并将 size 为 medium 的文档传递到下一阶段;第 2 阶段,$group 按_id 字段将文档分组,然后使用 $sun 计算每个组的总订购量(Quantity),最后返回结果。中型的 Cheeses 蛋糕总订购量为 10,中型的 Chocolates 蛋糕总订购量为 20,中型的 Fruits 蛋糕总订购量为 50。

【例 3-28】 计算 2022 年每天的蛋糕总销售额和平均订单数量,具体如下。

```
db.orders.aggregate( [
    // 阶段 1: 按日期范围过滤蛋糕订单文档
    {
        $ match:
        {
            "date": { $ gte: new ISODate( "2022 - 01 - 01" ), $ lt: new ISODate( "2023 - 01 - 01" ) }
        }
```

```
    },
    // 阶段 2：按日期将剩余文档分组并计算结果
    {
        $ group:
        {
            _id: { $ dateToString: { format: "%Y-%m-%d", date: "$ date" } },
            totalOrderValue: { $ sum: { $ multiply: [ "$ price", "$ quantity" ] } },
            averageOrderQuantity: { $ avg: "$ quantity" }
        }
    },
    // 阶段 3：按总销售额的降序排序输出
    {
        $ sort: { totalOrderValue: -1 }
    }
] )
```

输出结果如下。

```
[
    {
        _id: '2022-10-20',
        totalOrderValue: 9300,
        averageOrderQuantity: 13.75
    },
    {
        _id: '2022-10-21',
        totalOrderValue: 7900,
        averageOrderQuantity: 30
    },
    {
        _id: '2022-10-17',
        totalOrderValue: 6300,
        averageOrderQuantity: 30
    },
    {
        _id: '2022-10-18',
        totalOrderValue: 1900,
        averageOrderQuantity: 10
    }
]
```

### 2. 单一用途聚合方法

单一用途聚合方法主要有以下几种，语法格式如下。

```
# 返回集合或视图中文档数的计数
1 db.orders.countDocuments()
2 db.collection.estimatedDocumentCount()
# 返回一个文档数组，这些文档对指定字段具有不同的值
db.collection.distinct(<key>,query,options)
```

接下来通过具体示例演示单一用途聚合方法，如例 3-29 所示。

【例 3-29】 获得集合 orders 的文档数量；获得集合 orders 中所有蛋糕的名字。

```
cake > db.orders.countDocuments()
```

输出结果如下。

文档存储数据库 MongoDB

```
cake > db.orders.estimatedDocumentCount()
```

输出结果如下。

```
8
```

由上述输出结果可知,集合 orders 的文档数量为 8。

```
cake > db.orders.distinct("name")
```

输出结果如下。

```
[ 'Cheese', 'Chocolates', 'Fruits' ]
```

由上述输出结果可知,从集合 orders 中的所有文档返回了 name 字段的非重复值。

### 3.3.7　索引操作

索引是一种特殊的数据结构,它以易于遍历的形式存储集合数据集的一小部分,如特定字段或者字段集的值。MongoDB 支持索引技术,利用索引极大地提高了查询效率。在创建集合时,MongoDB 在_id 字段上创建唯一索引,也是默认索引,可以防止客户插入具有相同字段的两个文档。

**1. 创建索引**

创建索引的语法格式如下。

```
db.collection.createIndex( < key >, < options > )
```

在上述语句中,key 为要创建的索引字段,如果指定字段为升序索引,那么指定值为 1,否则指定值为－1。options 为可选参数,常见的选项 unique 用于设置创建的索引是否唯一,值为 true 表示唯一索引,默认值为 false;name 用于指定索引的名称,若未指定,MongoDB 会通过连接索引的字段名和排序顺序生成一个索引名称。索引一旦被创建,不支持重命名,只能删除并使用新名称重新创建索引。

接下来通过具体示例演示创建索引的基本操作,如例 3-30 所示。

【例 3-30】　为集合 orders 的字段 name 创建单字段降序索引。

```
cake > db.orders.createIndex({name:－1})
```

输出结果如下。

```
name_－1
```

由上述输出结果可知,索引名称为 name_－1。单字段索引的名称组成为"字段＋_(下划线)＋索引类型(排序方式)"。

**2. 查看索引**

查看索引的语法格式如下。

```
db.collection.getIndexes()
```

接下来通过具体示例演示查看索引的基本操作,如例 3-31 所示。

【例 3-31】　查看集合 orders 中的索引。

```
cake > db.orders.getIndexes()
```

输出结果如下。

```
[
    { v: 2, key: { _id: 1 }, name: '_id_' },
    { v: 2, key: { name: -1 }, name: 'name_-1' }
]
```

由上述输出结果可知,集合 orders 中索引包含默认索引_id_和单字段索引 name_—1。返回结果中每行中有 3 个字段,分别是 v、key 和 name,其中 v 指索引引擎的版本号,key 指添加索引的字段,包含字段名和排序方式,name 指索引的名称。

**3. 查看总索引大小**

查看总索引大小的语法格式如下。

```
db.collection.totalIndexSize()
```

接下来通过具体示例演示查看总索引大小的基本操作,如例 3-32 所示。

【例 3-32】 查看集合 orders 中的总索引大小。

```
cake > db.orders.totalIndexSize()
```

输出结果如下。

```
40960
```

由上述输出结果可知,集合 orders 中总索引大小为 40 960 字节。

**4. 删除索引**

删除索引的语法格式如下。

```
♯删除集合所有索引
db.collection.dropIndexes()
♯删除集合指定索引
db.collection.dropIndexes("索引名称")
```

接下来通过具体示例演示删除索引的基本操作,如例 3-33 所示。

【例 3-33】 删除集合 orders 中的"name_—1"索引。

```
cake > db.orders.dropIndex("name_-1")
```

输出结果如下。

```
{ nIndexesWas: 2, ok: 1 }
```

由上述输出结果可知,ok:1 表示索引删除成功。

**5. 索引的分类**

MongoDB 提供了多种索引类型来支持特定类型的数据和查询。MongoDB 的索引可以分为 6 种类型,分别是单字段索引、复合索引、多键索引、地理空间索引、文本索引、散列索引(哈希索引)。接下来对这 6 种索引类型进行讲解。

1) 单字段索引

单字段索引(Single Field Index)是指在单个字段上创建用户定义的升序或降序的索引。默认情况下,所有集合在字段_id 上都有一个索引,允许用户添加其他索引来支持重要的查询和操作。在单字段索引中,字段的升序或者降序对文档的查询效率均无影响。

2) 复合索引

复合索引(Compound Index)是指包含多个字段的索引,支持对多个字段匹配的查询,但是一个复合索引最多包含 32 个字段。

接下来通过具体示例演示创建复合索引的基本操作,如例 3-34 所示。

**【例 3-34】** 为集合 orders 的字段 name 和 price 同时创建索引。

```
cake > db.orders.createIndex({name: - 1,price:1})
```

输出结果如下。

```
name_ - 1_price_1
```

由上述输出结果可知,复合索引的名称为 name_ -1_price_1,说明复合索引创建成功。

3) 多键索引

多键索引(Multikey Index)指为文档中数组的每个元素创建索引,支持通过一个或多个元素来查询文档。如果创建的索引字段为数组类型,那么 MongoDB 会自动创建一个多键索引。

在讲解多键索引示例前,创建集合 survey,并插入文档,具体如下。

```
cake > db.survey.insertOne({_id:1,item: "ABC",ratings:[2,5,9]})
```

接下来通过具体示例演示自动创建多键索引的基本操作,如例 3-35 所示。

**【例 3-35】** 为集合 survey 的字段 ratings 创建索引。

```
cake > db.survey.createIndex({ratings:1})
```

输出结果如下。

```
ratings_1
```

由上述输出结果可知,索引的名称为 ratings_1。由于索引字段为数组,因此 ratings_1 为多键索引,并且包含 3 个索引键,每个索引键都指向同一文档。

4) 地理空间索引

MongoDB 提供了两种特殊的索引来实现对地理空间坐标的高效查询,分别为二维索引(2D Indexes)和二维球面索引(2dsphere Indexes)。二维索引使用二维平面几何图形返回结果,用于存储和查找平面上的点,又称为平面地理位置索引,同时支持平面和球面几何。二维球面索引使用球面几何图形返回结果,用于存储和查找球面上的点,又称为球面地理位置索引,只支持平面几何。目前很多基于位置的服务,均优先选用 MongoDB,如打车软件、导航地图软件、外卖软件等。

创建地理空间索引的语法格式如下。

```
//第 1 种语法格式
db.collection.createIndex( { < location field > : "2d" } )
//第 2 种语法格式
db.collection.createIndex( { < location field > : "2dsphere" } )
```

5) 文本索引

为了支持在集合中搜索字符串内容,MongoDB 提供了文本索引进行文本检索查询。一个集合中只能有一个文本索引,但是可以为索引创建多个字段的文本索引。文本索引可以包含字符串或字符串元素数组的字段,但是不存储特定语言的停止词,如 and、the、a、an 等。

创建文本索引的语法格式如下。

```
db.collection.createIndex( { comments: "text" } )
```

6）散列索引

散列索引也叫作哈希索引，支持基于哈希的分片，用于计算索引字段的哈希值。哈希索引只支持等值匹配，不支持基于范围的查询。

创建散列索引的语法格式如下。

```
db.collection.createIndex( { _id: "hashed" } )
```

# 3.4　MongoDB 高级管理

## 3.4.1　文档数据导入与导出

MongoDB 提供了多种数据库工具供用户处理 MongoDB 部署的命令行实用程序的集合，其中用于把文档数据导入与导出的工具分别为 mongoimport 和 mongoexport。

mongoexport 从系统命令行运行，能够把存储在 MongoDB 实例中的数据导出为 JSON 或 CSV 格式的文件，其基本语法格式如下。

```
mongoexport -- db = dbname -- collection = collectionname -- out = file.json/file.csv
```

在上述语句中，--db 对应数据库名称，--collection 对应集合名称，--out 对应输出的文件名。

接下来通过具体示例演示文档数据的导出，如例 3-36 所示。

【例 3-36】 将数据库 cake 中的集合 orders 导出为 orders_bak.json。

```
[root@qfedu ~] # mongoexport -- db = cake -- collection = orders -- out = orders_bak.json
2022 - 10 - 24T14:39:30.911 + 0800   connected to: mongodb://localhost/
2022 - 10 - 24T14:39:30.916 + 0800   exported 8 records
```

由上述输出结果可知，已成功将 orders 集合中的 8 个文档导出。为了进一步验证，查看当前目录下的 orders_bak.json 文件，具体如下。

```
[root@qfedu ~] # ls
- fork orders_bak.json
[root@qfedu ~] # cat orders_bak.json
{"_id":0,"name":"Chocolates","size":"small","price":190,"quantity":10,"date":{"$date":
"2022 - 10 - 18T08:14:30Z"}}
{"_id":1,"name":"Chocolates","size":"medium","price":200,"quantity":20,"date":{"$date":
"2022 - 10 - 20T09:13:24Z"}}
{"_id":2,"name":"Chocolates","size":"large","price":210,"quantity":30,"date":{"$date":
"2022 - 10 - 17T09:22:12Z"}}
{"_id":3,"name":"Fruits","size":"small","price":120,"quantity":15,"date":{"$date":
"2022 - 10 - 20T11:21:39.736Z"}}
{"_id":4,"name":"Fruits","size":"medium","price":130,"quantity":50,"date":{"$date":
"2022 - 10 - 21T21:23:13.331Z"}}
{"_id":5,"name":"Fruits","size":"large","price":140,"quantity":10,"date":{"$date":
"2022 - 10 - 21T05:08:13Z"}}
{"_id":6,"name":"Cheese","size":"small","price":170,"quantity":10,"date":{"$date":
"2022 - 10 - 20T05:08:13Z"}}
{"_id":7,"name":"Cheese","size":"medium","price":180,"quantity":10,"date":{"$date":
"2022 - 10 - 20T05:10:13Z"}}
```

由上述输出结果可知，orders_bak.json 文件中正是集合 orders 中的文档。

mongoimport 用来导入文件,基本语法格式如下。

```
mongoimport -- db = dbname -- collection = collectionname -- file = file. json/file. csv
```

上述语句中,--file 指定要导入的数据的文件的位置和名称。

在演示导入文件示例之前,为了不影响实验结果,需要将 MongoDB 中原有的集合 orders 文档清空。然后,通过具体示例演示文档数据的导出,如例 3-37 所示。

【例 3-37】 将数据库 cake 中的集合 orders 导出为 orders_bak. json。

```
[root@qfedu ~] # mongoimport -- db = cake -- collection = orders -- file = orders_bak. json
2022 - 10 - 24T15:07:44.417 + 0800   connected to: mongodb://localhost/
2022 - 10 - 24T15:07:44.436 + 0800   8 document(s) imported successfully. 0 document(s) failed
to import.
```

由上述输出结果可知,8 个文档已成功导入 orders 集合。

需要注意的是,mongoimport 和 mongoexport 不适用于数据备份,它们不能可靠地保留所有丰富的 BSON 数据类型。

## 3.4.2 数据备份与恢复

MongoDB 提供了 mongodump 和 mongorestore 工具来备份与恢复文档数据。mongodump 可以通过参数指定导出的数据量及转存的服务器,一般语法格式如下。

```
mongodump -- host = dbhost -- db = dbname -- out = dbdirectory
```

在上述语句中,--host 指定部署 MongoDB 的可解析主机名,--db 指定备份的数据库实例,--out 指定备份的数据存放位置,还可以使用参数--collection 指定备份的集合。

接下来通过具体示例演示数据的备份,如例 3-38 所示。

【例 3-38】 对数据库 cake 进行备份,存储到/data/cake_bak2。

```
[root@qfedu ~] # mongodump -- db = cake -- out = /data/cake_bak2
2022 - 10 - 24T16:32:37.550 + 0800   writing cake. survey to /data/cake_bak2/cake/survey. bson
2022 - 10 - 24T16:32:37.550 + 0800   writing cake. inventory to /data/cake_bak2/cake/inventory. bson
2022 - 10 - 24T16:32:37.551 + 0800   done dumping cake. survey (3 documents)
2022 - 10 - 24T16:32:37.553 + 0800   done dumping cake. inventory (0 documents)
2022 - 10 - 24T16:32:37.554 + 0800   writing cake. orders to /data/cake_bak2/cake/orders. bson
2022 - 10 - 24T16:32:37.554 + 0800   done dumping cake. orders (8 documents)
```

由上述输出结果可知,数据库备份成功。为了进一步验证,可查看备份目录/data/cake_bak2,具体如下。

```
[root@qfedu ~] # ls /data/cake_bak2/
cake
[root@qfedu ~] # ls /data/cake_bak2/cake/
inventory. bson          orders. bson          survey. bson
inventory. metadata. json orders. metadata. json survey. metadata. json
```

使用 mongorestore 命令来恢复备份的数据,基本语法格式如下。

```
mongorestore -- host = dbhost:port -- db = database < path >
```

在上述语句中,--db 指定要恢复的数据库实例,< path >指定备份数据库所在的位置。

在演示数据恢复示例之前,为了不影响实验结果,需要将 MongoDB 中原有的数据库 cake 清空。然后,通过具体示例演示数据的恢复,如例 3-39 所示。

**【例 3-39】** 将备份的数据库 cake 恢复。

```
[root@qfedu ~]# mongorestore -- db = cake /data/cake_bak2/cake
2022 - 10 - 24T17:05:19.096 + 0800   The -- db and -- collection flags are deprecated for this
use - case; please use -- nsInclude instead, i.e. with -- nsInclude = ${DATABASE}. ${COLLECTION}
2022 - 10 - 24T17:05:19.096 + 0800   building a list of collections to restore from /data/cake_
bak2/cake dir
……省略部分代码……
2022 - 10 - 24T17:05:19.169 + 0800   no indexes to restore for collection cake.orders
2022 - 10 - 24T17:05:19.203 + 0800   11 document(s) restored successfully. 0 document(s) failed
to restore.
```

由上述输出结果可知,11 个文档已成功恢复。

## 3.4.3 安全与访问控制

数据库的用户管理与数据安全息息相关,这意味着存在非授权用户身份对数据库的恶意存取和破坏,或者数据库中重要或敏感数据被泄露等重大安全问题。数据库的重要安全措施之一——用户管理,涉及用户身份验证、用户访问权限、加密。本节将详细讲解安全与访问控制相关知识。

### 1. 创建数据库管理员

首先,查看数据库 admin 中的所有用户,具体如下。

```
test > use admin
switched to db admin
admin > show users
```

输出结果如下。

```
[]
```

由上述输出结果可知,数据库 admin 中没有任何用户。

然后,使用 db. createUser()命令创建管理员用户 qfadmin,同时设置 userAdminAnyDatabase 角色,使得管理员用户可管理 MongoDB 数据库中的所有用户和角色,具体如下。

```
admin > db.createUser({user:"qfadmin",pwd:passwordPrompt(),roles:[{role:"userAdminAnyDatabase",
db:"admin"}]})
Enter password
```

输出结果如下。

```
******* { ok: 1 }
```

由上述输出结果可知,已经成功添加管理员用户。需要注意的是,需要在 Enter password 后面输入 qfadmin 用户的密码(自定义)。为了进一步验证,可以查看 admin 数据库中的所有用户,具体如下。

```
admin > show users
[
  {
    _id: 'admin.qfadmin',
    userId: new UUID("aa516209 - 5e94 - 4c06 - a8c4 - 4d51ebffe326"),
    user: 'qfadmin',
    db: 'admin',
    roles: [ { role: 'userAdminAnyDatabase', db: 'admin'} ],
    mechanisms: [ 'SCRAM - SHA - 1', 'SCRAM - SHA - 256' ]
```

```
    }
  ]
```

MongoDB 除了提供 userAdminAnyDatabase 角色外，还有其他内置角色。MongoDB 通过基于角色的授权来授予对数据和命令的访问权限，以提供数据库系统中通常需要的不同访问级别。内置角色及其权限说明如表 3-12 所示。

表 3-12　内置角色及其权限说明

| 内 置 角 色 | 权 限 说 明 |
| --- | --- |
| root | 只可以用于 admin 数据库，该角色具有超级权限 |
| read | 可以读取指定数据库中的任何数据 |
| readWrite | 可以读写指定数据库中的任何数据，包括创建、重命名及删除集合 |
| readAnyDatabase | 可以读取所有数据库中的任何数据（除数据库 config 和 local 外） |
| readWriteAnyDatabase | 可以读写所有数据库中的任何数据（除数据库 config 和 local 外） |
| dbAdmin | 可以读取指定数据库及对数据库进行清理、修改、压缩、获取统计信息、执行检查等 |
| dbAdminAnyDatabase | 可以读取任何数据库及对数据库进行清理、修改、压缩、获取统计信息、执行检查等操作（除数据库 config 和 local 外） |
| clusterAdmin | 可以对整个集群或数据库系统进行管理操作 |
| userAdmin | 允许向 system.users 集合写入，可以对指定数据库进行创建、删除操作和管理用户 |
| userAdminAnyDatabase | 只用于 admin 数据库中，赋予用户所有数据库的 userAdmin 权限 |

### 2. 启动用户访问控制

在 MongoDB 中启用访问控制可以强制执行身份验证，要求用户标识自己。MongoDB 启动用户访问控制后，用户只能执行由其角色确定的操作，如 userAdmin 或 userAdminAnyDatabase 角色的管理员用户，可以管理用户和角色，包含创建用户，向用户授予或撤销角色，以及创建或修改相关角色的权限等。

启动访问控制可以通过修改 MongoDB 的配置文件实现。在 MongoDB 的配置文件中添加 authorization：enabled 参数，具体如下。

```
[root@qfedu ~] # vim /etc/mongod.conf
# mongod.conf
# for documentation of all options, see:
# http://docs.mongodb.org/manual/reference/configuration-options/
# where to write logging data.
systemLog:
  destination: file
  logAppend: true
  path: /var/log/mongodb/mongod.log
# Where and how to store data.
storage:
  dbPath: /var/lib/mongo
  journal:
    enabled: true
# engine:
# wiredTiger:
# how the process runs
processManagement:
  fork: true # fork and run in background
```

```
   pidFilePath: /var/run/mongodb/mongod.pid ♯ location of pidfile
   timeZoneInfo: /usr/share/zoneinfo
♯ network interfaces
net:
  port: 27017
  bindIp: 127.0.0.1 ♯ Enter 0.0.0.0, :: to bind to all IPv4 and IPv6 addresses or, alternatively,
use the net.bindIpAll setting.
security:
    authorization: enabled
```

修改完 MongoDB 的配置文件,需要重启 MongoDB 服务,文件才能生效。然后进入 Mongo Shell 执行 use admin 命令切换到数据库 admin,最后进行用户验证,具体如下。

```
[root@qfedu ~] ♯ systemctl restart mongod
[root@qfedu ~] ♯ mongosh
Current Mongosh Log ID: 63568922d54f8844189ab9aa
Connecting to:
mongodb://127.0.0.1:27017/?directConnection = true&serverSelectionTimeoutMS = 2000&appName =
mongosh + 1.6.0
Using MongoDB:    6.0.2
Using Mongosh:    1.6.0
For mongosh info see: https://docs.mongodb.com/mongodb - shell/
test > use admin
switched to db admin
admin > db.auth("qfadmin",passwordPrompt())
Enter password
******* { ok: 1 }
```

由上述输出结果可知,管理员用户 qfadmin 已经成功通过验证。

**3. 用户管理**

使用管理员角色来管理其他用户及其角色,包括创建用户、查看用户信息、添加用户角色、修改用户信息、修改用户密码、删除用户角色等操作。

1) 创建用户

例如,在数据库 admin 中创建一个普通用户 qfuser,其角色为 read,设置为 read 权限,具体如下。

```
[root@qfedu ~] ♯ mongosh -- port 27017 - u "qfadmin" - p
Enter password: *******
Current Mongosh Log ID: 6357553f591a111bbc29debe
Connecting to:
mongodb://< credentials >@127.0.0.1:27017/?directConnection = true&serverSelectionTimeoutMS =
2000&appName = mongosh + 1.6.0
Using MongoDB:    6.0.2
Using Mongosh:    1.6.0
For mongosh info see: https://docs.mongodb.com/mongodb - shell/
♯ 创建用户 qfuser
test > use admin
switched to db admin
admin > db.createUser({user:"qfuser",pwd:passwordPrompt(),roles:[{role:"read",db:"admin"}]})
Enter password
****** { ok: 1 }
```

由上述输出结果可知,已经成功创建普通用户 qfuser。

2) 查看用户信息

使用管理员用户查看普通用户 qfuser 的信息,具体如下。

```
admin > db.getUser("qfuser")
```

输出结果如下。

```
{
    _id: 'admin.qfuser',
    userId: new UUID("05907f7e - 1e84 - 4111 - b55a - ae321c0bfe45"),
    user: 'qfuser',
    db: 'admin',
    roles: [ { role: 'read', db: 'admin' } ],
    mechanisms: [ 'SCRAM - SHA - 1', 'SCRAM - SHA - 256' ]
}
```

由上述输出结果可知,已经成功查询到普通用户 qfuser 的信息。其中,mechanisms 为安全认证机制。

3) 添加用户角色

使用管理员用户为普通用户 qfuser 添加 readWrite 角色,具体如下。

```
admin > db.grantRolesToUser("qfuser",[{role:"readWrite",db:"admin"}])
{ ok: 1 }
```

由上述输出结果可知,已经成功为普通用户 qfuser 添加 readWrite 角色。为了进一步验证,可查看普通用户 qfuser 的信息,具体如下。

```
admin > db.getUser("qfuser")
```

输出结果如下。

```
{
    _id: 'admin.qfuser',
    userId: new UUID("05907f7e - 1e84 - 4111 - b55a - ae321c0bfe45"),
    user: 'qfuser',
    db: 'admin',
    roles: [ { role: 'read', db: 'admin' }, { role: 'readWrite', db: 'admin' } ],
    mechanisms: [ 'SCRAM - SHA - 1', 'SCRAM - SHA - 256' ]
}
```

4) 修改用户信息

使用管理员角色修改普通用户 qfuser 的 readWrite 角色为 readAnyDatabase 角色,具体如下。

```
admin > db.updateUser("qfuser",{roles:[{role:"read",db:"admin"},{role:"readAnyDatabase",
db:"admin"}]})
```

输出结果如下。

```
{ ok: 1 }
admin > db.getUser("qfuser")
```

输出结果如下。

```
{
    _id: 'admin.qfuser',
    userId: new UUID("05907f7e - 1e84 - 4111 - b55a - ae321c0bfe45"),
    user: 'qfuser',
    db: 'admin',
    roles: [
        { role: 'read', db: 'admin' },
```

```
    { role: 'readAnyDatabase', db: 'admin' }
  ],
  mechanisms: [ 'SCRAM - SHA - 1', 'SCRAM - SHA - 256' ]
}
```

由上述输出结果可知,已经成功将普通用户 qfuser 的 readWrite 角色修改为 readAnyDatabase 角色。

5)修改用户密码

使用管理员角色修改普通用户 qfuser 的密码,具体如下。

```
admin > db.changeUserPassword("qfuser","qfuser")
```

输出结果如下。

```
{ ok: 1 }
admin > db.auth("qfuser","qfuser")
```

输出结果如下。

```
{ ok: 1 }
```

由上述输出结果可知,已成功修改普通用户 qfuser 的密码,并且新密码已通过验证。

6)删除用户角色

使用管理员用户删除普通用户 qfuser 的 readAnyDatabase 角色,具体如下。

```
admin > db.revokeRolesFromUser("qfuser",[{role:"readAnyDatabase",db:"admin"}])
```

输出结果如下。

```
{ ok: 1 }
```

由上述输出结果可知,已成功删除普通用户 qfuser 的 readAnyDatabase 角色。为了进一步验证,可查看普通用户 qfuser 的信息,具体如下。

```
admin > db.getUser("qfuser")
```

输出结果如下。

```
{
  _id: 'admin. qfuser',
  userId: new UUID("05907f7e - 1e84 - 4111 - b55a - ae321c0bfe45"),
  user: 'qfuser',
  db: 'admin',
  roles: [ { role: 'read', db: 'admin' } ],
  mechanisms: [ 'SCRAM - SHA - 1', 'SCRAM - SHA - 256' ]
}
```

7)删除用户

使用管理员角色删除普通用户 qfuser,具体如下。

```
admin > db.dropUser("qfuser")
```

输出结果如下。

```
{ ok: 1 }
admin > show users
```

输出结果如下。

```
[
  {
    _id: 'admin.qfadmin',
    userId: new UUID("aa516209 - 5e94 - 4c06 - a8c4 - 4d51ebffe326"),
    user: 'qfadmin',
    db: 'admin',
    roles: [ { role: 'userAdminAnyDatabase', db: 'admin' } ],
    mechanisms: [ 'SCRAM - SHA - 1', 'SCRAM - SHA - 256' ]
  }
]
```

由上述输出结果可知,已经成功删除普通用户 qfuser。

# 3.5 本章小结

本章主要介绍了 MongoDB 的基础知识和操作,首先讲解了 MongoDB 的简介、应用场景、文档存储结构及数据类型;然后讲解了 MongoDB 在不同平台的部署操作,接着讲解了使用 Mongo Shell 页面管理 MongoDB 数据库,包括数据库的基本操作、文档的增/删/改/查、文档聚合和管道操作,以及索引操作;最后讲解了 MongoDB 的高级管理操作,包括文档数据的导入与导出、数据备份与恢复、安全与访问控制。本章通过理论与实例相结合的理念,由浅入深地讲解了 MongoDB 的内容。希望读者秉持着工匠精神和职业梦想认真学习本章内容并掌握 MongoDB 的基础知识和操作。

# 3.6 习　　题

**1. 填空题**

(1) MongoDB 的主要特点有_____、_____、_____、_____。

(2) 根据官方网站的描述,MongoDB 适用的场景有_____、_____、_____、_____。

(3) MongoDB 的文档存储结构是一种层次结构,主要分为 3 部分,分别为_____、_____和_____。

(4) MongoDB 的文档聚合(Aggregate)主要用于_____,_____,如统计平均值、求和等。聚合操作还可以用来执行更复杂的计算,例如分页处理、价格分布分析、销售总额计算等。

(5) MongoDB 提供了_____和_____工具来备份与恢复文档数据。

**2. 简答题**

(1) 简述文档增/删/改/查用到的方法。

(2) 简述实现 MongoDB 数据库批量导出、导入数据的方法有哪些。

(3) 简述 MongoDB 常用的监控方法。

**3. 操作题**

(1) 安装部署 MongoDB(安装平台任选),进入 MongoDB 的 Mongo Shell 页面。

(2) 采用 MongoDB 设计用于存储图 3-23 所示教材数据的文档模型,并写出具体的文档数据。文档模型用树形结构依次画出文档包含的各个字段名称及类型即可。数据内容如

图 3-23 所示。

图 3-23　数据内容

（3）根据第（2）题创建的数据，实现以下操作。

① 创建集合。

② 查看集合。

③ 在集合中插入文档。

④ 查看集合中的文档。

⑤ 删除集合中的指定文档。

⑥ 对数据库中的数据进行备份。

# 第4章 在不同环境下操作 MongoDB

**本章学习目标**
- 掌握基于 Python 环境操作 MongoDB。
- 了解基于 Java 环境操作 MongoDB。
- 熟悉基于 Robo 3T 环境操作 MongoDB。

Mongodb Shell 是 MongoDB 自带的交互式管理工具，操作语法和命令结构比较简单，易于掌握。但是，对于一些对数据类型和运行速度要求较高的程序，通常会使用编程语言来操作 MongoDB 数据库。因此，本章将讲解如何使用主流开发语言 Python、Java 操作 MongoDB，以及如何使用图形化工具 Robo 3T 操作 MongoDB。

## 4.1 基于 Python 环境操作 MongoDB

文档数据库通常以 JSON 或 XML 格式存储数据，而 MongoDB 使用的数据结构是 BSON(二进制 JSON)。使用 Python 来操作数据库有着天然的优势，因为 Python 的字典和 MongoDB 的文档几乎是一样的格式。本节将讲解基于 Python 环境操作 MongoDB 的相关知识。

### 4.1.1 搭建 Python 开发环境

"工欲善其事，必先利其器"，拥有一个优秀的开发工具可以大大地提高编程效率。Python 是主流编程语言之一，市面上常用的编程解释器包括 PyCharm、Eclipse、Sublime Text 等。本书选用程序员最常使用的、开源且免费的开发工具——PyCharm。PyCharm 是一个跨平台的全功能 Python 开发工具，简单、易用，能够设置不同的主题模式，开发者可根据喜好自定义设置代码风格，还支持源码管理和项目，并且拥有众多便利和支持社区，使读者可以快速掌握其使用方法。PyCharm 具有一些可以帮助开发者提高效率的功能，如智能代码补全、调试代码、语法高亮、项目管理与导航、代码跳转、智能提示、图形化的调试器和运行器、自动完成、单元测试、版本控制、遵循 PEP8 规范的代码质量检查、智能重构等。

#### 1. 下载安装 Python 环境

在第 3 章中已学习了基于 Windows 系统安装 MongoDB，本章将继续讲解使用 Python 操作 MongoDB 的相关知识。

首先访问 Python 官网，下载适配 Windows 系统的 Python 安装包，Python 下载页面如图 4-1 所示。

单击图 4-1 所示页面中的 Python 3.11.0 下载按钮，开始立即下载 python-3.11.0-amd64.exe 可执行程序。

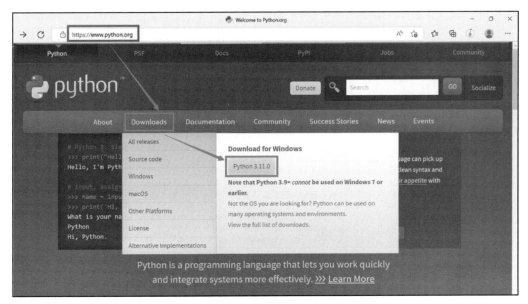

图 4-1　Python 下载页面

下载完成后,双击下载完成的 python-3.11.0-amd64.exe 可执行程序,弹出开始安装 Python 环境页面,如图 4-2 所示。

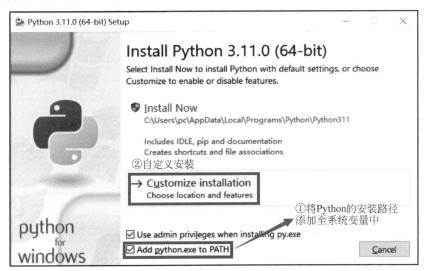

图 4-2　开始安装 Python 环境页面

勾选图 4-2 中的 Add python.exe to PATH 选项,读者可以选择 Install Now(直接安装), 也可以选择 Customize installation(自定义安装)。本书选择自定义安装,单击 Customize installation 按钮,如图 4-3 所示。

在图 4-3 所示的页面中直接单击 Next 按钮,进入高级选项页面,自定义安装路径,如 图 4-4 所示。

如图 4-4 所示,勾选相应的选项,然后单击 Browse 按钮,选择 Python 安装目录后单击 Install 按钮开始进行安装。Python 安装完成后,进入安装完成页面,如图 4-5 所示。

*在不同环境下操作 MongoDB*

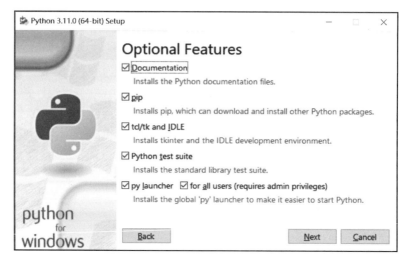

图 4-3　选择自定义安装

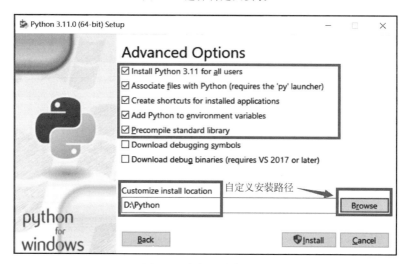

图 4-4　自定义安装路径

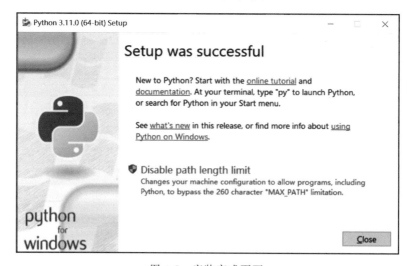

图 4-5　安装完成页面

单击 Close 按钮,完成 Python 安装。为了进一步验证 Python 是否安装成功,需要在 Windows 的 DOS 窗口中输入 python 命令,查看 Python 信息,如图 4-6 所示。

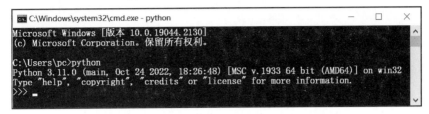

图 4-6　查看 Python 信息

如图 4-6 所示,执行结果输出 Python 的版本号为 3.11.0,说明已成功安装 Python。

**2. 下载安装 PyCharm**

访问 PyCharm 的官方网站,下载 PyCharm 的社区版本。本书选用的 PyCharm 版本为 2022.2.3。

双击下载完成的 pycharm-community-2022.2.3.exe 可执行程序,进入 PyCharm 安装页面,如图 4-7 所示。

图 4-7　PyCharm 安装页面

单击 Next 按钮,选择 PyCharm 安装路径,如图 4-8 所示。

单击 Browse 按钮,设置 PyCharm 的安装路径,然后单击 Next 按钮,配置 PyCharm 安装选项,如图 4-9 所示。

勾选图 4-9 所示页面中的 4 个选项,单击 Next 按钮,选择"开始"菜单文件夹,如图 4-10 所示。

单击 Install 按钮,直至 PyCharm 安装结束,如图 4-11 所示。

如图 4-11 所示,选择 I want to manually reboot later 单选按钮,然后单击 Finish 按钮,至此 PyCharm 安装完成。

通过双击桌面上的快捷方式打开 PyCharm,如图 4-12 所示。

勾选 PyCharm 用户协议选项,单击 Continue 按钮,选择是否发送数据共享,如图 4-13 所示。

在不同环境下操作 *MongoDB*

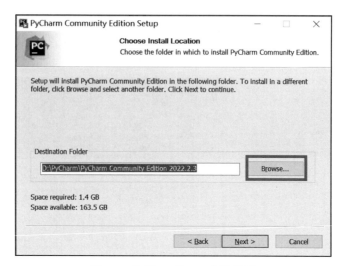

图 4-8    选择 PyCharm 安装路径

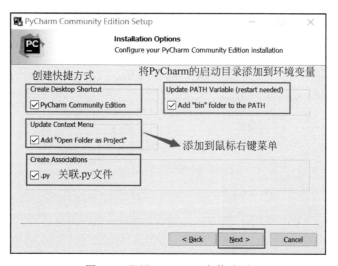

图 4-9    配置 PyCharm 安装选项

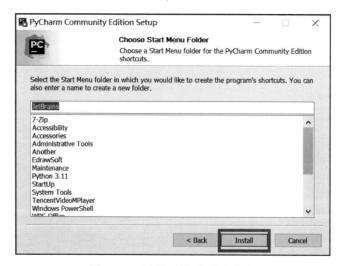

图 4-10    选择"开始"菜单文件夹

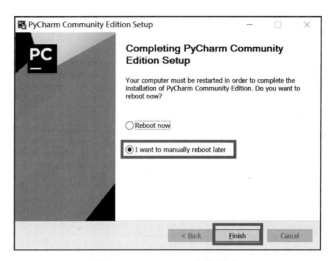

图 4-11　PyCharm 安装结束

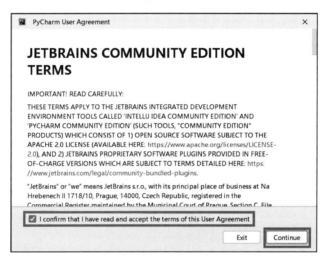

图 4-12　打开 PyCharm

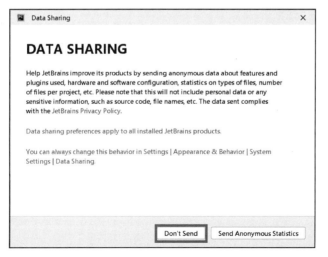

图 4-13　选择是否发送数据共享

第
4
章

在不同环境下操作 *MongoDB*

单击 Don't Send(不发送)按钮,直至显示 PyCharm 创建项目页面。PyCharm 的主页面如图 4-14 所示。

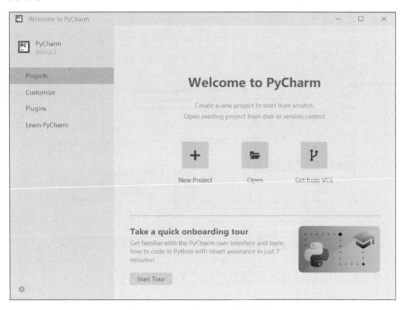

图 4-14　PyCharm 的主页面

如图 4-14 所示,PyCharm 安装成功。编程人员可以通过单击 New Project 按钮开始创建一个新的项目。

## 4.1.2　使用 Python API 操作 MongoDB

接下来讲解如何使用 Python API 操作 MongoDB 中的 Collection(集合)。

### 1. 创建 Python 项目

打开 PyCharm,单击 New Project 按钮进入创建 Python 项目的页面,如图 4-15 所示。

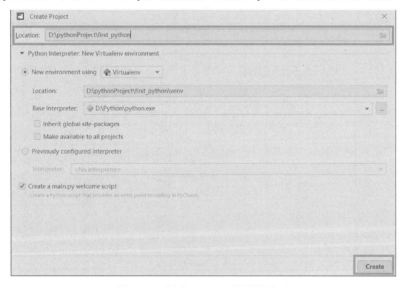

图 4-15　创建 Python 项目的页面

在图 4-15 所示页面中添加 Python 的项目名称并且指定存储路径后,单击 Create 按钮创建一个名为 first_python 的项目,如图 4-16 所示。

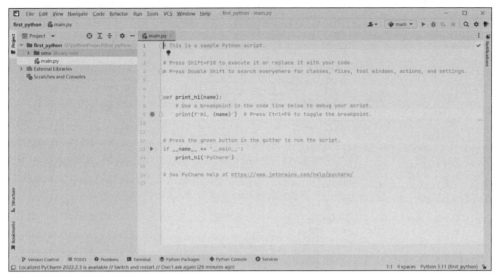

图 4-16    first_python 项目

## 2. 连接 MongoDB

在项目 first_python 目录下新建一个 Con_mongo.py 文件,用于编写 Python 连接 MongoDB,具体代码如文件 4-1 所示。

文件 4-1    Con_mongo1.py

```
1    from pymongo import MongoClient
2    #创建一个 Test 类
3    class Test:
4        #创建类的构造函数,其中包含设定一个参数 self,表示类的实例
5        def __init__(self):
6            #获取数据库的连接
7            self.client = MongoClient('127.0.0.1', 27017)
8            print(self.client)
9    #主程序入口
10   if __name__ == '__main__':
11       #创建类的实例对象
12       test = Test()
```

上述代码中:第 1 行导入 pymongo 工具包,提供了与 MongoDB 数据库进行交互的 API;第 2~9 行创建一个 Test 类,并对该类定义一个初始化方法"__init__(self)",用于连接本地 MongoDB;第 10~12 行对 Test 类进行实例化,即运行该项目,实现与 MongoDB 数据库的连接。

需要注意的是,当使用 Python 操作 MongoDB 时,可以通过第三方工具 pymongo 实现两者间的交互。而 pymongo 需要另行安装。pymongo 的安装步骤如图 4-17 所示。

单击 Python Packages 工具栏,然后搜索 pymongo 工具包,最后单击 Install 按钮下载即可。

运行文件 4-1 的步骤如图 4-18 所示。

右击 Con_mongo.py 文件,在弹出的菜单中单击 Run Con_mongo 即可运行 Con_mongo.py 文件。然后查看 PyCharm 的控制台输出,文件 4-1 的运行结果如图 4-19 所示。

第 4 章

*在不同环境下操作 MongoDB*

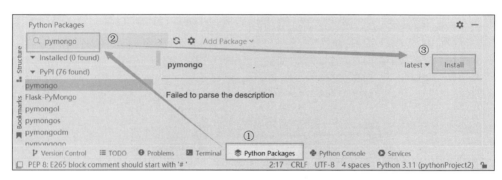

图 4-17　pymongo 的安装步骤

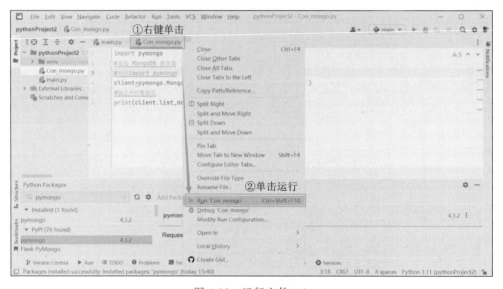

图 4-18　运行文件 4-1

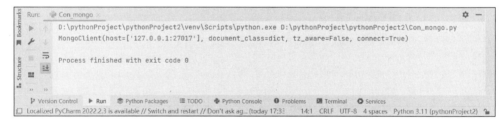

图 4-19　文件 4-1 的运行结果

如图 4-19 所示,connect 的值为 True,表示成功连接数据库。

### 3. 查看 MongoDB 数据库

在 Con_mongo.py 中,用户可以使用 getDBs()方法查看 MongoDB 数据库,具体代码如文件 4-2 所示。

文件 4-2　Con_mongo2.py

```
1    from pymongo import MongoClient
2    #创建一个 Test 类
3    class Test:
4        #创建类的构造函数,其中包含设定一个参数 self,表示类的实例
```

```
5        def __init__(self):
6            # 获取数据库的连接
7            self.client = MongoClient('127.0.0.1', 27017)
8            # print(self.client)
9        def getDBs(self):
10           dbs = self.client.list_database_names()
11           for db in dbs:
12               print(db)
13   # 主程序
14   if __name__ == '__main__':
15       # 创建类的实例对象
16       test = Test()
17       test.getDBs()
```

上述代码中：第 9、10 行定义 getDBs() 方法，通过 MongoClient 对象的实例调用 list_database_names() 方法，用于获取 MongoDB 的所有数据库；第 11、12 行使用 for 循环，遍历并输出所有数据库；第 17 行通过 Test 类的实例化对象调用类中的 getDBs() 方法，实现查看数据库操作。

文件 4-2 的运行结果如图 4-20 所示。

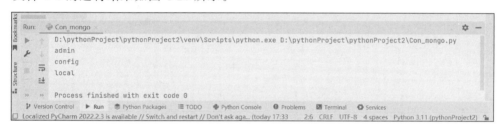

图 4-20　文件 4-2 的运行结果

如图 4-20 所示，控制台显示了 3 个数据库，分别为 admin、config 和 local。

**4. 操作集合**

集合操作包括创建集合、查看集合和删除集合，具体操作如下。

1）创建集合

在 Con_mongo.py 中，用户可以使用 createColl() 方法创建集合，具体代码如文件 4-3 所示。

文件 4-3　Con_mongo3.py

```
1    from pymongo import MongoClient
2    # 创建一个 Test 类
3    class Test:
4        def __init__(self):
5            # 获取数据库的连接
6            self.client = MongoClient('127.0.0.1', 27017)
7            # print(self.client)
8        def createColl(self):
9            bookdb = self.client["bookdb"]
10           bookdb.create_collection("Nginx_introduce")
11   # 主程序
12   if __name__ == '__main__':
13       # 创建类的实例对象
14       test = Test()
15       test.createColl()
```

133

第 4 章

上述代码中：第 8、9 行定义 createColl()方法，通过 MongoClient 对象的实例指定要创建集合的数据库 bookdb；第 10 行通过数据库对象实例 bookdb 调用 create_collection()方法，用于创建集合 Nginx_introduce；第 15 行通过 Test 类的实例化对象调用 createColl()方法，实现创建集合操作。

运行文件 4-3，实现创建集合操作。

2）查看集合

在 Con_mongo. py 中，用户可以使用 getColl()方法查看集合，具体代码如文件 4-4 所示。

文件 4-4　Con_mongo4. py

```
1   from pymongo import MongoClient
2   #创建一个 Test 类
3   class Test:
4     def __init__(self):
5         #获取数据库的连接
6         self.client = MongoClient('127.0.0.1', 27017)
7        #print(self.client)
8     def getColl(self):
9         bookdb = self.client["bookdb"]
10        collections = bookdb.list_collection_names()
11        for collection in collections:
12            print(collection)
13  #主程序
14  if __name__ == '__main__':
15      #创建类的实例对象
16      test = Test()
17      test.getColl()
```

上述代码中：第 8、9 行定义 getColl()方法，通过 MongoClient 对象的实例指定要查看集合的数据库，即 bookdb；第 10 行，通过集合对象实例 bookdb 调用 list_collection_names()方法，获取数据库 bookdb 中的集合；第 11、12 行，通过 for 循环遍历输出数据库 bookdb 中的所有集合；第 17 行，通过 Test 类的实例化对象调用 getColl()方法，实现查看集合操作。

文件 4-4 的运行结果如图 4-21 所示。

图 4-21　文件 4-4 的运行结果

如图 4-21 所示，控制台显示了一个集合 Nginx_introduce，这也进一步验证了已经成功在数据库 bookdb 中创建了集合 Nginx_introduce。

3）删除集合

在 Con_mongo. py 中，用户可以使用 dropColl()方法删除集合，具体代码如文件 4-5 所示。

文件 4-5　Con_mongo5. py

```
1   from pymongo import MongoClient
2   #创建一个 Test 类
3   class Test:
```

```
4      def __init__(self):
5          # 获取数据库的连接
6          self.client = MongoClient('127.0.0.1', 27017)
7          # print(self.client)
8      def dropColl(self):
9          bookdb = self.client["bookdb"]
10         bookdb.drop_collection("Nginx_introduce")
11  # 主程序
12  if __name__ == '__main__':
13      # 创建类的实例对象
14      test = Test()
15      test.dropColl()
```

上述代码中：第 8、9 行定义 dropColl( )方法，通过 MongoClient 对象的实例指定要删除集合的数据库 bookdb；第 10 行通过数据库对象实例 bookdb 调用 drop_collection( )方法删除集合 Nginx_introduce；第 15 行通过 Test 类的实例化对象调用 dropColl( )方法，实现删除集合操作。

运行文件 4-5，实现删除集合操作。为了进一步验证，可通过在主程序中调用 getColl( )方法查看数据库 bookdb 中是否还存在集合 itcast。

**5. 操作文档**

文档操作包括插入文档、查看文档、更新文档和删除文档，具体操作如下。

1) 插入文档

在 Con_mongo.py 中，用户可以使用 insertOneDoc( )方法插入文档，具体代码如文件 4-6 所示。

**文件 4-6　Con_mongo6.py**

```
1   from pymongo import MongoClient
2   # 创建一个 Test 类
3   class Test:
4       def __init__(self):
5           # 获取数据库的连接
6           self.client = MongoClient('127.0.0.1', 27017)
7       # 创建数据库 weatherdb，集合 bj_weather
8       def createColl(self):
9           weatherdb = self.client["weatherdb"]
10          weatherdb.create_collection("bj_weather")
11      # 向集合 bj_weather 插入一个文档
12      def insertOneDoc(self):
13          self.weatherdb = self.client["weatherdb"]
14          bj_weather = self.weatherdb["bj_weather"]
15          newDoc = {
16              "_id": "1",
17              "name": "chaoyang",
18              "temp": "14",
19              "condition": "sunny",
20              "time": "2022 - 11 - 01"
21          }
22          bj_weather.insert_one(newDoc)
23  # 主程序
24  if __name__ == '__main__':
25      # 创建类的实例对象
26      test = Test()
27      test.createColl()
28      test.insertOneDoc()
```

上述代码中：第 12、13 行定义 insertOneDoc()方法，通过 MongoClient 对象的实例指定要查看集合的数据库 weatherdb；第 14 行通过数据库对象实例 weatherdb 指定要插入文档的集合 bj_weather；第 15～21 行创建一个新文档 newDoc，并且包含 5 个键值；第 22 行通过集合对象实例 bj_weather 调用 insert_one()方法，向集合 bj_weather 中插入文档；第 28 行通过 Test 类的实例化对象调用 insertOneDoc()方法，实现插入文档操作。

运行文件 4-6，则创建数据库 weatherdb 及集合 bj_weather，并向集合 bj_weather 中插入一个文档，实现插入文档操作。

2）查看文档

在 Con_mongo.py 中，用户可以使用 findDoc()方法查看文档，具体代码如文件 4-7 所示。

文件 4-7　Con_mongo7.py

```
1    from pymongo import MongoClient
2    # 创建一个 Test 类
3    class Test:
4        def __init__(self):
5            # 获取数据库的连接
6            self.client = MongoClient('127.0.0.1', 27017)
7        def findDoc(self):
8            self.weatherdb = self.client["weatherdb"]
9            bj_weather = self.weatherdb["bj_weather"]
10           documents = bj_weather.find()
11           for document in documents:
12               print(document)
13   # 主程序
14   if __name__ == '__main__':
15       # 创建类的实例对象
16       test = Test()
17       test.findDoc()
```

上述代码中：第 7、8 行定义 findDoc()方法，通过 MongoClient 对象的实例指定要查看集合的数据库 weatherdb；第 9 行通过数据库对象实例 weatherdb 指定要查看文档的集合 bj_weather；第 10 行通过集合对象实例 bj_weather 调用 find()方法，查看集合 bj_weather 中的文档；第 11、12 行通过 for 循环，遍历并输出集合 bj_weather 中的所有文档；第 17 行通过 Test 类的实例化对象调用 findDoc()方法，实现查看文档操作。

文件 4-7 的运行结果如图 4-22 所示。

图 4-22　文件 4-7 的运行结果

3）更新文档

在 Con_mongo.py 中，用户可以使用 updateDoc()方法更新文档，具体代码如文件 4-8 所示。

```
1   from pymongo import MongoClient
2   ♯创建一个 Test 类
3   class Test:
4       def __init__(self):
5           ♯获取数据库的连接
6           self.client = MongoClient('127.0.0.1', 27017)
7       def updateDoc(self):
8           self.weatherdb = self.client["weatherdb"]
9           bj_weather = self.weatherdb["bj_weather"]
10          bj_weather.update_one(
11              {"temp": "14"},
12              {"$set": {"temp": "15℃"}}
13          )
14  ♯主程序
15  if __name__ == '__main__':
16      ♯创建类的实例对象
17      test = Test()
18      test.updateDoc()
```

上述代码中：第 7、8 行定义 updateDoc()方法，通过 MongoClient 对象的实例指定要查看集合的数据库，即 weatherdb；第 9 行通过数据库对象实例 weatherdb 指定要更新文档的集合 bj_weather；第 10～13 行通过集合对象实例 bj_weather 调用 update_one()方法，更新集合 bj_weather 中的文档；第 18 行通过 Test 类的实例化对象调用 updateDoc()方法，实现更新文档操作。

运行文件 4-8，实现更新文档操作。读者可通过查看文档进行验证，此处不再赘述。

4）删除文档

在 Con_mongo.py 中，用户可以使用 deleteDoc()方法删除文档，具体代码如文件 4-9 所示。

文件 4-9　Con_mongo9. py

```
1   from pymongo import MongoClient
2   ♯创建一个 Test 类
3   class Test:
4       def __init__(self):
5           ♯获取数据库的连接
6           self.client = MongoClient('127.0.0.1', 27017)
7       def deleteDoc(self):
8           self.weatherdb = self.client["weatherdb"]
9           bj_weather = self.weatherdb["bj_weather"]
10          bj_weather.delete_one(
11              {"name": "chaoyang"}
12          )
13  ♯主程序
14  if __name__ == '__main__':
15      ♯创建类的实例对象
16      test = Test()
17      test.deleteDoc()
```

上述代码中：第 7、8 行定义 deleteDoc()方法，通过 MongoClient 对象的实例指定要查看集合的数据库 weatherdb；第 9 行通过数据库对象实例 weatherdb 指定要删除文档的集合 bj_weather；第 10～12 行通过集合对象实例 bj_weather 调用 delete_one()方法，根据指定条件删除集合 bj_weather 中的单条文档;第 17 行通过 Test 类的实例化对象调用 deleteDoc()方法,实现删除文档操作。

运行文件 4-9,实现删除文档操作。读者可通过查看文档进行验证,此处不再赘述。

# 4.2 使用 Java 操作 MongoDB

Java 语言是一种非常流行的计算机编程语言,广泛应用于 PC、数据中心、游戏控制台、科学超级计算机、移动电话和互联网等领域,同时拥有全球最大的开发者专业社群。在 Java 程序中操作 MongoDB,需要安装 Java 环境及 MongoDB JDBC 驱动。本节将讲解基于 Java 环境操作 MongoDB 的相关知识。

## 4.2.1 搭建 Java 开发环境

Java 初学者为了能更好地掌握 Java 代码的编写,一般使用记事本开发 Java 程序,常用的文本编辑器还有 Notepad++、EditPlus 等,但文本编辑器功能十分有限,只能做一些简单的程序。Java 作为一种十分流行的计算机语言,有很多优秀的集成开发环境(Integrated Development Environment,IDE)。集成开发环境是用于提供程序开发环境的应用程序,集成了代码编写功能、分析功能、编译功能、调试功能等一体化的开发软件服务套,能够大大提高开发效率。Java 常用的 IDE 有 Eclipse、IntelliJ IDEA 等。本书使用 IntelliJ IDEA 进行演示。

使用 IntelliJ IDEA 运行 Java 程序时,需要在 IntelliJ IDEA 中创建一个 Maven 项目,然后在 Maven 项目中编写 Java 代码来操作 MongoDB。首先在计算机上安装 Java 环境,这也是 Java 跨平台特性的要求,因此在学习编写或运行 Java 程序时,第一步就需要安装和配置计算机的 Java 环境,即下载并配置 JDK(Java Development Kit,Java 开发工具包)。

**1. 下载安装 JDK**

JDK 是整个 Java 的核心,包括 Java 运行环境、Java 工具及 Java 基础类库。本书使用 Windows 10 系统安装 JDK 8 版本(JDK 8、Java 8 或 JDK 1.8 等专业词汇概念相同)。

进入 JDK 下载页面。在 Java 8 的下载列表根据计算机的操作系统下载对应的 JDK 安装包,如图 4-23 所示。

Windows 系统需要区分位数,例如 64 位操作系统需要下载 jdk-8u351-Windows-x64.exe 文件,单击文件超链接即可弹出下载窗口,然后选中 I reviewed and accept the Oracle Technology Network License Agreement for Oracle Java SE 单选按钮,接受 Java 的技术协议,再单击 Download jdk-8u351-Windows-x64.exe 按钮即可开始下载。

双击已经下载的 jdk-8u351-Windows-x64.exe 安装文件,进入 JDK 安装页面,如图 4-24 所示。

单击"下一步"按钮,开始自定义 JDK 的安装路径,如图 4-25 所示。

单击"下一步"按钮,弹出 Java 运行时环境(JRE)的安装路径,即安装目标文件夹,如图 4-26 所示。

单击"下一步"按钮,完成 JDK 安装后,显示 JDK 已成功安装,如图 4-27 所示。

单击"关闭"按钮,至此,Java 安装完成。

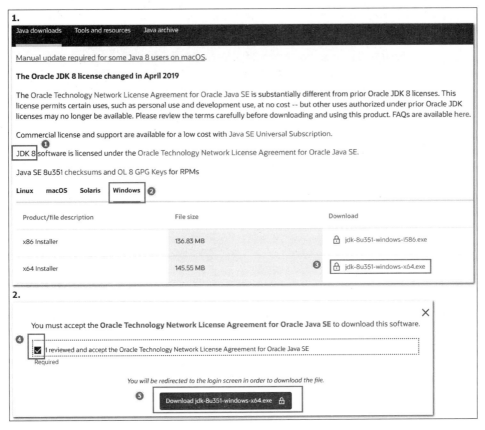

图 4-23　下载对应的 JDK 安装包

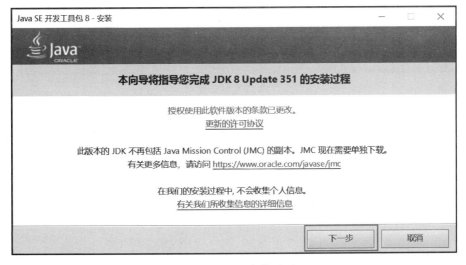

图 4-24　JDK 安装页面

## 2. 配置环境变量

安装完 JDK 后,需要配置环境变量才能使用 Java 环境。一般需要配置两个环境变量,依次为 JAVA_HOME 和 Path。JAVA_HOME 的作用是指定 JDK 的安装路径,Path 能够使系统在任何路径下都可以识别 Java 命令。具体操作步骤如下。

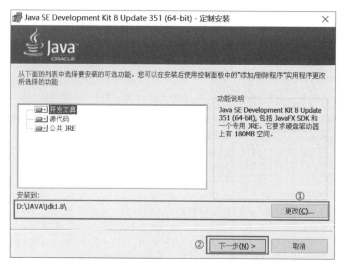

图 4-25　自定义 JDK 的安装路径

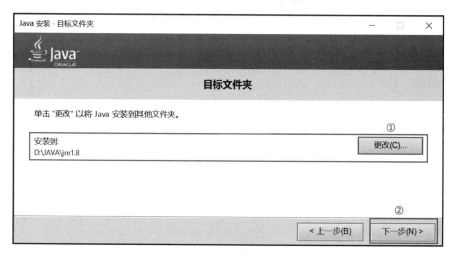

图 4-26　安装目标文件夹

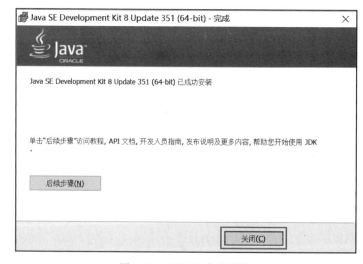

图 4-27　JDK 已成功安装

首先需要打开系统环境变量配置的页面，然后在环境变量中添加 JAVA_HOME 变量名和变量值。配置 JAVA_HOME 环境变量如图 4-28 所示。

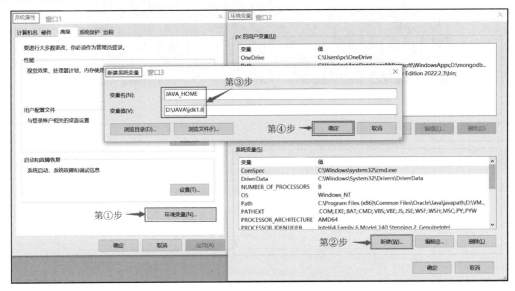

图 4-28　配置 JAVA_HOME 环境变量

如图 4-28 所示，添加变量名为 JAVA_HOME、变量值为 D:\JAVA\jdk1.8 的安装路径，单击"确定"按钮。

然后开始编辑 Path 变量，新建值为"%JAVA_HOME%\bin"。配置 Path 环境变量如图 4-29 所示。

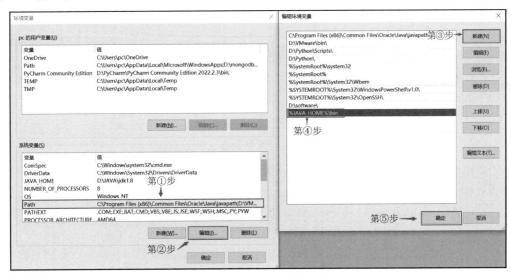

图 4-29　配置 Path 环境变量

环境变量配置好之后，需要检查是否配置准确。在 Windows 的 DOS 窗口中执行 java-version 命令，查看 JDK 安装信息，如图 4-30 所示。

如图 4-30 所示，输出了 JDK 编译器信息，说明 Java 开发运行环境搭建成功。

图 4-30　查看 JDK 安装信息

**3. 下载安装 Maven 工具**

（1）访问 https://maven.apache.org/download.cgi，下载适配 Windows 系统的 Maven 安装包，本书下载的是 apache-maven-3.8.6-bin.zip。

（2）apache-maven-3.8.6-bin.zip 解压完成，即 Maven 安装完成。

（3）找到 Maven 的安装路径，打开\apache-maven-3.8.6\conf 文件夹，修改 Maven 的配置文件，即 settings.xml，添加本地仓库路径和远程仓库路径，如图 4-31 所示。

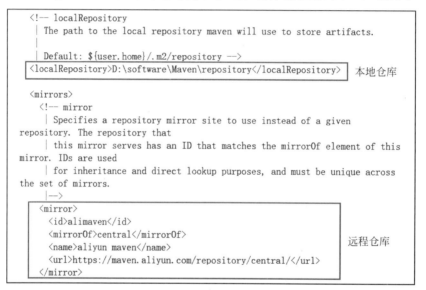

图 4-31　添加本地仓库路径和远程仓库路径

需要注意的是，本地仓库的 repository 文件夹需要自己创建，用于存放 Maven 项目所需要的依赖 Jar 包。

（4）将 Maven 的安装路径添加至系统环境变量（Path）中，此处添加的路径是 D:\software\Maven\apache-maven-3.8.6\bin。

（5）在 Windows 的 DOS 窗口中执行 mvn -version 命令，查看 Maven 的安装信息，如图 4-32 所示。

如图 4-32 所示，Maven 工具的版本号为 3.8.6，说明 Maven 安装成功。

**4. 下载安装 IntelliJ IDEA**

（1）访问 IntelliJ IDEA 的官方下载页面，下载适配 Windows 系统的 IDEA 社区版本 ideaIC-2022.2.3.exe。

（2）双击 ideaIC-2022.2.3.exe 进行安装，安装过程比较简单，不再赘述。

图 4-32　查看 Maven 的安装信息

（3）安装完成后，双击打开 IntelliJ IDEA，首次运行 IntelliJ IDEA 会提示是否导入配置，选择 Do not import settings 单选按钮即可，如图 4-33 所示。

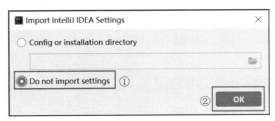

图 4-33　选择不导入配置

单击 OK 按钮，进入 IntelliJ IDEA 的主页面，则安装成功，如图 4-34 所示。

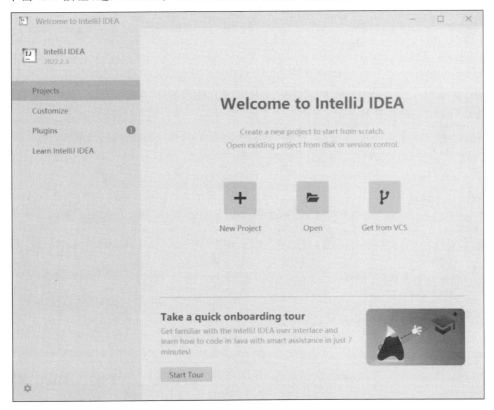

图 4-34　IntelliJ IDEA 的主页面

## 4.2.2 使用 Java API 操作 MongoDB

在 4.2.1 节中已经搭建好 Java 环境并安装配置好 Java 编程工具——IntelliJ IDEA。本节将使用 Java 对 MongoDB 进行相关操作。

### 1. 创建一个 Maven 项目

打开 IntelliJ IDEA，单击图 4-34 所示页面中的 Customize，对 IntelliJ IDEA 进行配置，将 Maven 添加至 IntelliJ IDEA 中，如图 4-35 所示。

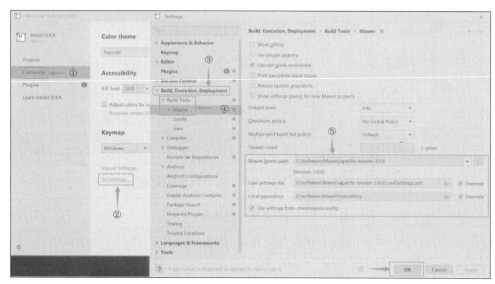

图 4-35　将 Maven 添加至 IntelliJ IDEA 中

选择 Customize→All settings→Build，Execution，Deployment→Maven 选项，然后添加 Maven 目录文件位置、Maven 配置文件位置及本地仓库位置。

使用 IntelliJ IDEA 开发 Java 程序时，在 New Project 页面中可以创建多种项目。此处创建一个 Maven 项目，需要注意的是，必须将 JDK 添加至 IntelliJ IDEA 中，如图 4-36 所示。

图 4-36　将 JDK 添加至 IntelliJ IDEA 中

选择 Projects→New Projects 选项,弹出新建项目的窗口,然后根据图 4-36 所示步骤进行操作,最后单击 Create 按钮,创建一个 Maven 项目。已创建的 Maven 项目如图 4-37 所示。

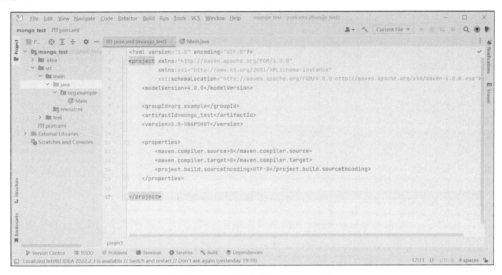

图 4-37　已创建的 Maven 项目

**2. 引入依赖**

在项目 mongo_test 中导入 MongoDB 相关的依赖包及单元测试的依赖,需要配置修改 pom.xml 文件。在 pom.xml 文件中添加以下代码。

```
< dependencies >
    <!-- 单元测试依赖 -->
    < dependency >
        < groupId > junit </ groupId >
        < artifactId > junit </ artifactId >
        < version > 4.12 </ version >
    </ dependency >
    <!-- Java 操作 MongoDB 的驱动依赖 -->
    < dependency >
        < groupId > org. mongodb </ groupId >
        < artifactId > mongo - java - driver </ artifactId >
        < version > 3.2.2 </ version >
    </ dependency >
</ dependencies >
```

当添加完相关依赖后,Maven 项目会自动下载相关的 Jar 包,成功被导入的依赖包如图 4-38 所示。

**3. 连接 MongoDB 数据库**

在项目 mongo_test 的/src/resources/目录下创建一个资源文件,即 mongodb_properties 文件,在资源文件中指定 MongoDB 相关参数,具体代码如文件 4-10 所示。

文件 4-10　mongodb_properties

```
1    host = 127.0.0.1
2    port = 27017
3    dbname = weatherdb
```

第 4 章

*在不同环境下操作 MongoDB*

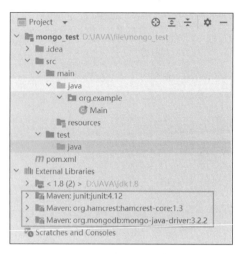

图 4-38　成功被导入的依赖包

上述代码中：第 1 行，host 表示主机的 IP 地址；第 2 行，port 表示 MongoDB 服务的端口号；第 3 行，dbname 表示要操作的 MongoDB 的数据库名称。

在项目 mongo_test 的 /src/main/java 目录下创建一个 com. fengyunedu. mongodb 包，然后在该包下创建一个 MongoUtils. java 文件。MongoUtils. java 文件用于编写 Java 连接 MongoDB 数据库的工具类，具体代码如文件 4-11 所示。

**文件 4-11　MongoUtils. java**

```
1    package fengyunedu.mongodb;
2    import com.mongodb.client.MongoClient;
3    import com.mongodb.client.MongoClients;
4    import com.mongodb.client.MongoDatabase;
5    import java.io.IOException;
6    import java.io.InputStream;
7    import java.util.Properties;
8    public class MongoUtils {
9        private static Properties properties;
10       private static MongoDatabase mongoDatabase;
11       private static InputStream stream = null;
12       private static String host;
13       private static int port;
14       private static String dbname;
15       /* 1. 创建静态代码块，初始化工具类中的静态变量。static 块会在类被加载时执行且仅
             会被执行一次 */
16       static {
17           /* 判断 properties 集合对象是否为空，为空时则创建一个集合对象 */
18           if (properties == null){
19               properties = new Properties();
20           }
21           /* 调用 load()方法时，load()方法底层会显示 IOException 异常，需要处理这个问题 */
22           try {
23               stream = MongoUtils.class.getClassLoader().getResourceAsStream("mongodb.properties");
24               properties.load(stream);
25           }catch (IOException e){
26               e.printStackTrace();
27           }
28           //根据 mongodb.properties 配置文件中的 key，获取 value 值
```

```
29        host = properties.getProperty("host");
30        port = Integer.parseInt(properties.getProperty("port"));
31        dbname = properties.getProperty("dbname");
32    }
33    /* 2.定义一个 getMongoClient()方法,用于获取 MongoDB 数据库的连接对象 */
34    public static MongoClient getMongoClient(){
35        String addr = "mongodb://" + host + ":" + port;
36        MongoClient mongoClient = MongoClients.create(addr);
37        return mongoClient;
38    }
39    //3.定义一个 getMongoConn()方法,用于连接 MongoDB 数据库
40    public static MongoDatabase getMongoConn(){
41        MongoClient mongoClient = getMongoClient();
42        mongoDatabase = mongoClient.getDatabase(dbname);
43        return mongoDatabase;
44    }
45 }
```

上述代码中：第 1～7 行定义了工具类的代码结构,包括类名、属性和方法等；第 8～14
行分别定义了 6 个静态变量,包括了 MongoDB 数据库配置信息、数据库连接对象输入流、
数据库主机名、数据库端口号和数据库名称；第 15～32 行是一个静态代码块,用于初始化
工具类中的静态变量。静态块会在类被加载时执行且仅会被执行一次；第 33～38 行定义
了一个 getMongoClient()方法,用于获取 MongoDB 数据库的连接对象。第 39～44 行定义
了一个 getMongoConn()方法,用于连接 MongoDB 数据库并返回 MongoDatabase 对象。

在项目 mongo_test 的/src/test/java 目录下创建一个 TestMongo.java 文件,该文件用
于编写 Java 连接和操作 MongoDB 数据库的测试类,具体代码如文件 4-12 所示。

文件 4-12　TestMongo.java

```
1    import com.fengyunedu.mongodb.MongoUtils;
2    import com.mongodb.client.MongoDatabase;
3    public class TestMongo {
4        private static MongoDatabase mongoDatabase;
5        public static void main(String[] args){
6            mongoDatabase = MongoUtils.getMongoConn();
7        }
8    }
```

上述代码中：第 4 行定义一个静态变量 mongoDatabase；第 5～7 行是主程序入口,调用
MongoUtils 类中的 getMongoConn()方法,连接 MongoDB 数据库并返回一个 MongoDatabase
实例。

### 4. 查看数据库

在文件 4-12 TestMongo.java 中,用户可以使用 getDBs()方法查看 MongoDB 中的所
有数据库,具体代码如文件 4-13 所示。

文件 4-13　TestMongo.java

```
1    import com.fengyunedu.mongodb.MongoUtils;
2    import com.mongodb.client.MongoClient;
3    import com.mongodb.client.MongoDatabase;
4    import com.mongodb.client.MongoIterable;
5    import org.junit.Test;
6    public class TestMongo {
7        private static MongoDatabase mongoDatabase;
```

在不同环境下操作 MongoDB

```
8      public static void main(String[] args){
9          mongoDatabase = MongoUtils.getMongoConn();
10     }
11     @Test
12     public void getDBs(){
13         MongoClient mongoClient = MongoUtils.getMongoClient();
14         MongoIterable<String> databaseNames = mongoClient.listDatabaseNames();
15         for (String databaseName:databaseNames){
16             System.out.println(databaseName);
17         }
18     }
19 }
```

上述代码中：第 11、12 行使用 JUnit 的@Test 注解来标记一个名为 getDBs 的公共方法，用于获取 MongoDB 中所有的数据库名称；第 13 行使用 MongoUtils 类中的 getMongoClient()方法获取 MongoDB 客户端连接；第 14 行使用 MongoClient 对象的 listDatabaseNames()方法获取 MongoDB 中所有的数据库名称；第 15、16 行使用 for 循环遍历所有的数据库名称，然后使用 System.out.println()方法将数据库名称输出到控制台。

文件 4-13 的运行结果如图 4-39 所示。

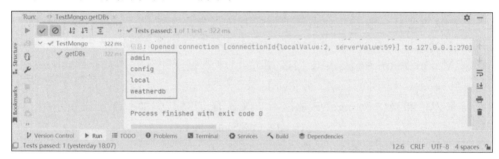

图 4-39    文件 4-13 的运行结果

如图 4-39 所示，本地 MongoDB 数据库中包含 4 个数据库，分别为 admin、config、local 和 weatherdb。

**5. 操作集合**

1) 创建集合

在文件 4-13(TestMongo.java)中，用户可以使用 createCollection()方法创建 MongoDB 数据库中的集合。给数据库 weatherdb 创建一个集合 sh_weather，具体代码如下。

```
1      @Test
2      public void createCollection(){
3          mongoDatabase = MongoUtils.getMongoConn();
4          mongoDatabase.createCollection("sh_weather");
5      }
```

上述代码中：第 3 行使用 MongoUtils 类中的 getMongoConn()方法获取 MongoDB 数据库连接，并将其保存在静态变量 mongoDatabase 中；第 4 行调用 mongoDatabase 对象的 createCollection()方法创建一个名为 sh_weather 的集合。

执行上述代码后，可通过查看集合操作进行验证。

2) 查看集合

在文件 4-13(TestMongo.java)中，用户可以使用 getCollection()方法查看 MongoDB

数据库中的集合。查看数据库 weatherdb 中的所有集合,具体代码如下。

```
1   @Test
2   public void getCollection(){
3       mongoDatabase = MongoUtils.getMongoConn();
4       MongoIterable < String > listCollectionNames = mongoDatabase.listCollectionNames();
5   for (String collectionName:listCollectionNames){
6       System.out.println(collectionName);
7       }
8   }
```

上述代码中:第 3 行使用 MongoUtils 类中的 getMongoConn()方法获取 MongoDB 数据库连接,并将其保存在静态变量 mongoDatabase 中;第 4 行调用 mongoDatabase 对象的 listCollectionNames()方法获取 MongoDB 中所有集合的名称,并将结果保存在变量 listCollectionNames 中;第 5、6 行使用 for 循环遍历所有集合的名称,使用 System.out. println()方法将集合的名称输出到控制台。

添加 getCollection()方法代码模块后的运行结果如图 4-40 所示。

图 4-40　添加 getCollection()方法代码模块后的运行结果

如图 4-40 所示,数据库 weatherdb 中的集合有 bj_weather、sh_weather。

3) 删除集合

在文件 4-13(TestMongo.java)中,用户可以使用 dropCollection()方法删除 MongoDB 数据库中的集合。删除数据库 weatherdb 中的集合 bj_weather,具体代码如下。

```
1   @Test
2   public void dropCollection(){
3       mongoDatabase = MongoUtils.getMongoConn();
4       MongoCollection < Document > bj_weather = mongoDatabase.getCollection("bj_weather");
5       bj_weather.drop();
6   }
```

上述代码中:第 4 行调用 mongoDatabase 对象的 getCollection()方法获取名为 bj_weather 的集合,并将结果保存在变量 bj_weather 中;第 5 行调用 bj_weather 对象的 drop()方法删除该集合。

执行上述代码模块后,可通过查看集合操作进行验证,查看数据库 weatherdb 中的集合,如图 4-41 所示。

如图 4-41 所示,已成功将数据库 weatherdb 中的集合 bj_weather 删除。

**6. 操作文档**

1) 插入文档

在文件 4-13(TestMongo.java)中,用户可以使用 insertOneDocument()方法来插入单个文档。在集合 sh_weather 中插入一个文档,具体代码如下。

第
4
章

*在不同环境下操作 MongoDB*

图 4-41　查看数据库 weatherdb 中的集合

```
1   @Test
2   public void insertOneDocument(){
3       mongoDatabase = MongoUtils.getMongoConn();
4       MongoCollection < Document > sh_weather = mongoDatabase.getCollection("sh_weather");
5       Document document = new Document("_id","1").append("name","pudong")
6       .append("temp","10℃ ").append("condition","sunny").append("time","2022.11.05");
7       sh_weather.insertOne(document);
8   }
```

上述代码中：第 4 行调用 mongoDatabase 对象的 getCollection()方法获取名为 sh_weather 的集合，并将结果保存在变量 sh_weather 中；第 5、6 行创建一个 Document 对象，用于存储一条文档数据；第 7 行调用 sh_weather 对象的 insertOne()方法，将 document 对象插入集合 sh_weather 中。

用户可以运行 insertOneDocument()方法来实现插入文档的操作。接下来可以通过查看集合中的文档进行验证。

2) 查看文档

在文件 4-13(TestMongo.java)中，用户可以使用 findDocument()方法来查看文档。查看集合 sh_weather 中的文档，具体代码如下。

```
1   @Test
2   public void findDocument(){
3       mongoDatabase = MongoUtils.getMongoConn();
4       MongoCollection < Document > sh_weather = mongoDatabase.getCollection("sh_weather");
5       FindIterable < Document > documents = sh_weather.find();
6       for (Document document:documents){
7           System.out.println(document);
8       }
9   }
```

上述代码中：第 5 行调用 sh_weather 对象的 find()方法获取一个文档数据集合；第 6、7 行使用 for 循环遍历该文档数据集合，输出每个文档数据的内容。

添加 findDocument()方法代码模块后的运行结果如图 4-42 所示。

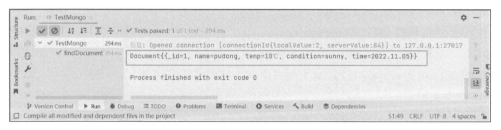

图 4-42　添加 findDocument()方法代码模块后的运行结果

如图 4-42 所示,集合 sh_weather 中包含一个字段_id=1 的文档。

3) 更新文档

在文件 4-13(TestMongo. java)中,用户可以使用 updateDocument()方法更新集合中的文档。更新集合 sh_weather 中字段_id=1 的文档,将字段 condition 的值更新为 cloudy,具体代码如下。

```
1    @Test
2    public void updateDocument(){
3        mongoDatabase = MongoUtils.getMongoConn();
4        MongoCollection < Document > sh_weather = mongoDatabase.getCollection("sh_weather");
5        Document document = new Document("condition","cloudy");        // 指定过滤条件
6        sh_weather.updateMany(Filters.eq("condition","sunny"),new Document("$ set",document));
                                                                      // 指定更新操作
7    }
```

上述代码中:第 5 行创建一个 Document 类型的变量 document,用于保存待更新的 condition 字段值;第 6 行调用 sh_weather 对象的 updateMany()方法,更新所有 condition 字段为 sunny 的文档数据。

运行添加 updateDocument()方法代码模块后的文件 4-13,可以更新集合中的文档。可通过 findDocument()方法代码模块验证文档是否更新,输出结果如图 4-43 所示。

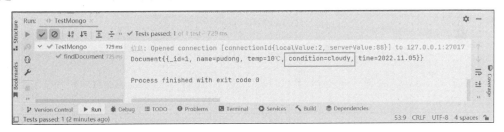

图 4-43　通过 findDocument()方法代码模块验证文档是否更新的输出结果

如图 4-43 所示,文档的 condition 字段值已成功更新为 cloudy。

4) 删除文档

在文件 4-13(TestMongo. java)中,用户可以使用 deleteDocument()方法来删除集合中的文档。删除集合 sh_weather 中字段_id=1 的文档,具体代码如下。

```
1    @Test
2    public void updateDocument(){
3        mongoDatabase = MongoUtils.getMongoConn();
4        MongoCollection < Document > sh_weather = mongoDatabase.getCollection("sh_weather");
5        sh_weather.deleteOne(Filters.eq("_id","1"));
6    }
```

上述代码中:第 5 行通过集合对象 sh_weather 调用 deleteOne()方法,删除集合 sh_weather 中 id 为 1 的文档。

运行添加 deleteOne()方法代码模块后的文件 4-13,可以实现删除文档的操作。可通过 findDocument()方法代码模块验证文档是否删除,其输出结果如图 4-44 所示。

如图 4-44 所示,集合 sh_weather 的文档为空,说明已经成功删除集合 sh_weather_id 为 1 的文档。

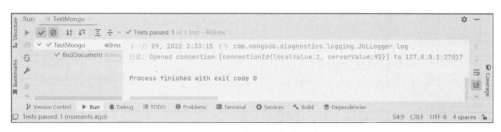

图 4-44　通过 findDocument()方法代码模块验证文档是否删除的输出结果

# 4.3　使用 Studio 3T 操作 MongoDB

在使用 MongoDB 数据库时,为了提高数据文件的编辑和保存效率,数据库管理员通常选用可视化管理工具进行协助。然而在第 3 章中提到的 MongoDB 自带的可视化管理页面 MongoDB Compress,占用存储空间较大,使用不方便。为提高效率和方便观看,用户可以选择使用 MongoDB 数据库可视化管理工具——Studio 3T,以更好地优化数据库的管理。Studio 3T 不仅以图形化的方式协助用户对 MongoDB 进行操作,还支持多个操作系统,如 Windows、Linux、macOS 等。本节将讲解基于 Windows 环境下 Studio 3T 操作 MongoDB 的相关知识。

## 4.3.1　搭建 Studio 3T 开发环境

本书以 Windows 系统为例,搭建 Studio 3T 开发环境,安装 Studio 3T 的免费版本 Studio 3T Free。

### 1. 下载安装 Studio 3T Free

打开浏览器后输入网址 https://studio3t.com/download-studio3t-free,进入 Studio 3T Free 下载页面,如图 4-45 所示。

图 4-45　Studio 3T Free 下载页面

单击 Download Studio 3T for Windows 按钮,即可下载 Studio 3T Free 安装包。找到下载完成的 studio-3t-x64. zip 安装包,将其解压缩,即可得到 studio-3t-x64. exe 可执行程序。

双击 studio-3t-x64.exe 可执行程序安装 Studio 3T,直至出现安装完成的页面。由于安装步骤较为简单,故不演示安装过程。

**2. 启动 Studio 3T**

双击桌面上的 Studio 3T 图标打开该软件,显示 End User License Agreement(最终用户许可协议),Studio 3T 用户协议如图 4-46 所示。

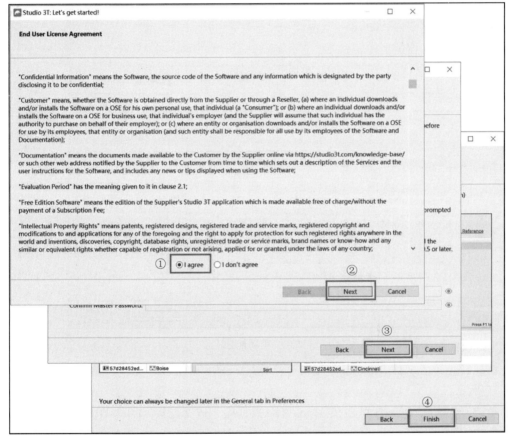

图 4-46　Studio 3T 用户协议

选中 I agree 单选按钮,同意接受协议,然后单击 Next→Next→Finish 按钮启动 Studio 3T。首次使用该软件的用户需要注册登录 Studio 3T 账户。

Studio 3T 启动后的页面如图 4-47 所示。

**3. 连接 MongoDB**

单击图 4-47 所示界面中的 New Connection(新建连接)按钮,连接 MongoDB 数据库。手动配置连接如图 4-48 所示。

选中 Manually configure my connection settings(手动配置连接设置)单选按钮,再单击 Next 按钮,开始输入新连接的名称,如图 4-49 所示。

在不同环境下操作 *MongoDB*

图 4-47　Studio 3T 启动后的页面

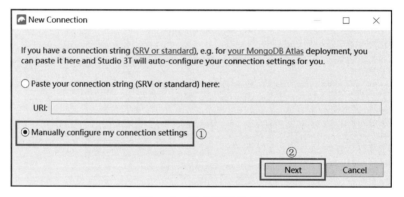

图 4-48　手动配置连接

添加新连接的名称、IP 地址和端口号后，单击 Save 按钮，即可成功创建数据库连接，如图 4-50 所示。

单击 Connect 按钮，即可连接 MongoDB 数据库。成功连接 MongoDB 数据库的页面如图 4-51 所示。

如图 4-51 所示，显示了 MongoDB 的所有数据库。至此，用户可通过图形化的方式对已连接的 MongoDB 进行操作。

### 4.3.2　使用 Studio 3T 操作 MongoDB

在 4.3.1 节中已经搭建好 Studio 3T 环境并成功连接了 MongoDB 数据库。本节将使用 Studio 3T 对 MongoDB 数据库进行相关操作。

#### 1. 创建数据库

在图 4-51 所示页面中右击 MongoDB Data localhost：27017，选择 Add Database 选项，弹出 Add Database 对话框，如图 4-52 所示。

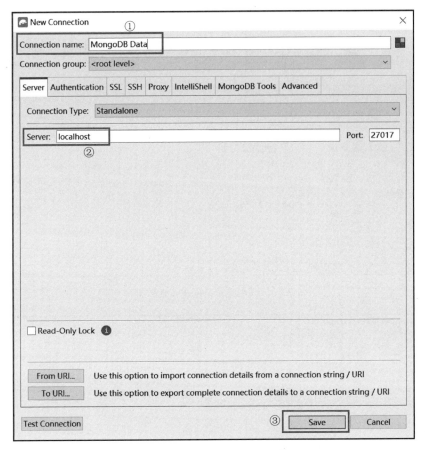

图 4-49　输入新连接的名称

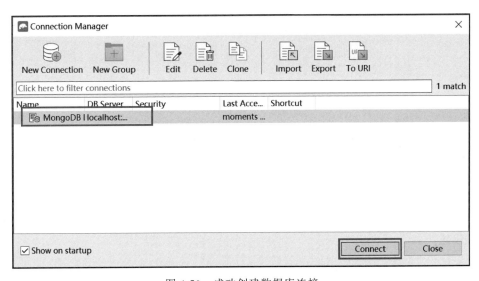

图 4-50　成功创建数据库连接

在 Add Database 对话框中填写新建数据库的名称 food，单击 OK 按钮，即可成功创建数据库。

第
4
章

图 4-51　成功连接 MongoDB 数据库

图 4-52　Add Database 对话框

### 2．删除数据库

删除数据库可通过选中指定的数据库，然后右击 Drop Database 选项完成。接下来，删除数据库 food。

选择并右击数据库 food，选择 Drop Database 选项，弹出 Drop Database 对话框，单击 Drop Database 按钮即可删除数据库 food，如图 4-53 所示。

### 3．创建集合

双击指定数据库，选择 Collections 选项，右击并选择 Add Collection 选项，即可创建集合。为数据库 weatherdb 添加一个集合 sz_weather。

双击数据库 weatherdb，选择 Collection(1)选项，右击并选择 Add Collection 选项，弹出 Add New Collection 对话框，设置集合名称为 sz_weather，单击 Create 按钮即可成功创建集合，如图 4-54 所示。

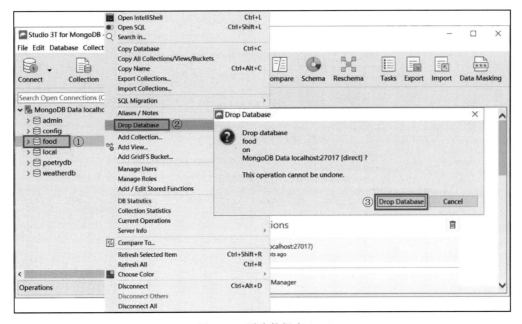

图 4-53 删除数据库 food

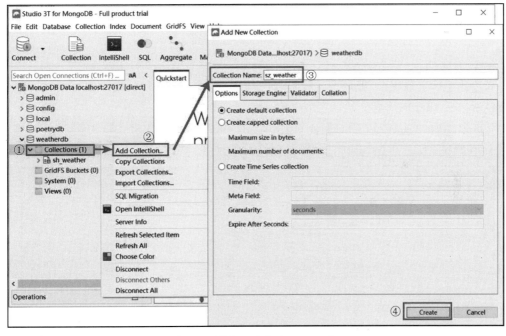

图 4-54 添加一个集合 sz_weather

### 4. 删除集合

删除集合可通过选中指定的集合,然后右击选择 Drop Collection 选项完成。接下来,删除集合 sz_weather。

选中并右击集合 sz_weather,然后选择 Drop Collection 选项,弹出 Drop Collection 对话框,单击 Drop Collection 按钮即可删除集合 sz_weather,如图 4-55 所示。

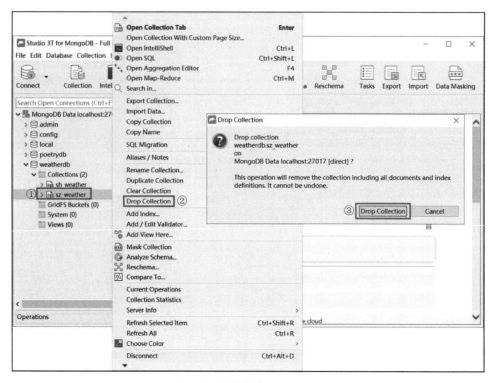

图 4-55　删除集合 sz_weather

## 5. 查看文档

双击数据库下的集合,即可查看该集合中的所有文档。接下来,查看数据库 weatherdb 中集合 sh_weather 的所有文档。

双击数据库 weatherdb 下的集合 sh_weather,即可显示集合 sh_weather 的操作窗口。如图 4-56 所示,集合 sh_weather 中没有文档。

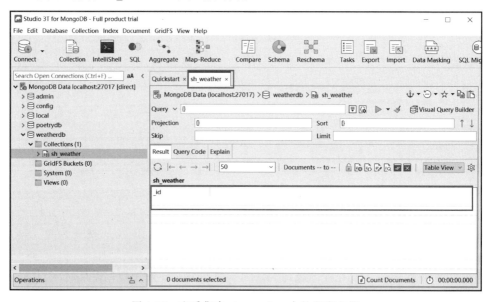

图 4-56　查看集合 sh_weather 中的所有文档

### 6. 添加文档

双击数据库下的集合，在集合操作窗口中，单击 Add Document 按钮即可向该集合添加文档。接下来向集合 sh_weather 中添加文档。

双击数据库 weatherdb 下的集合 sh_weather，即可显示集合 sh_weather 的操作窗口。单击 Add Document 按钮，在弹出的 Insert JSON Document 窗口中添加文档内容，最后单击 Add Document 按钮即可，如图 4-57 所示。也可以通过右击 _id 键，选中 Document→Insert Document 选项添加文档。

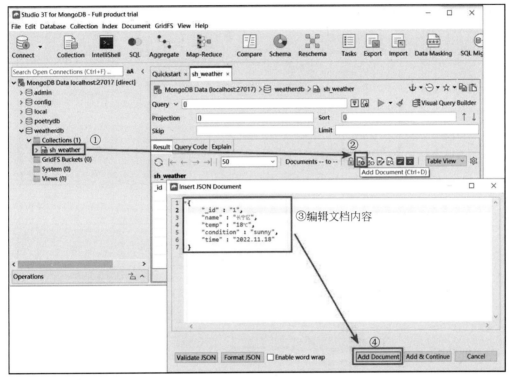

图 4-57　向集合 sh_weather 中添加文档

### 7. 更新文档

更新文档主要有 3 种方式，分别为直接编辑、单击操作按钮编辑文档、右键选项编辑文档。此处讲解通过单击操作按钮编辑文档来更新文档的方式。

单击 Edit Document 按钮，在弹出的 Document JSON Editor 窗口中将键 condition 的值 sunny 更新为 rainy，最后单击 Update 按钮即可，如图 4-58 所示。也可以通过右击键 _id 下方的文档，选择 Document→Edit Document(JSON)选项编辑文档。

### 8. 删除文档

右击键 _id 下方的文档，选择 Document→Remove Document 选项即可删除文档。接下来，删除 _id 为 1 的文档。

选择并右击键 _id 为 1 的文档，选择 Document→Remove Document 选项，在弹出的 Delete document 窗口中单击 Delete Document 按钮即可删除该文档，如图 4-59 所示。

在不同环境下操作 *MongoDB*

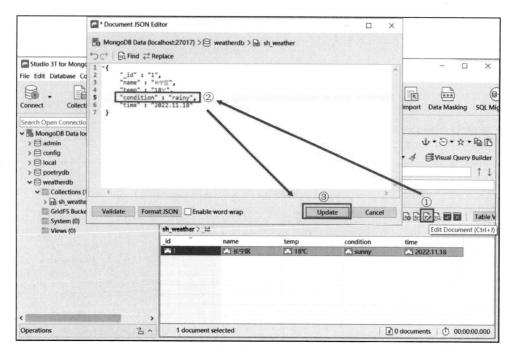

图 4-58　通过单击操作按钮编辑文档来更新文档

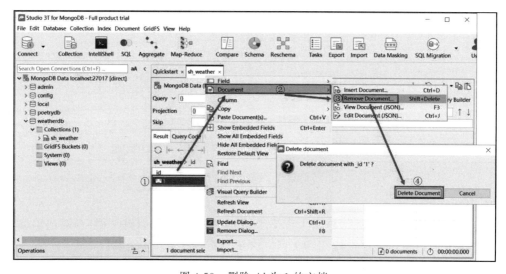

图 4-59　删除_id 为 1 的文档

# 4.4　本 章 小 结

本章介绍了在不同开发环境下 MongoDB 的应用场景和操作方法。通过本章的学习，读者可以学习在 Python、Java 及 Studio 3T 环境中操作 MongoDB 数据库，包括搭建开发环境、集合操作、文档操作等。"盛年不重来，一日难再晨；及时当勉励，岁月不待人。"学科融合是学科发展的趋势，希望读者认真学习本章内容以应对不同的应用场景，为进一步掌握 MongoDB 的相关知识奠定基础。

# 4.5 习 题

**1. 填空题**

（1）使用 Python 来操作数据库有着天然的优势，这是由于 Python 的_____与 MongoDB 的_____的格式相近。

（2）使用 Python 操作 MongoDB 时，通过第三方工具_____实现两者的交互。

（3）通常使用_____语句循环遍历输出数据库 bookdb 中的所有集合。

（4）PyCharm 是一个_____的全功能 Python 开发工具，开发者可以自定义设置代码风格，还支持源码管理和项目，并且其拥有众多便利和支持社区，能够快速掌握其使用方法。

（5）Studio 3T Free 不仅以图形化的方式协助用户对 MongoDB 进行操作，还支持_____，如 Windows、Linux、macOS 等系统。

**2. 操作题**

使用 Studio 3T Free，练习以下操作。

① 创建数据库。

② 创建集合。

③ 插入多条文档。

④ 查看文档。

⑤ 更新文档。

⑥ 删除文档。

⑦ 删除集合。

⑧ 删除数据库。

<table>
<tr><td>第 5 章</td><td>GridFS</td></tr>
</table>

**本章学习目标**
- 了解 GridFS 的概念和应用场景。
- 熟悉 GridFS 的存储结构。
- 掌握使用 Shell 操作 GridFS。
- 熟悉使用 Python 操作 GridFS。
- 了解使用 Java 操作 GridFS。

在前两章的学习中,了解到 MongoDB 使用 BSON 格式来保存二进制对象。然而,BSON 对象存在内存限制,最大不能超过 16 MB。当需要存储巨大的文件,例如视频时,可能会遇到存储瓶颈。为了解决这个问题,可以使用 GridFS 规范来将一个大文件分割成多个小文档,以保存大的文件对象,这将有效地解决以上问题。本章将详细介绍 GridFS 的相关知识。

# 5.1 认识 GridFS

## 5.1.1 GridFS 简介

GridFS 是一种将大型文件存储在 MongoDB 中的文件规范,此规范获得了所有官方驱动的支持,并且支持分布式应用。虽然 GridFS 不是 MongoDB 本身的特性,但是它可以通过开发语言驱动实现大文件在数据库中的处理。GridFS 将文件存储在单个文档中的做法已经被废弃,取而代之的是将那些超过 BSON 文件限制的对象,如图片、音频、视频等,分成多个块,然后将每个块存储为单独的文档。这种方式可以更有效地利用服务器的存储空间,并提高文件传输和查询的性能。此外,GridFS 也支持按需分割文件,将大文件拆分成多个小文件,以减少网络传输的数据量,从而提高文件传输效率。因此,读者无须了解 GridFS 规范中的细节,仅需学习在各个语言版本的驱动中有关 GridFS API 的部分或是如何使用 mongofiles 即可。

## 5.1.2 GridFS 的应用场景及优势

### 1. 应用场景

MongoDB 普通的集合不支持 16 MB 以上的文档,比直接存储在本地文件系统中更加适合的方法是将这种大文件存储在 GridFS 中。因此,MongoDB 文档的大小超过 16 MB 是使用 GridFS 的条件之一,例如用户上传大量的图片或者系统本身的文件发布等,都可以使用 GridFS。除此之外,GridFS 的其他应用场景如下。

（1）文件的数量迅速增长，可能达到单机操作系统自身的文件系统的查询性能瓶颈，甚至超过单机硬盘的扩容范围。如果文件系统的目录对文件数量有限制，那么可以使用 GridFS 来存储更多数量的文件。

（2）文件的索引，存储除文件本身以外还需要关联更多的元数据信息。如果想要访问大文件的部分信息，又不想将整个文件加载到内存中，可以使用 GridFS 来调用文件的某些部分，如调用文件的作者、发布时间、标签等信息，而无须将整个文件加载到内存。

（3）文件的备份、文件系统访问的故障转移和修复。如果想要在多个系统和设施之间自动同步文件和元数据，可以使用 GridFS。使用地理上分布的副本集（Geographically Distributed Replica Sets），MongoDB 可以将文件和元数据自动地分发到多个 mongo 实例和设施上。

**2. GridFS 对比传统文件系统的优势**

在一些解决方案中，使用 MongoDB 的 GridFS 存储大文件，比使用系统级别的文件系统更便利。GridFS 对比传统文件系统的优势如下。

（1）支持分布式。GridFS 利用 MongoDB 的分布式存储机制，可以直接使用 MongoDB Replication 和 Sharding 机制，有效地保证了数据可靠性和水平扩展性。因为 MongoDB 将数据文件空间以 2 GB 为一块进行分配，所以 GridFS 不会产生磁盘碎片问题。基于 MongoDB 来存储文件数据和文件元数据，将数据库与文件系统完美地结合在一起，兼具文档数据库和文件系统的优势。

（2）支持 MapReduce。GridFS 能够进行复杂管理和查询分析。

（3）支持索引和缓存。元数据存储在 MongoDB 中，可以对文件和文件元数据添加索引操作，以此提高系统效率。

（4）支持 Checksum。GridFS 可以为文件产生散列值，以此校验文件来检查文件的完整性。

（5）对开发者友好。在 MongoDB 基础上，GridFS 无须使用独立文件存储架构，这样一来代码和数据能够实现真正的分离，方便开发者管理。由此可知，在项目开发中，使用 GridFS 可以简化需求，减少开发成本，在云计算平台的效果尤其显著。

除了以上优势外，GridFS 还可以避免用于存储用户上传内容的文件系统出现的某些问题，如数据一致性问题。

## 5.1.3　GridFS 的存储结构

GridFS 通过两个集合来存储文件，分别为存储文件块的集合（chunks）和存储文件元数据的集合（files）。当执行查询文件操作时，驱动程序能够根据需要重新组装文件块。GridFS 为此指定了一个将文件分块的标准，来实现对 GridFS 存储的文件进行范围查询或者从文件的某个部分开始查询，如访问视频或音频文件的某个节点。该标准是指每个大文件都会在文件集合对象中保存一个元数据对象，一个或多个块对象则被组合保存在一个块集合中。

GridFS 会将集合 chunks 和集合 files 放在一个桶（Bucket）中，并且这两个集合使用 Bucket 的名字作为前缀。Bucket 在 MongoDB 中是一个概念，GridFS 默认使用 fs 命名的 Bucket 存放上述两个文件集合，对应的两个集合名称是 fs.chunks 和 fs.files，例如给桶自定义为 baby,对应的集合则为 baby.chunks 和 baby.files。需要注意的是,不但可以定义不同的 Bucket 名称,还可以在一个数据库中定义多个 Bucket,但所有集合的名称都不得超过 MongoDB 命名空间的限制。

Bucket 是建立在数据库 Database 上的,在操作 GridFS 时,可以直接操作 Bucket。

当使用 GridFS 存储文件时,如果文件大于 chunksize(每个 chunk 大小为 256 KB)的值,GridFS 会先将文件分割成多个 chunk,最终将 chunk 的信息存储在集合 fs.chunks 的多个文档中。然后将文件信息存储在集合 fs.files 的唯一一份文档中。对于同一个大文件,集合 fs.chunks 中多个文档中的字段 file_id 对应集合 fs.files 中某一个文档的字段_id。

在读取文件时,首先根据查询条件在集合 files 中找到对应文档的字段_id;然后根据字段_id 的值在集合 chunks 中查询所有与字段 files_id 相同值的文档;最后根据字段 n 的顺序读取集合 chunks 的字段 data 数据,还原文件。GridFS 的存储过程如图 5-1 所示。

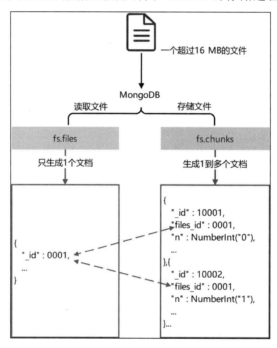

图 5-1　GridFS 的存储过程

集合 fs.files 以类 JSON 格式的文档形式存储文件的元数据,每在 GridFS 中存储一个文件,就会在集合 fs.files 中对应生成一个文档。集合 fs.files 中文档的存储内容一般如下。

```
{
    "_id": <ObjectId>,                  //文档 ID,唯一标识
    "chunkSize": <num>,                 //chunk 大小,256KB
    "uploadDate": <timetamp>,           //文件上传时间
    "length": <num>,                    //文件长度
    "md5": <string>,                    //文件 MD5 值
    "filename": <string>,               //文件名
    "contentType": <string>,            //文件的类型
    "metadata": <dataObject>            //文件自定义信息
}
```

上述代码中,<ObjectId>是一种特殊的 BSON 类型,它保证集合的唯一性。ObjectId

值的长度为 12 字节,包括 4 字节时间戳、5 字节随机数、3 字节增长量。uploadDate 指文件第一次被 GridFS 存储的日期,该值是日期类型。md5 指 MD5 算法,该算法已经被 MongoDB 驱动程序弃用,并将在未来版本中删除 MD5 算法,需要文件摘要的应用程序应该在 GridFS 之外实现它,并存储在 files. metadata 中。filename 指可读的 GridFS 文件名称。metadata 是可选的,元数据字段可以是任何数据类型,可以保存用户想要存储的任何附加信息。

集合 fs. chunks 以类 JSON 格式的文档形式存储文件的二进制数据。每在 GridFS 中存储一个文件,GridFS 就会将文件内容按照 256 KB 分成多个文件块,然后将文件块按照类 JSON 格式存放在集合 fs. chunks 中,每个文件块对应集合 fs. chunks 中的一个文档。一个存储文件会对应一到多个 chunk 文档。集合 fs. chunks 中文档的存储内容一般如下。

```
{
    "_id": < ObjectId >,          //数据块的标识,文档 ID,唯一标识
    "files_id": < ObjectId >,     //对应 fs. files 文档的 ID
    "n": < num >,                 //块的序列号,标识文件的第几个 chunk
    "data": < binary >            //数据块中装载的数据,二进制类型
}
```

上述代码中,键 n 指块的序列号,GridFS 会为所有块编号,编号从 0 开始。

为了提高检索速度,MongoDB 为 GridFS 的两个集合建立了索引:fs. files 集合使用的是 filename 与 uploadDate 字段作为唯一、复合索引;fs. chunk 集合使用的是 files_id 与 n 字段作为唯一、复合索引。

# 5.2　在不同环境下操作 GridFS

## 5.2.1　使用 Shell 操作 GridFS

MongoDB 提供了 mongofiles 工具来使用 GridFS,通过命令行实现上传、获取、查找、下载和删除 GridFS 对象中存储的文件。mongofiles 工具提供了存储在文件系统和 GridFS 中的对象之间的接口。mongofiles 命令行的语法格式如下。

```
mongofiles < options > < connection - string > < command > < filename or _id >
```

上述语句中,< options >主要配置 mongofiles 的一些读写优先级;< connection-string >是连接 mongod/mongos 的配合信息,如 host、port、安全认证等相关配置;< command >是 mongofiles 具体的文件操作,如上传(put)、下载(get)、查询(list、search)等;< filename or _id >指存储文件的名称。

使用 GridFS 时需要注意,当设置安全访问控制时,mongofiles 连接的用户需要具备 read 权限(list、earch、get 等命令)和 readWrite 权限(put、delete 等命令)。

接下来详细介绍 mongofiles 工具中< command >5 个具体的文件操作。

**1. 上传文件(put)**

put 操作用于将指定的文件从本地文件系统写入 GridFS 中,多个文件可以使用空格进行分隔。put 操作的基本语法格式如下。

```
mongofiles - d <数据库名称> - l <文件所在路径> put <存储文件名称> -- prefix = <桶的名称>
```

上述语句中,d 表示数据库名称;l 表示原始文件的所在路径;put 表示存储文件名称;prefix 用于指定文件存储的桶,默认为 fs,若指定的桶不存在,则新建一个 GridFS。

除此之外,读者可通过 mongofiles --help 命令查看 mongofiles 命令的具体使用方法,常用的参数和选项如下。

(1) 参数 r:表示当 GridFS 存储在桶中,文件名称相同时,会删除原有文件,存入新文件。

(2) 参数 port:用于指定主机端口,用法如"--port 27017"。

(3) 参数 uri:用于指定 MongoDB 的连接信息,可远程连接,用法如"--uri＝mongodb://127.0.0.1:27017"。

(4) 参数 c:用于指定集合名,默认是 fs。

(5) 参数 u 和参数 p:分别用于指定用户名和密码。

(6) 参数 prefix:用于指定前缀,不指定则默认为 fs,用法如"--prefix＝myfs"。

接下来将通过示例演示使用 mongofiles 工具实现上传大文件,如例 5-1 所示。

【例 5-1】 将本地文件系统/data/下的锋云智慧使用手册(文件名:fengyunzhihui_shouce.pdf)上传到 MongoDB 数据库 mytest 中,并将文件存储在 myfs 桶中,具体如下。

```
[root@qf ~] # mongofiles - d mytest - l /data/fengyunzhihui_shouce.pdf put fengyunzhihui_
shouce.pdf -- prefix = myfs
2022 - 12 - 01T15:41:23.199 + 0800    connected to: mongodb://localhost/
2022 - 12 - 01T15:41:23.199 + 0800    adding gridFile: fengyunzhihui_shouce.pdf
2022 - 12 - 01T15:41:23.434 + 0800    added gridFile: fengyunzhihui_shouce.pdf
```

由上述输出结果可知,已经成功将 PDF 文件上传至 MongoDB 数据库中。为了进一步验证,可以连接 MongoDB 客户端查看数据库 mytest 中的数据信息,具体如下。

```
# 连接 MongoDB 数据库
[root@qf ~] # mongosh
# 查看数据库
test > db
```

输出结果如下。

```
test
# 查看所有数据库
test > show dbs
```

输出结果如下。

```
admin    132.00 KiB
config    84.00 KiB
local     72.00 KiB
mytest    18.94 MiB
# 切换数据库 mytest
test > use mytest
```

输出结果如下。

```
switched to db mytest
# 查看数据库 mytest 中的所有集合
mytest > show collections
```

输出结果如下。

```
myfs.chunks
myfs.files
#查看集合 files
mytest > db.myfs.files.find()
```

输出结果如下。

```
[
  {
    _id: ObjectId("63885aa3ffe803cfe1aff235"),
    length: Long("21134285"),
    chunkSize: 261120,
    uploadDate: ISODate("2022 - 12 - 01T07:41:23.433Z"),
    filename: 'fengyunzhihui_shouce.pdf',
    metadata: {}
  }
]
```

由上述输出结果可知,集合 myfs.files 以文档形式存储了 PDF 文件的元数据。

**2. 获取文件列表(list)**

list 操作用于列出 GridFS 存储的文件。list 操作的基本语法格式如下。

```
mongofiles - d <数据库名称> -- prefix = <桶> list <存储文件名称>
```

接下来将通过示例演示如何通过 mongofiles 工具获取文件列表,如例 5-2 所示。

【例 5-2】 查找数据库 mytest 下 GridFS 中的文件,并且该文件的存储桶为 myfs。

```
[root@qf ~] # mongofiles - d mytest list -- prefix = myfs
2022 - 12 - 01T17:32:22.275 + 0800   connected to: mongodb://localhost/
```

输出结果如下。

```
fengyunzhihui_shouce.pdf   21134285
```

由上述输出结果可知,数据库 mytest 下的 GridFS 桶中只有一个文件 fengyunzhihui_shouce.pdf。为了进行验证,读者可使用 MongoDB 可视化管理工具 Studio 3T 查看数据库 mytest 中的 GridFS Buckets,如图 5-2 所示。

**3. 查看文件(search)**

search 操作用于根据文件名搜索文件。search 操作的基本语法格式如下。

```
mongofiles - d <数据库名称> -- prefix = <桶> search <存储文件名称>
```

接下来将通过示例演示如何通过 mongofiles 工具查找文件,如例 5-3 所示。

【例 5-3】 查找数据库 mytest 下 GridFS 中的文件 fengyunzhihui_shouce.pdf,并且该文件的存储桶为 myfs。

```
[root@qf ~] # mongofiles - d mytest -- prefix = myfs search "fengyunzhihui_shouce.pdf"
```

输出结果如下。

```
2022 - 12 - 01T17:44:01.492 + 0800   connected to: mongodb://localhost/
fengyunzhihui_shouce.pdf   21134285
```

由上述输出结果可知,成功查询到文件 fengyunzhihui_shouce.pdf。

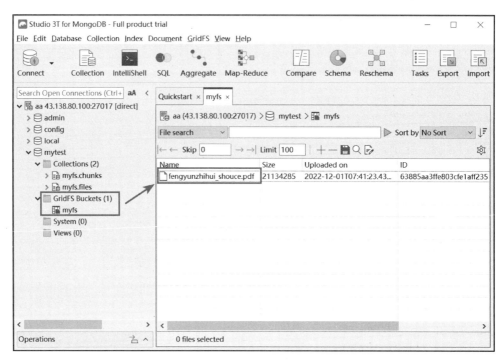

图 5-2　查看数据库 mytest 中的 GridFS Buckets

**4. 下载文件（get）**

get 操作用于将指定的文件从 GridFS 存储下载到本地文件系统，也是获取文件的方式之一。get 操作的基本语法格式如下。

```
mongofiles -d <数据库名称> -- prefix = <桶> get <存储文件名称> -- local = <下载到本地的文件名>
```

上述语句中，省略 prefix 选项时，则默认选择桶 fs；local 选项可修改文件名。

接下来将通过示例演示如何通过 mongofiles 工具实现下载大文件，如例 5-4 所示。

**【例 5-4】** 将 MongoDB 数据库 mytest 下的锋云智慧使用手册（文件名：fengyunzhihui _shouce. pdf）下载到本地文件系统/tmp/中，并命名为 fengyun. pdf。

```
[root@qf ~] # mongofiles -d mytest -- prefix = myfs get "fengyunzhihui_shouce.pdf" -- local = /tmp/fengyun.pdf
```

输出结果如下。

```
2022 - 12 - 01T15:55:07.004 + 0800   connected to: mongodb://localhost/
2022 - 12 - 01T15:55:07.052 + 0800   finished writing to /tmp/fengyun.pdf
```

由上述输出结果可知，已成功将文件下载到本地目录/tmp/fengyun. pdf 中。为了进一步验证，查看本地文件系统/tmp/下是否存在 fengyun. pdf 文件，具体如下。

```
[root@qf ~] # ls /tmp/
fengyun.pdf
……省略其他文件……
```

**5. 删除文件（delete）**

delete 操作用于将指定的文件从 GridFS 中删除。delete 操作的基本语法格式如下。

```
mongofiles - d <数据库名称> -- prefix = <桶> delete <存储文件名称>
```

接下来将通过示例演示如何通过 mongofiles 工具实现删除文件,如例 5-5 所示。

【例 5-5】 将 MongoDB 数据库 mytest 下的锋云智慧使用手册(文件名:fengyunzhihui_shouce.pdf)删除,具体如下。

```
[root@qf ~] # mongofiles - d mytest -- prefix = myfs delete "fengyunzhihui_shouce.pdf"
```

输出结果如下。

```
2022 - 12 - 01T17:48:57.779 + 0800   connected to: mongodb://localhost/
2022 - 12 - 01T17:48:57.794 + 0800   successfully deleted all instances of 'fengyunzhihui_
shouce.pdf' from GridFS
# 查找 fengyunzhihui_shouce.pdf 文件
[root@qf ~] # mongofiles - d mytest -- prefix = myfs search "fengyunzhihui_shouce.pdf"
```

输出结果如下。

```
2022 - 12 - 01T17:49:00.957 + 0800   connected to: mongodb://localhost/
```

由上述输出结果可知,已成功将 fengyunzhihui_shouce.pdf 文件删除。

## 5.2.2 使用 Python 操作 GridFS

在第 4 章中讲解了使用 Python 操作 MongoDB,学习了数据的增、删、改、查。本节继续学习使用 Python 编程语言操作 GridFS,实现文件的上传、下载等操作。

### 1. 上传文件

首先,通过示例讲解如何上传文件,如例 5-6 所示。

【例 5-6】 将本地的新闻报道文件(文件名:NewsReport.pdf)上传至 GridFS。

```
1    import pymongo
2    from gridfs import GridFS
3    from GridFS_test import MongoGridFS
4    class MongoGridFS(object):
5        UploadCache = "uploadcache"
6        dbURL = "mongodb://43.138.80.100:27017"
7        def upLoadFile(self, file_coll, file_name, data_link):
8            client = pymongo.MongoClient(self.dbURL)
9            db = client["store"]
10           filter_condition = {"filename": file_name, "url": data_link, 'version': 2}
11           gridfs_col = GridFS(db, collection = file_coll)
12           file_ = "0"
13           query = {"filename": ""}
14           query["filename"] = file_name
15           if gridfs_col.exists(query):
16               print('已经存在该文件')
17           else:
18               with open(file_name, 'rb') as file_r:
19                   file_data = file_r.read()
20                   file_ = gridfs_col.put(data = file_data, ** filter_condition)   # 上传到 gridfs
21                   print(file_)
22           return file_
23       if __name__ == '__main__':
24           a = MongoGridFS("")
25           file = a.upLoadFile("py", "NewsReport.pdf", "")          # 上传 NewsReport.pdf 文件
26           print("file")
```

上述代码中：第 6 行用于连接 MongoDB 所在的主机和端口；第 7 行中的 file_coll 表示集合名，file_name 表示文件名，data_link 表示文件链接；第 9 行中的 store 表示要操作的数据库；第 15～20 行使用 if 判断语句，若文件不存在，则上传该文件，否则返回"已经存在该文件"提示语；第 23～26 行，调用 a. upLoadFile() 方法上传 NewsReport. pdf 文件，并返回该文件的 ID。

运行上述代码，实现上传文件返回文件 ID，查看控制台的输出结果，如图 5-3 所示。

图 5-3　上传文件返回文件 ID

为了验证文件是否上传成功，可以通过 MongoDB 可视化管理工具 Studio 3T 查看数据库 mytest 中的 GridFS Buckets，如图 5-4 所示。

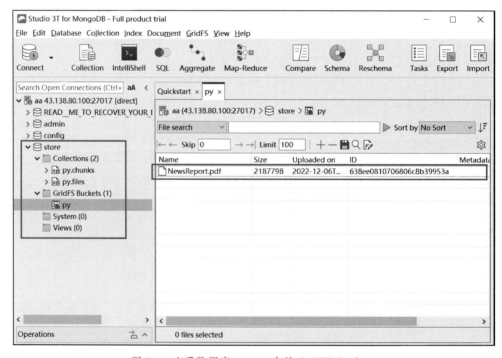

图 5-4　查看数据库 mytest 中的 GridFS Buckets

### 2. 下载文件

下面通过示例讲解如何下载文件，如例 5-7 所示。

**【例 5-7】** 将 GridFS 的新闻报道文件（文件名：NewsReport. pdf）下载至本地，并命名为 News1. pdf。

```
1    import pymongo
2    from gridfs import GridFS
3    class MongoGridFS(object):
4        UploadCache = "uploadcache"
5        dbURL = "mongodb://43.138.80.100:27017"
6        # 按文件名获取文档
7        def downLoadFile(self, file_coll, file_name, out_name, ver = -1):
8            client = pymongo.MongoClient(self.dbURL)
9            db = client["store"]
10           gridfs_col = GridFS(db, collection = file_coll)
11           file_data = gridfs_col.get_version(filename = file_name, version = ver).read()
12           with open(out_name, 'wb') as file_w:
13               file_w.write(file_data)
14   if __name__ == '__main__':
15       a = MongoGridFS()
16       a.downLoadFile("py", "NewsReport.pdf", "News1.pdf")   # 按文件名 NewsReport.pdf 下载
                                                                # 保存到 News1.pdf
```

上述代码中：第 7 行定义 downLoadFile()方法，其中 file_coll 表示集合名，file_name 表示文件名，out_name 表示下载后的文件名，ver 表示版本号，默认 $-1$ 表示最近一次的记录；第 16 行 a 类的实例化对象调用 downLoadFile()方法，将 py 桶里的 NewsReport.pdf 文件下载到本地，并重命名为 News1.pdf。查看当前 Python 项目包文件，如图 5-5 所示。

例 5-7 成功实现指定文件名下载文件，除此之外，还可以指定文件 ID 下载文件，如例 5-8 所示。

【例 5-8】 将 GridFS 的新闻报道文件（文件名：NewsReport.pdf）通过指定文件 ID 下载至本地，并命名为 News2.pdf。

图 5-5　查看当前 Python 项目包文件

```
1    import pymongo
2    from gridfs import GridFS
3    from bson.objectid import ObjectId
4    class MongoGridFS(object):
5        UploadCache = "uploadcache"
6        dbURL = "mongodb://43.138.80.100:27017"
7        # 按文件_id 获取文档
8        def downLoadFilebyID(self, file_coll, _id, out_name):
9            client = pymongo.MongoClient(self.dbURL)
10           db = client["store"]
11           gridfs_col = GridFS(db, collection = file_coll)
12           O_Id = ObjectId(_id)
13           gf = gridfs_col.get(file_id = O_Id)
14           file_data = gf.read()
15           with open(out_name, 'wb') as file_w:
16               file_w.write(file_data)
17           return gf.filename
18   if __name__ == '__main__':
19       a = MongoGridFS()
20       name = a.downLoadFilebyID("py", '638ee0810706806c8b39953a', "News2.pdf")
                                                                # 按 files_id 下载文件保存到 b.pdf
21       print(name)
```

上述代码中：第 8 行定义 downLoadFilebyID()方法，其中 file_coll 表示集合名，_id 表示文件 ID，out_name 表示下载后的文件名；第 20 行 a 类的实例化对象调用 downLoadFilebyID()方法，将 py 桶里的 NewsReport. pdf 文件下载到本地，并重命名为 News2. pdf；最后第 21 行输出文件名。

运行上述代码，指定文件 ID 返回文件名，查看控制台的输出结果，如图 5-6 所示。

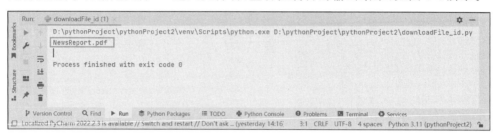

图 5-6　指定文件 ID 返回文件名

查看当前 Python 项目包文件，如图 5-7 所示。

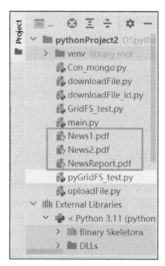

图 5-7　查看已下载的文件

如图 5-7 所示，已经成功下载并命名文件为 News2. pdf。

### 5.2.3　使用 Studio 3T 操作 GridFS

本节将讲解如何使用 MongoDB 可视化管理工具 Studio 3T 操作 GridFS。

**1. 上传文件**

首先打开 Studio 3T 软件，创建一个数据库（qianfengDB），如图 5-8 所示。

如图 5-8 所示，数据库 qianfengDB 是空的。选中并右击 qianfengDB→ Add GridFS Bucket 选项，弹出填写 Bucket Name 的页面，如图 5-9 所示。

自定义桶的名称为 qf，单击 OK 按钮，则成功创建以 qf 为前缀的 chunks 和 files 集合，如图 5-10 所示。

如图 5-10 所示，以 qf 命名的 GridFS Buckets 中没有任何文件。右击 Name 字段下的空白处，在显示的选项中选择 Add File 选项即可添加文件，如图 5-11 所示。

图 5-8　创建数据库 qianfengDB

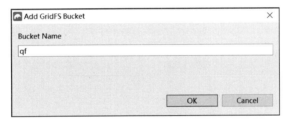

图 5-9　填写 Bucket Name

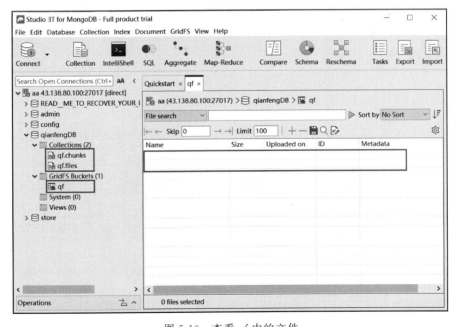

图 5-10　查看 qf 中的文件

第
5
章

*GridFS*

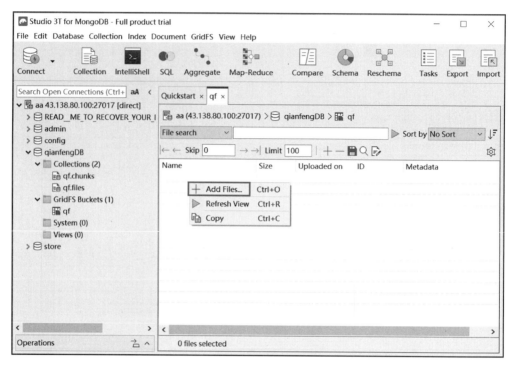

图 5-11　添加文件

单击 Add File 选项,弹出本地文件系统,选择要上传的文件,如图 5-12 所示。

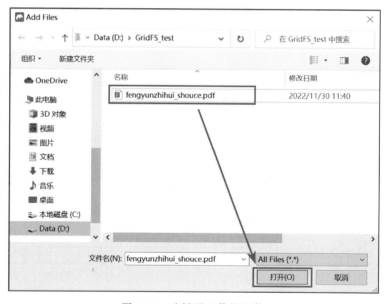

图 5-12　选择要上传的文件

单击"打开"按钮,即可上传该文件。文件上传成功的效果如图 5-13 所示。

**2. 下载文件**

为了不影响实验结果,先将已经上传的 fengyunzhihui_shouce.pdf 修改为 fengyun.pdf。给文件重命名,如图 5-14 所示。

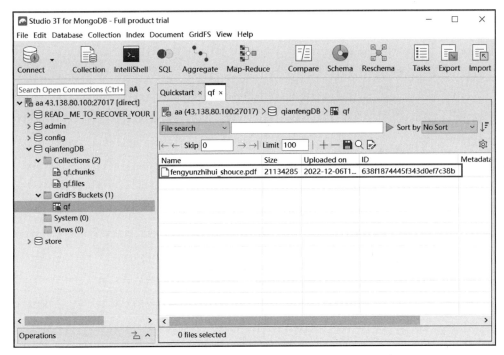

图 5-13　文件上传成功

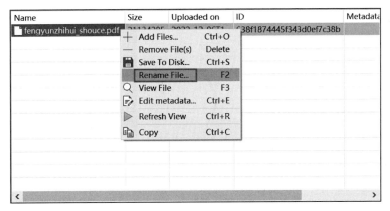

图 5-14　给文件重命名

选中并右击 fengyunzhihui_shouce.pdf 文件，单击 Rename File 选项，在编辑栏里输入 fengyun.pdf，即可修改成功。

选中并右击 fengyunzhihui_shouce.pdf 文件，单击 Save To Disk 选项，在弹出的本地文件系统中选择目标目录，如图 5-15 所示。

单击"选择文件夹"按钮即可完成下载。查看下载的文件，如图 5-16 所示。

**3. 删除文件**

选中并右击要删除的目标文件，如图 5-17 所示。

单击 Remove File(s)选项，将会弹出确认删除的窗口，单击 Remove files 按钮即可删除该文件，如图 5-18 所示。

*GridFS*

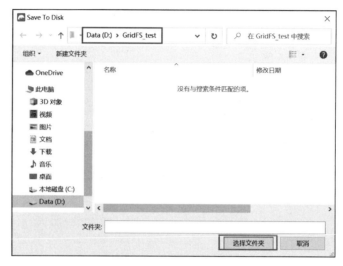

图 5-15　选择目标目录

图 5-16　查看下载的文件

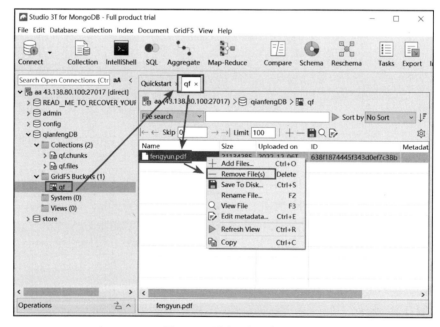

图 5-17　删除目标文件

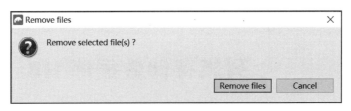

图 5-18　确认删除

## 5.3　本 章 小 结

本章首先介绍了 GridFS 的概念、应用场景,重点介绍了 GridFS 的存储结构;然后讲解了如何在不同开发环境下操作 GridFS,其中详细讲解了如何使用 Shell 操作 GridFS;最后讲解了使用 Python 和可视化管理工具操作 GridFS。"工欲善其事,必先利其器",希望读者在自己的专业领域深刻学习好开发语言,进一步掌握 GridFS 的相关操作。

## 5.4　习　　题

**1. 填空题**

(1) GridFS 是一种将大型文件存储在 MongoDB 中的_____,获得了所有官方驱动的支持,并且支持_____。

(2) GridFS 不是 MongoDB 本身的特性,也无法通过 MongoDB 获取实现它的代码,而是通过_____实现大文件在数据库中的_____。

(3) GridFS 对比传统文件系统的优势有_____、_____、_____、_____、
_____。

(4) GridFS 通过两个集合来存储文件,分别为存储文件块的_____和存储文件元数据的_____。

(5) Bucket(桶)在 MongoDB 中是一个概念,GridFS 默认使用 fs 命名的 Bucket 存放两个文件集合,对应的两个集合名称则是_____和_____。

**2. 简答题**

(1) 简述 GridFS 的几种应用场景。

(2) 简述 GridFS 的存储过程。

**3. 操作题**

请在 Linux 平台下完成 MongoDB 数据库的安装,并准备两个大于 16 MB 的文件。

① 使用 mongofiles 将文件上传至 GridFS。

② 使用 mongofiles 查看所有文件。

③ 使用 mongofiles 下载文件。

④ 使用 mongofiles 删除文件。

# 第6章

## 列族存储数据库 HBase

**本章学习目标**

- 了解 HBase 的概念和特点。
- 熟悉 HBase 的架构及其原理。
- 掌握 HBase 的存储流程。
- 熟悉 HBase 的安装和使用。
- 了解 HBase 的性能优化。

作为一种新型的数据库类型，列族数据库（Column Families Database）在处理大数据方面具有明显优势。HBase 作为一种基于列族存储的分布式数据库系统，实现了在廉价硬件构成的集群上管理大规模数据。相对于传统的关系数据库，HBase 能够更灵活地通过增加节点的方式实现线性扩展，并能够高效地处理大规模的分布式数据。本章将进一步讲解 NoSQL 列族存储数据库 HBase。

## 6.1  认识 HBase

### 6.1.1  HBase 简介

HBase（Hadoop Database）是一个基于 Hadoop 的分布式、面向列的开源数据库，它能够实现大规模数据存储和高并发的实时读写操作。HBase 将数据按照列存储，而非按照行存储。这种方式在处理非结构化和半结构化数据时，比传统的关系数据库更加高效，因为它可以快速地访问任何一个列，而无须扫描整个行。HBase 最初是由 Facebook 开发的，现在是 Apache 软件基金会的一部分。HBase 采用了 Google Bigtable 的设计思想，但是 HBase 的实现方式从 Google 的私有技术转换为开源技术，以满足更广泛的用户需求。

HBase 的主要特点如下。

**1. 分布式存储**

HBase 将数据分散存储在多个服务器节点上，使得数据能够水平扩展，可高效地处理大规模数据集合。HBase 的分布式存储是通过 Hadoop 的分布式文件系统 HDFS 实现的。数据被分割成多个块，每个块被单独存储在不同的节点上。这种方式可以使得 HBase 能够处理大规模数据集合。

**2. 面向列存储**

与传统的关系数据库不同，HBase 采用了面向列的数据存储方式，这意味着数据存储在一个大的表格中，并以列的形式组织。这种方式更适合非结构化、半结构化数据的存储。

**3. 高并发读写**

HBase 能够快速处理大规模数据的实时读写操作，并且可以支持数千个并发用户同时读写数据。为了实现这种高并发性,HBase使用了一种基于Google Bigtable的设计思想,将数据分散存储在多个节点上,同时使用了一种被称为区域服务器的中间层来协调数据的访问和分发。

**4. 自动故障转移**

HBase在多个服务器节点上存储数据,可以在单个节点故障时自动将数据复制到其他节点上,确保数据的可靠性和高可用性。为了实现这种故障转移功能,HBase使用了一种名为Zookeeper的协同服务。

HBase是一种开源数据库,它是基于Apache软件基金会的开源协议发布的。HBase拥有强大的社区支持和活跃的开发者社区,可以持续地改进和发展新的功能,因此在大数据领域得到了广泛的应用。

HBase的应用场景如下。

(1)大数据存储。HBase适用于存储海量数据,可以在分布式环境下高效地处理和存储数据。例如,电子商务网站的用户数据、商品数据、订单数据等大量数据,支持对这些数据进行高效的查询和分析。

(2)实时数据处理。HBase能够提供高性能的实时数据处理和查询能力,可以支持高并发的读写操作。HBase可以用于实时监控各种系统和应用程序,例如监控网络流量、监控CPU使用率等。

(3)数据分析。HBase提供了对大数据的快速查询和分析能力,支持对存储在其中的数据进行多维度的统计和分析。例如,金融服务行业需要处理大量的交易行为数据,可利用HBase快速存储、查询和分析这些数据,从而帮助金融服务企业更好地了解客户需求、优化风险等业务管理。

(4)日志存储。HBase可以存储日志等半结构化数据,支持快速地查询和分析日志信息,帮助用户快速了解系统运行状态。例如,HBase可以用于存储服务器日志,包括Web服务器的访问日志、操作日志、应用服务器的错误日志等。

(5)时序数据存储。HBase提供了高效的时序数据存储和查询能力,支持针对时序数据的聚合和分析操作。例如,现在家家户户都在用的智能电表,数以万计的智能电表在相同的时间间隔下产生的数据,就可以用HBase来记录设备ID、时间戳、数据值、数据标签等。

总之,HBase适用于需要存储和处理大数据量、高并发、实时性要求高的场景。例如,电子商务、社交网络、物联网、金融服务、广告业等领域都可以应用HBase进行数据存储和分析。

## 6.1.2 HBase 的数据模型

HBase是一个面向列的数据库。传统关系数据库数据与列族数据库数据在硬盘中的存储方式比较如图6-1所示。

如图6-1所示,行式存储以行为单位进行数据读写,列族存储以列为单位进行数据读写。假设在查找User表中性别为女的用户姓名时,传统关系数据库需要在一张表上先找到"女"行的地址,再整行读取。而列族数据库只需要读取name列地址的值即可。列族数据库磁盘寻道速度快得多,而且读取数据量相对较少。

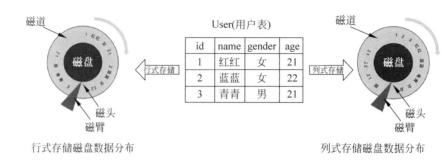

图 6-1　传统关系数据库数据与列族数据库数据在硬盘中的存储方式比较

HBase 数据模型主要有命名空间（Namespace）、表格（Table）、行键（Rowkey）、列族（Column Family）、列（Column）、单元格（Cell）、时间戳（Timestamp）和版本，具体说明如下。

**1. 命名空间**

命名空间可以对表进行逻辑分组，类似于关系数据库系统中的数据库，每个命名空间下有多个表。HBase 自带的命名空间是 hbase 和 default，其中 hbase 是 HBase 的内置表，default 是用户默认使用的命名空间。

**2. 表格**

HBase 中数据的最高级别是表格，表格是一种二维的分行存储的数据结构，类似于关系数据库中的表格。表格可以包含多个列族，每个列族都可以包含多个列。由于 HBase 采用的是稀疏存储结构，只会存储实际存在的列，不存在的列不会占用存储空间。因此，HBase 在定义表时只需要声明列族，而不需要声明具体的列。

**3. 行键**

行键是表格中每一行数据的唯一标识符，类似于关系数据库中的主键。行键可以是任意数据类型，但必须是可比较的。行键可以是单个字节，也可以是一个复合数据结构，例如一个由多个字段组成的复合键。

**4. 列族**

列族是表格中的逻辑分组，包含多个列，这些列有相同的前缀。列族是在表格创建时定义的，并在后续操作中不可更改。每个列族都有一个名称，例如 info、data 等。

**5. 列**

列是表格中的最小存储单元，其格式通常为 column family：qualifier，其中包含一个标识符（Qualifier）和一个值（Value）。列的标识符以列族为前缀，例如 info：name 和 info：age 等都是列族 info 的成员。一个表格中可以有多个列，每个列都有一个唯一的标识符，列的数量可以达到百万级别。

**6. 单元格**

单元格是 HBase 中最小的数据单元，它由行键、列族、列限定符和时间戳 4 部分组成，通常存储一个具体的数值或字符串。

**7. 时间戳和版本**

HBase 中的每一行数据可以包含多个版本，每个版本有一个时间戳，用于表示数据的不同版本。时间戳的数据类型是 64 位整型,可以用于记录数据的创建时间、修改时间等信息。时间戳可以分为自动赋值和显式赋值。自动赋值指在数据写入时,HBase 可以自动对时间戳进行赋值,该值是精确到毫秒的当前系统时间。显式赋值指时间戳可以由用户显式指定。

HBase 数据模型中的各个概念相互组合,构成了一个强大而灵活的分布式数据库系统。HBase 表的样式如表 6-1 所示。

表 6-1　HBase 表的样式

| Rowkey | Timestamp | Column Family：cf1 | | Column Family：cf2 | | Column Family：cf3 | |
|---|---|---|---|---|---|---|---|
| | | Column | Value | Column | Value | Column | Value |
| r1 | t6 | cf1：col-1 | value-1 | | | cf3：col-1 | value-1 |
| | t5 | cf1：col-2 | value-2 | | | cf3：col-2 | value-2 |
| | t4 | cf1：col-3 | value-3 | | | | |
| | t3 | | | | | | |
| r2 | t2 | cf1：col-1 | value-1 | cf2：col-1 | value-1 | cf3：col-1 | value-1 |
| | t1 | cf1：col-2 | value-2 | | | cf3：col-2 | value-2 |

HBase 的数据模型是一种非关系的分布式的数据模型,具有灵活的列族存储结构和可扩展的分布式存储能力,适用于处理大规模结构化数据。在实际应用中,可以根据数据的特点和业务需求,灵活地设计表格结构和列族,以便更好地存储和查询数据。

# 6.2　HBase 的存储架构

## 6.2.1　HBase 的架构及组件

HBase 是一个分布式、可扩展的非关系数据库,其架构和组件如图 6-2 所示。

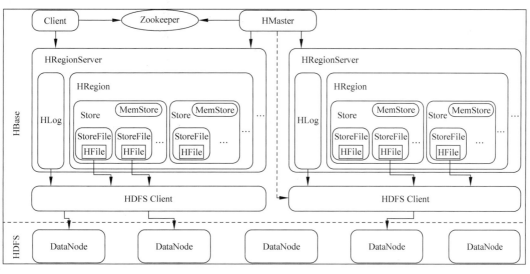

图 6-2　Hbase 架构和组件

如图 6-2 所示,HBase 主要涉及 4 个模块:Client(客户端)、Zookeeper、HMaster(主服务器)、HRegionServer(区域服务器)。其中,HRegionServer 模块包括 HRegion、Store、

MemStore、StoreFile、HFile、HLog 等组件。接下来对 HBase 涉及的模块和组件进行讲解。

**1. Client**

HBase 客户端提供了一组 API,用于访问 HBase 表。通过 HBase 客户端,可以创建、读取、更新和删除 HBase 表中的数据。HBase 客户端还支持多版本数据的读取和过滤器等高级功能。

**2. Zookeeper**

ZooKeeper 是 HBase 的协调服务,用于存储 HBase 集群的元数据和状态信息,如 HRegionServer 的状态、负载均衡信息和 HBase 表的元数据等。HBase 利用 ZooKeeper 实现了集群的协调和管理,例如 HMaster 和 HRegionServer 的选举、集群状态的变更通知等。Zookeeper 在 HBase 中主要有以下两方面的作用。

(1)HRegionServer 主动向 Zookeeper 集群注册,使得 HMaster 可以随时感知各个 HRegionServer 的运行状态(是否在线),避免 HMaster 出现单点故障问题。

(2)HMaster 启动时会将 HBase 系统表加载到 Zookeeper 集群,通过 Zookeeper 集群可以获取当前系统表 hbase:meta 的存储所对应的 HRegionServer 信息。其中,系统表是指 Namespace hbase 下的表 namespace 和 meta。

**3. HMaster**

HMaster 是 HBase 的主节点,负责管理集群中的 HRegionServer 和 HBase 表的元数据。HBase 一般有多个 HMaster,以便实现故障的自动转移。HMaster 负责表的创建、删除、修改和负载均衡等任务,并通过 ZooKeeper 进行协调。

HMaster 的主要作用如下。

(1)管理用户对表的增、删、改、查操作。

(2)为 HRegionServer 分配 HRegion,负责 HRegionServer 的负载均衡。

(3)发现离线的 HRegionServer,并为其重新分配 HRegion。

(4)负责 HDFS 上的垃圾文件回收。

**4. HRegionServer**

HRegionServer 是 HBase 的工作节点,负责管理表中的 HRegion。一个 HRegionServer 可以管理多个 HRegion,并且负责处理数据读写请求。HRegionServer 会将数据存储在本地文件系统上,并与其他 HRegionServer 交换数据以实现数据的复制和负载均衡。

HRegionServer 的主要作用如下。

(1)维护 HMaster 分配的 HRegion,处理 HRegion 的 I/O 请求。

(2)负责切分在运行过程中变得过大(默认超过 256 MB)的 HRegion。

**5. HRegion**

HRegion 是一个数据存储的单元,是由一个或多个连续的行键组成的数据范围。一个 HBase 表通常由多个 HRegion 组成,每个 HRegion 都存储着表中的一部分数据。HRegion 是 HBase 的分布式存储和管理的基本单位,它与 HDFS 上的一个数据块相对应。

在 HBase 的架构中,HRegion 负责以下任务。

(1)数据的存储和管理:HRegion 存储 HBase 表中的一部分数据,负责对数据的存储和管理。

(2)数据的读取和写入:HRegion 接收客户端的读写请求,并将数据存储到 HDFS 上的数据块中。

（3）数据的压缩和合并：HRegion 会对存储在 HDFS 上的 HFile 进行压缩和合并，以减小存储空间和提高查询性能。

（4）数据的分裂和合并：当 HRegion 存储的数据达到一定大小时，会自动分裂成两个或多个 HRegion，以实现负载均衡和数据的自动扩展。相反，当一个 HRegion 存储的数据过少时，会将其与相邻的 HRegion 合并成一个 HRegion，以节约存储空间和提高查询性能。

**6. Store**

Store 是 HBase 中用于存储数据的组件，是列族数据在内存和磁盘上的表现形式。在 HBase 中，每个列族都由一个或多个 Store 组成，每个 Store 对应一个列族。

**7. MemStore**

为了提高写入操作的效率，HBase 引入了 MemStore 组件，用于缓存写入 HRegion 中但尚未持久化到 HFile 中的数据。当 MemStore 中的数据量达到一定的阈值（默认为 128 MB）时，HBase 会将其中的数据持久化到 HFile 中。

MemStore 刷新写入 StoreFile 文件的条件如下。

（1）达到 hbase. regionserver. global. MemStore. upperLimit，默认是 0.4 或者是 HeapSize 的 40%。

（2）达到 hbase. hregion. MemStore. flush. size，默认是 128 MB。

（3）达到 hbase. hregion. preclose. flush. size，默认是 5 MB，并且需要确保 HRegion 已经关闭。

**8. StoreFile**

StoreFile 指 MemStore 中的数据写入磁盘后得到的文件，包含了若干个 Key-Value，每个 Key-Value 对应着 HBase 表中的一个单元格，包含了行键、列族、列限定符和时间戳等信息。StoreFile 存储在 HDFS 上。

**9. HDFS**

HDFS 是 HBase 的底层存储系统，它用于存储 HBase 表中的数据。HBase 将表数据分割为多个 HRegion，每个 HRegion 都存储在 HDFS 上的一个文件中。HDFS 具备高可用性、高性能和可扩展性，保证了 HBase 数据的可靠性和可用性。

## 6.2.2　HBase 的文件存储格式

HBase 的文件存储格式主要有 HFile 和 HLog 两种，接下来分别进行介绍。

**1. HFile**

HFile 是 HBase 中 Key-Value 数据的存储格式，用于存储 HBase 表中的数据。HFile 是一个按照一定规则划分的块存储文件，它的每个块都包含多个行键范围内的所有列族和列限定符的数据。HFile 采用二级索引结构，其中第一级索引存储行键范围，第二级索引存储块内的行键和偏移量。这样，在查询时，可以根据查询条件首先确定所在的行键范围，然后再在对应的 HFile 块中进行查找。

HFile 的优点如下。

（1）数据格式简单，可以快速进行读取和写入。

（2）支持高效的数据压缩和块缓存机制，可以降低存储和读取数据的成本。

（3）支持多版本数据，可以方便地进行数据的版本管理和查询。

**2. HLog**

HLog 是 HBase 中 WAL（Write-Ahead-Log，预写日志）文件的存储格式，用于记录 HBase 中的写操作。每当 HBase 表中的一行数据发生写操作时，都会将相应的操作记录到 HLog 中。HLog 的作用是保证数据的一致性和可靠性。在系统出现故障或者重启时，可以通过回放 HLog 中的操作来恢复数据的一致性。

HLog 的优点如下。

（1）数据格式简单，可以快速记录写操作。

（2）支持高效地写入和读取，对性能影响较小。

（3）支持数据的持久化，可以保证数据的可靠性和一致性。

HFile 和 HLog 是 HBase 中非常重要的文件格式，它们共同构成了 HBase 的数据存储和管理机制。

### 6.2.3　HBase 的整个存储流程

HBase 的存储流程主要包括数据的写入、读取、删除和管理等操作。接下来分析 HBase 的整个存储流程。

**1. 数据写入**

当客户端向 HBase 中写入数据时，数据会先被写入 WAL 中，然后再写入内存中的 MemStore 中。当 MemStore 中的数据达到存储上限时，会被刷写（Flush）到磁盘上的 HFile 文件中。每个 HFile 文件都包含多个块（Block），每个块包含多个行键范围内的列族和列限定符的数据。

**2. 数据读取**

当客户端向 HBase 中读取数据时，首先会检查缓存中是否有对应的数据。如果缓存中没有数据，HBase 会根据查询条件定位到相应的 HFile 文件，并根据二级索引快速定位到对应的块。然后，HBase 会读取块中的数据，并根据查询条件进行过滤和排序，最后返回读取结果。

**3. 数据删除**

当客户端在 HBase 中删除数据时，数据会被标记为删除，但实际上并不会立即删除数据。当 HBase 进行垃圾回收时，会检查 HFile 文件中的数据是否存在删除标记，如果是，就会将其清理掉。

**4. 数据管理**

在 HBase 中，数据的管理主要包括数据的备份和恢复、数据的负载均衡和故障恢复等操作。HBase 提供了多种机制来保证数据的可靠性和一致性，例如数据的复制和恢复机制、HRegionServer 的负载均衡机制、Master 的故障恢复机制等。

HBase 的存储流程是一个复杂的过程，需要涉及多个组件和机制来保证数据的可靠性和一致性。

### 6.2.4　HBase 和 HDFS

HBase 是基于 Hadoop 生态系统中的 HDFS（Hadoop 分布式文件系统）开发的一种

NoSQL 数据库系统,它利用 HDFS 提供的可靠性和容错性等优点,支持高吞吐量和高可靠性的数据存储和处理。

**1. Hbase 和 HDFS 的联系**

(1) HBase 中管理的文件大部分存储在 HDFS 中。

(2) HBase 和 HDFS 都具有良好的容错性和扩展性,都可以扩展到成百上千个节点。

**2. HBase 和 HDFS 的区别**

(1) 数据模型:HDFS 是一个分布式文件系统,支持对文件的读写操作,而 HBase 是一个分布式的非关系数据库系统,采用表格数据模型,支持对数据的增、删、改、查等操作。

(2) 数据组织方式:HDFS 将大文件切分成多个块,并存储在多个节点上,而 HBase 将数据按照行键组织成表格,每个表格由一到多个列族组成,列族中包含多个列,每个列存储一个版本的数据。

(3) 数据处理方式:HDFS 提供了 Hadoop MapReduce 等计算框架,支持分布式计算和批处理;而 HBase 支持实时数据处理和随机访问,适合于实时查询和实时计算。

(4) 数据存储结构:HDFS 采用块的存储结构,每个块的默认大小为 128 MB,并通过 NameNode 和 DataNode 进行管理;HBase 采用 Region 的存储结构,每个 Region 包含一部分表格数据,每个 Region 由一个或多个 HDFS 块组成。

(5) 数据读写性能:HDFS 优化了大文件的读写性能,适合于数据的批量处理;而 HBase 则提供了高性能、高可靠性的随机读写能力,适合于实时查询和更新数据。

# 6.3　HBase 表设计

HBase 是一个基于列族的分布式非关系数据库系统,其表设计与传统的关系数据库有一些不同之处。HBase 表设计的规则如下。

**1. 表的命名**

HBase 表的名称一旦确定,就不能修改,因此在设计表时应该仔细考虑表的名称。通常建议使用全小写字母,使用下画线分隔单词,避免使用特殊字符。

假设用户需要存储一些学生的成绩数据,可以将表命名为 student_scores。

**2. 表的列族设计**

HBase 中的列族是表设计的重要组成部分。每个列族包含一个或多个列,并且可以为每个列族指定一些属性,例如压缩类型、版本数等。建议为每个表定义 2～3 个列族,以避免列族数量过多。

对于学生的成绩数据,读者可以定义两个列族:cf1 和 cf2。cf1 用于存储学生的基本信息,如姓名、年龄、性别等,cf2 用于存储学生的成绩信息,如数学、语文、英语等科目的成绩。可以为每个列族指定一些属性,例如压缩类型、版本数等。

**3. 行键设计**

行键是 HBase 表的主键,对于不同的数据类型和访问模式,应该选择合适的行键设计方案。行键的设计要考虑到唯一性、长度、可读性、可排序性等因素。

假设读者以学生的学号作为行键,这样可以保证行键的唯一性和可排序性。如果需要支持模糊查询,可以在行键前面添加一个前缀,如"stu_"。

**4. 列名设计**

HBase 中的列名没有预定义的数据类型和长度限制,因此在设计列名时需要注意其唯一性和可读性。

读者可以将每个科目的名称作为列名,如 Math、Chinese、English 等。

**5. 版本控制**

HBase 支持多版本数据的存储和查询,因此在设计表时应该考虑版本控制策略。可以通过设置 TTL 或手动清理历史数据来控制版本数量。

假设用户需要保留每个科目的最近 5 次成绩,则可以将版本数设置为 5。

**6. 索引设计**

HBase 不支持传统意义上的索引,但可以通过建立辅助表、使用过滤器等方式来实现索引功能。

如果需要按照科目和成绩查询数据,可以建立一个辅助表,将科目和成绩作为行键,将学生的学号和成绩作为列值,这样就可以通过辅助表来实现索引功能。

**7. 压缩设置**

HBase 支持多种压缩方式,可以在表、列族或列级别中进行设置。在设计表时,需要根据数据类型、数据量和访问模式等因素选择合适的压缩方式。

用户可以在列族或列级别中进行压缩设置,如将 cf1 列族设置为 SNAPPY 压缩,将 cf2 列族的 Math 列设置为 LZO 压缩。

总之,HBase 表设计需要综合考虑数据类型、访问模式、数据量和性能等因素,以实现高效的数据存储和访问。

# 6.4　部署 HBase

HBase 的安装模式有单机模式、伪分布式、完全分布式、HA(集群)模式。本节主要讲述 HBase 的单机模式、HA(集群)模式的安装步骤。HBase 的环境配置要求如表 6-2 所示。

表 6-2　HBase 的环境配置要求

| 主 机 配 置 | 说　　明 |
| --- | --- |
| 操作系统 | CentOS 7.6 |
| JDK 版本 | 8u351 |
| Hadoop 版本 | Hadoop 3.3.4 |
| Zookeeper 版本 | Zookeeper 3.7.1 |
| HBase 版本 | HBase 2.5.2 |

## 6.4.1　部署 Hadoop

HBase 是使用 Java 语言开发的,需要部署 Java 环境。因为 Hadoop 由 Java 语言开发,Hadoop 集群的使用同样依赖于 Java 环境,所以在搭建 Hadoop 集群前,需要先安装并配置 JDK。HBase 的数据最终都是存储在 HDFS 上的,而这些数据是通过 Zookeeper 进行协调处理的,因此还需下载 Zookeeper。

**1. 安装 JDK**

（1）下载 JDK 安装包，将 JDK 安装包 jdk-8u351-linux-x64. tar. gz 放到/root/downloads 目录下，具体如下。

```
[root@qf01 downloads] # ls
jdk - 8u351 - linux - x64.tar.gz
```

（2）解压安装 JDK，具体如下。

```
[root@qf01 downloads] # tar - zxvf jdk - 8u351 - linux - x64.tar.gz - C /usr/local/
```

（3）配置 JDK 环境变量。

安装完 JDK 后，还需要配置 JDK 环境变量。使用 vim /etc/profile 指令打开 profile 文件，在文件底部添加如下内容即可。

```
# 配置 JDK 系统环境变量
export JAVA_HOME = /usr/local/jdk1.8.0_351
export PATH = $ PATH: $ JAVA_HOME/bin
```

在/etc/profile 文件中配置完上述 JDK 系统环境变量后（注意 JDK 路径），保存并退出。然后，执行 source /etc/profile 指令方可使配置文件生效。

（4）JDK 环境验证。

在完成 JDK 的安装和配置后，检测安装效果，具体如下。

```
[root@qf01 downloads] # java - version
java version "1.8.0_351"
Java(TM) SE Runtime Environment (build 1.8.0_351 - b10)
Java HotSpot(TM) 64 - Bit Server VM (build 25.351 - b10, mixed mode)
```

由上述输出结果可知，显示了 JDK 版本信息，说明 JDK 安装和配置成功。

**2. 安装 Hadoop**

Hadoop 是 Apache 软件基金会面向全球开源的产品之一，可以从 Apache Hadoop 官方网站下载并使用。在使用 Hadoop 之前，首先要了解 Hadoop 集群部署模式。Hadoop 集群部署模式分为三种，分别是单机模式（Standalone Mode）、伪分布式模式（Pseudo-Distributed Mode）、完全分布式模式（Cluster Mode），具体介绍如下。

（1）单机模式。Hadoop 的默认模式是单机模式。在不了解硬件安装环境的情况下，Hadoop 第一次解压其源码包时，会保守地选择最低配置，完全运行在本地。此时它不需要与其他节点进行交互，不使用 HDFS，也不加载任何 Hadoop 守护进程。单机模式不需要启动任何服务，一般只用于 HBase 的调试。

（2）伪分布式模式。完全分布式模式的一个特例，Hadoop 的守护进程运行在一个节点上。伪分布式模式用于调试 Hadoop 分布式程序中的代码，以及验证程序是否准确执行。

（3）完全分布式模式。Hadoop 的守护进程运行在由多个主机搭建的集群上，不同的节点担任不同的角色，完全分布式模式是真正的生产环境。在 Hadoop 集群中，服务器节点分为主节点（Master，1 个）和从节点（Slave，多个），伪分布式模式是集群模式的特例，将主节点和从节点合二为一。

本节以 Hadoop 3.3.4 版本为例讲解如何部署 Hadoop 集群。Hadoop 集群需要包含一个主节点、两个从节点。HBase 单机部署时安装到 Hadoop 主节点上。

（1）将安装包 hadoop-3.3.4. tar. gz 放到/root/downloads 目录下，并解压到/usr/

local/目录下,具体如下。

```
[root@qf01 downloads] # ls
hadoop - 3.3.4.tar.gz    jdk - 8u351 - linux - x64.tar.gz
[root@qf01 downloads] # tar - zxvf hadoop - 3.3.4.tar.gz - C /usr/local/
```

(2)打开文件/etc/profile,配置 Hadoop 环境变量,具体如下。

```
[root@qf01 ~] # vim /etc/profile
```

在编辑/etc/profile 时,依次按 G 键和 O 键,将光标移动到文件末尾,添加如下内容。

```
# Hadoop environment variables
# export JAVA_HOME = /usr/java/jdk1.8.0_351
export HADOOP_HOME = /usr/local/hadoop - 3.3.4
export PATH = $ PATH: $ JAVA_HOME/bin: $ HADOOP_HOME/bin: $ HADOOP_HOME/sbin
```

编辑完成后,先按 Esc 键,然后按 Shift+":"组合键,输入"wq!"保存并退出。

(3)使配置文件生效,具体如下。

```
[root@qf01 ~] # source /etc/profile
```

(4)查看 Hadoop 版本,具体如下。

```
[root@qf01 downloads] # hadoop version
Hadoop 3.3.4
Source code repository https://github.com/apache/hadoop.git - r a585a73c3e02ac62350c136643a
5e7f6095a3dbb
Compiled by stevel on 2022 - 07 - 29T12:32Z
Compiled with protoc 3.7.1
From source with checksum fb9dd8918a7b8a5b430d61af858f6ec
This command was run using /usr/local/hadoop - 3.3.4/share/hadoop/common/hadoop - common - 3.3.4.jar
```

(5)查看 Hadoop 安装路径,具体如下。

```
[root@qf01 downloads] # which hadoop
/usr/local/hadoop - 3.3.4/bin/hadoop
```

### 3. Hadoop 集群配置

要在多台计算机上进行 Hadoop 集群搭建,还需要对相关配置文件进行修改,从而保证集群服务协调运行。

Hadoop 集群搭建过程中主要涉及的配置文件如表 6-3 所示。

表 6-3　Hadoop 集群搭建过程中主要涉及的配置文件

| 配 置 文 件 | 功 能 描 述 |
|---|---|
| hadoop-env. sh | 配置 Hadoop 运行所需的环境变量 |
| yarn-env. sh | 配置 YARN 运行所需的环境变量 |
| core-site. xml | Hadoop 核心全局配置文件,可在其他配置文件中引用该文件 |
| hdfs-site. xml | HDFS 配置文件,继承 core-site. xml 配置文件 |
| mapred-site. xml | MapReduce 配置文件,继承 core-site. xml 配置文件 |
| yarn-site. xml | YARN 配置文件,继承 core-site. xml 配置文件 Hadoop |

如表 6-3 所示,hodoop-env. sh 和 yarn-env. sh 配置文件指定 Hadoop 和 YARN 所需运行环境:hadoop-env. sh 配置文件用来保证 Hadoop 系统能够正常执行 HDFS 的守护进程 NameNode、SecondaryNameNode 和 DataNode;yarn-env. sh 配置文件用来保证 YARN 的

守护进程 ResourceManager 和 NodeManager 能正常启动。其他 4 个配置文件用来设置集群运行参数,在这些配置文件中可以使用 Hadoop 默认配置文件中的参数来优化 Hadoop 集群,从而使集群更加稳定高效。

Hadoop 提供的默认配置文件 core-default. xml、hdfs-default. xml、mapred-default. xml 和 yarn-default. xml 中的参数很多,在此不再列举说明,在具体使用时可以访问 Hadoop 官方文档,进入文档底部的 Configuration 部分进行学习和查看。

接下来详细讲解 Hadoop 集群配置。首先配置 Hadoop 集群的主节点,具体步骤如下。

(1) 修改 hadoop-env. sh 文件。

进入主节点 qf01 解压包下的/usr/local/hadoop-3. 3. 4/etc/hadoop/目录,用 vim hadoop-env. sh 指令打开其中的 hadoop-env. sh 文件,找到 JAVA_HOME 参数位置,进行如下修改(注意 JDK 路径)。

```
export JAVA_HOME = /usr/local/jdk1.8.0_351
```

上述配置文件中设置的 JDK 环境变量是 Hadoop 运行时需要的,使 Hadoop 启动时能够执行守护进程。

(2) 在虚拟机 qf01 上,切换到/usr/local/hadoop-3.3.4/etc/hadoop/目录下。

```
[root@qf01 ~] # cd /usr/local/hadoop - 3.3.4/etc/hadoop/
[root@qf01 hadoop] # pwd
/usr/local/hadoop - 3.3.4/etc/hadoop
```

(3) 配置 core-site. xml 文件。

core-site. xml 文件是 Hadoop 的核心配置文件,用于配置 HDFS 地址、端口号,以及临时文件目录。

① 打开 core-site. xml 文件。

```
[root@qf01 hadoop] # vim core - site. xml
```

② 将 core-site. xml 文件中的内容替换为以下内容。

```
< configuration >
<!-- 指定文件系统的名称 -->
< property >
< name > fs. defaultFS </name >
< value > hdfs://qf01:9000 </value >
</property >
<!-- 配置 Hadoop 运行产生的临时数据存储目录 -->
< property >
< name > hadoop. tmp. dir </name >
< value >/tmp/hadoop - qf01 </value >
</property >
<!-- 配置操作 HDFS 的缓存大小 -->
< property >
< name > io. file. buffer. size </name >
< value > 4096 </value >
</property >
</configuration >
```

在上述文件中,配置了 HDFS 的主进程 NameNode 运行主机(Hadoop 集群的主节点),同时配置了 Hadoop 运行时生成数据的临时目录。

（4）配置 hdfs-site. xml 文件。

hdfs-site. xml 文件用于设置 HDFS 的 NameNode 和 DataNode 两大进程。

① 打开 hdfs-site. xml 文件。

```
[root@qf01 hadoop] # vim hdfs - site.xml
```

② 将 hdfs-site. xml 文件中的内容替换为以下内容。

```
< configuration >
<!-- 配置 HDFS 块的副本数(全分布模式默认副本数是 3,最大副本数是 512) -->
< property >
< name > dfs.replication </name >
< value > 3 </value >
</property >
<!-- 配置 namenode 所在主机的 IP 和端口 -->
</property >
        < property >
        < name > dfs.namenode.http - address </name >
        < value > qf01:50070 </value >
</property >
<!-- 配置 - secondary namenode 所在主机的 IP 和端口 -->
< property >
< name > dfs.namenode.secondary.http - address </name >
< value > qf02:50090 </value >
</property >
</configuration >
```

在上述配置文件中,HDFS 数据块的副本数量(默认值为 3,此处可省略)配置完成,并根据需要设置 SecondaryNameNode 所在主机的 HTTP 地址。

（5）配置 mapred-site. xml 文件。

mapred-site. xml 文件用于指定 MapReduce 运行框架,是 MapReduce 的核心配置文件。etc/hadoop/目录下默认不存在该文件,需要先通过 cp mapred-site. xml. template mapred-site. xml 命令将文件复制并重命名为 mapred-site. xml,然后打开 mapred-site. xml 文件进行修改。

① 打开 mapred-site. xml 文件。

```
[root@qf01 hadoop] # vim mapred - site.xml
```

② 将 mapred-site. xml 文件中的内容替换为以下内容。

```
< configuration >
<!-- 指定 MapReduce 的运行框架 -->
< property >
< name > mapreduce.framework.name </name >
< value > yarn </value >
</property >
</configuration >
```

（6）配置 yarn-site. xml 文件。

在 yarn-site. xml 文件中,指定 YARN 集群的管理者。

① 打开 yarn-site. xml 文件。

```
[root@qf01 hadoop] # vim yarn - site.xml
```

② 将 yarn-site. xml 文件中的< configuration ></configuration >中的内容替换为以下

内容。

```
<configuration>
<!-- 指定启动 YARN 的 ResourceManager 服务的主机 -->
<property>
<name>yarn.resourcemanager.hostname</name>
<value>qf01</value>
</property>
<!-- 配置 NodeManager 启动时加载 Shuffle 服务 -->
<property>
<name>yarn.nodemanager.aux-services</name>
<value>mapreduce_shuffle</value>
</property>
</configuration>
```

在上述配置文件中,配置 YARN 的主进程 ResourceManager 运行主机为 qf01,将 NodeManager 运行时的附属服务配置为 mapreduce_shuffle 才能正常运行 MapReduce 默认程序。

(7) 设置从节点,即修改 slaves 文件。

slaves 文件记录 Hadoop 集群所有从节点(HDFS 的 DataNode 和 YARN 的 NodeManager) 的主机名,以便配合脚本实现一键启动集群的从节点(需要保证关联节点配置了 SSH 免密登录)。

① 创建 worker 文件。

```
[root@qf01 hadoop]# vim slaves
```

② 填写所有需要配置成从节点的主机名。具体做法是将 worker 文件中的内容替换为以下内容。注意:每个主机名占一行。

```
qf01
qf02
qf03
```

(8) 将集群主节点的配置文件分发到其他节点。

3 个集群节点互相进行域名解析,在/etc/hosts 文件中添加 IP 和主机名。主节点与其他从节点配置 SSH 免密钥通信。

完成 Hadoop 集群主节点 qf01 的配置后,还需要将系统环境配置文件、JDK 安装目录和 Hadoop 安装目录分发到其他节点 qf02 和 qf03 上,具体如下。

```
[root@qf01 ~]# scp /etc/profile qf02:/etc/profile
[root@qf01 ~]# scp /etc/profile qf03:/etc/profile
[root@qf01 local]# scp -r /usr/local/jdk1.8.0_351/ qf02:/usr/local/
[root@qf01 local]# scp -r /usr/local/jdk1.8.0_351/ qf03:/usr/local/
[root@qf01 ~]# scp -r /usr/local/hadoop-3.3.4 qf02:/usr/local/
[root@qf01 ~]# scp -r /usr/local/hadoop-3.3.4 qf03:/usr/local/
```

执行完上述所有命令后,还需要在 qf02 和 qf03 上分别执行 source /etc/profile 指令立即刷新配置文件。至此,整个集群所有节点都具备 Hadoop 运行所需要的环境和文件,Hadoop 集群安装配置完成。

(9) 格式化文件系统。

前面已经完成 Hadoop 集群的安装和配置,但此时还不能直接启动集群,因为在初次启动 HDFS 集群时,必须对主节点进行格式化处理,具体如下。

列族存储数据库 HBase

```
[root@qf01 ~] # hdfs namenode - format
```

或者如下命令：

```
[root@qf01 ~] # hadoop namenode - format
```

执行上述任意一条命令均可以进行 Hadoop 集群格式化。执行格式化命令之后，若出现"has been successfully formatted"信息，则表明 HDFS 文件系统格式化成功，即可以正式启动集群；否则，需要查看命令是否正确或查看此前 Hadoop 集群的安装和配置是否正确。

此外需要注意的是，上述格式化命令只需要在 Hadoop 集群初次启动前执行一次即可，后续重复启动时不需要执行格式化命令。

（10）在虚拟机 qf01 上启动 Hadoop 进程。

```
[root@qf01 hadoop] # start - all.sh
```

若启动失败，并且提示是 HDFS 用户的问题，则可以通过在/etc/profile 文件中添加以下代码来解决。

```
export HDFS_NAMENODE_USER = root
export HDFS_DATANODE_USER = root
export HDFS_SECONDARYNAMENODE_USER = root
export YARN_RESOURCEMANAGER_USER = root
export YARN_NODEMANAGER_USER = root
```

添加完成后，执行 source /etc/profile 指令立即刷新配置文件，然后重新启动 Hadoop 进程。

（11）查看 Hadoop 进程。

① 在虚拟机 qf01 中查看 Hadoop 进程。

```
[root@qf01 hadoop - 3.3.4] # jps
20400 GetConf
48545 NodeManager
48402 ResourceManager
35832 GetConf
47832 NameNode
48905 Jps
47978 DataNode
```

提示：以 47832 NameNode 为例，47832 是进程 ID。

② 在虚拟机 qf02 中查看 Hadoop 进程。

```
[root@qf02 local] # jps
16675 SecondaryNameNode
14310 DataNode
16760 NodeManager
16905 Jps
```

③ 在虚拟机 qf03 中查看 Hadoop 进程。

```
[root@qf03 hadoop] # jps
15013 Jps
14888 NodeManager
14778 DataNode
```

若规划的 Hadoop 进程均已启动，则 Hadoop 全分布式集群搭建成功。需要注意的是，由于只在 root 用户下搭建了 Hadoop 全分布式集群，当再次启动虚拟机时，需要切换到 root

用户下,再进行相关操作。

（12）Hadoop 集群正常启动后,默认开放 50070 和 8088 两个端口,分别用于监控 HDFS 集群和 YARN 集群。在本地操作系统的浏览器中输入集群服务的 IP 地址和对应的端口号即可访问。

要通过外部 Web 页面访问虚拟机服务,还需要对外开放 Hadoop 集群服务器端口号。为了便于后续的学习,此处直接关闭所有集群节点防火墙,具体操作如下。

首先,在所有集群节点上执行如下指令关闭防火墙。

[root@qf01 ~] # systemctl stop firewalld

然后,在所有集群节点上关闭防火墙开机自动启动,命令如下。

[root@qf01 ~] # systemctl disable firewalld

执行完上述操作后,通过宿主机的浏览器分别访问 qf01(192.168.126.131)的 50070 端口和 8088 端口,查看 HDFS 集群和 YARN 集群状态。访问 qf01(192.168.126.131)的 50070 端口,HDFS 的 UI 页面如图 6-3 所示。

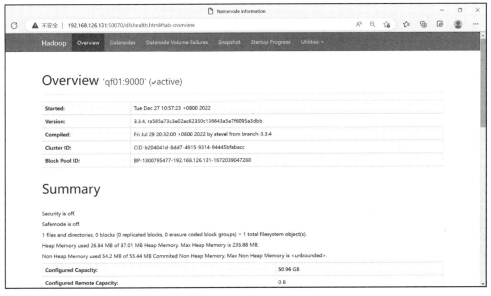

图 6-3　HDFS 的 UI 页面

访问 qf01(192.168.126.131)的 8088 端口,YARN 的 UI 页面如图 6-4 所示。

如图 6-3 和图 6-4 所示,Hadoop 集群的 HDFS 的 UI 页面和 YARN 的 UI 页面通过 Web 页面均可以访问,并且页面显示正常,便于通过 Web 页面对集群状态进行管理和查看。

**4. 安装 Zookeeper**

Zookeeper 作为协调器,用于管理 Hadoop 集群中的 NameNode、HBase 中 HBaseMaster 的选举及节点之间的状态同步等。Zookeeper 最常见的功能是保证 HBase 集群中只有一个 Master,除此之外,在 HBase 中可以存储 HBase 的 Schema,实时监控 HRegionServer,存储所有 Region 的寻址入口。Zookeeper 的安装步骤如下。

（1）将 Zookeeper 安装包 zookeeper-3.7.1 放到虚拟机 qf01 的/root/downloads/目录下,切换到 root 用户下,新建目录/mysoft,解压 Zookeeper 安装包到/mysoft 目录下。

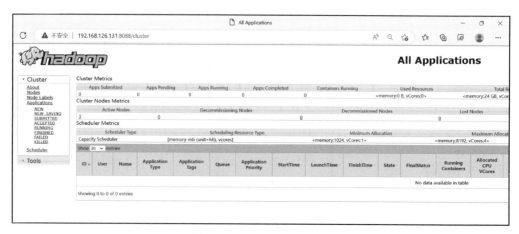

图 6-4　YARN 的 UI 页面

```
[root@qf01 log] # cd /root/downloads/
[root@qf01 downloads] # ls
apache − zookeeper − 3.7.1 − bin.tar.gz
hadoop − 3.3.4.tar.gz
jdk − 8u351 − linux − x64.tar.gz
[root@qf01 ~] # mkdir /mysoft
[root@qf01 downloads] # tar − zxf apache − zookeeper − 3.7.1 − bin.tar.gz − C /mysoft/
```

（2）切换到/mysoft 目录下,将 zookeeper-3.7.1 重命名为 zookeeper。

```
[root@qf01 downloads]# cd /mysoft/
[root@qf01 mysoft] # ls
apache − zookeeper − 3.7.1 − bin
[root@qf01 mysoft] # mv apache − zookeeper − 3.7.1 − bin/ zookeeper
[root@qf01 mysoft] # ls
zookeeper
```

（3）打开/etc/profile 文件,配置 Zookeeper 环境变量。

```
[root@qf01 mysoft] # vim /etc/profile
```

在文件末尾添加如下三行内容。

```
# Zookeeper environment variables
export ZOOKEEPER_HOME = /mysoft/zookeeper
export PATH = $ PATH: $ ZOOKEEPER_HOME/bin
```

（4）使环境变量生效。

```
[root@qf01 mysoft] # source /etc/profile
```

（5）将文件/mysoft/zookeeper/conf/zoo_sample.cfg 重命名为 zoo.cfg（Zookeeper 的配置文件）。

```
[root@qf01 mysoft] # cd /mysoft/zookeeper/conf/
[root@qf01 conf] # mv zoo_sample.cfg zoo.cfg
```

修改 Zookeeper 的配置文件 zoo.cfg。

```
[root@qf01 conf] # vim /mysoft/zookeeper/conf/zoo.cfg
```

将 dataDir＝/tmp/zookeeper 修改为如下内容。

```
dataDir = /mysoft/zookeeper/zkdatas
```

在文件末尾添加以下三行内容。

```
server.1 = qf01:2888:3888
server.2 = qf02:2888:3888
server.3 = qf03:2888:3888
```

其中,"1""2""3"是 myid,myid 要求是 1~255 范围内的整数；qf01、qf02、qf03 对应主机地址。2888 是 Leader 端口,负责和 Follower 进行通信。3888 是 Follower 端口,负责推选 Leader。

（6）新建目录/mysoft/zookeeper/zkdatas,在该目录下新建文件 myid。

```
[root@qf01 conf] # mkdir /mysoft/zookeeper/zkdatas
[root@qf01 conf] # vim /mysoft/zookeeper/zkdata/myid
```

在文件 myid 中填写如下内容。

```
1
```

（7）完成 Hadoop 集群主节点 qf01 的配置后,还需要将系统环境配置文件、Zookeeper 安装目录分发到其他节点 qf02 和 qf03 上,具体如下。

```
[root@qf01 ~] # scp /etc/profile qf02:/etc/profile
[root@qf01 ~] # scp /etc/profile qf03:/etc/profile
[root@qf01 ~] # scp - r /mysoft/zookeeper/ qf02:/mysoft/
[root@qf01 ~] # scp - r /mysoft/zookeeper/ qf03:/mysoft/
```

修改虚拟机 qf02 的/mysoft/zookeeper/zkdata/myid 文件。

```
[root@qf02 ~] # vim /mysoft/zookeeper/zkdata/myid
```

将 myid 文件中的内容替换为如下内容。

```
2
```

修改虚拟机 qf03 的/mysoft/zookeeper/zkdata/myid 文件。

```
[root@qf03 ~] # vim /mysoft/zookeeper/zkdata/myid
```

将 myid 文件中的内容替换为如下内容。

```
3
```

执行完上述所有指令后,还需要在 qf02 和 qf03 上分别执行 source /etc/profile 指令立即刷新配置文件。

（8）分别启动虚拟机 qf01、qf02、qf03 的 Zookeeper 服务器。

```
[root@qf01 conf] # zkServer. sh start
[root@qf02 ~] # zkServer. sh start
[root@qf03 ~] # zkServer. sh start
```

（9）分别查看各虚拟机的 Zookeeper 服务器启动状态。

查看虚拟机 qf01 的 Zookeeper 服务器启动状态。

```
[root@qf01 conf] # zkServer. sh status
ZooKeeper JMX enabled by default
Using config: /mysoft/zookeeper/bin/../conf/zoo.cfg
Mode: follower
```

查看虚拟机 qf02 的 Zookeeper 服务器启动状态。

```
[root@qf02 ~] # zkServer.sh status
ZooKeeper JMX enabled by default
Using config: /mysoft/zookeeper/bin/../conf/zoo.cfg
Mode: follower
```

查看虚拟机 qf03 的 Zookeeper 服务器启动状态。

```
[root@qf03 ~] # zkServer.sh status
ZooKeeper JMX enabled by default
Using config: /mysoft/zookeeper/bin/../conf/zoo.cfg
Mode: leader
```

查看启动状态返回的结果中，出现 Mode：follower 或 Mode：leader，表明 Zookeeper 服务器启动成功。

（10）检测 Zookeeper 服务器是否启动成功有以下两种方法。

① 查看 Zookeeper 服务器的启动状态。

```
[root@qf01 conf] # zkServer.sh status
```

出现如下内容则表明 Zookeeper 服务器启动成功。

```
ZooKeeper JMX enabled by default
Using config: /mysoft/zookeeper/bin/../conf/zoo.cfg
Mode: follower
```

② 用 jps 命令验证 Zookeeper 服务器的 QuorumPeerMain 进程是否启动。

```
[root@qf01 conf] # jps
48545 NodeManager
48402 ResourceManager
35832 GetConf
47832 NameNode
47978 DataNode
56829 QuorumPeerMain
56925 Jps
```

出现 QuorumPeerMain 进程则表明 Zookeeper 服务器启动成功。QuorumPeerMain 是 Zookeeper 集群的启动入口。

至此，整个集群所有节点都有了 Hadoop 运行所需要的环境和文件，Hadoop 集群安装配置完成。

## 6.4.2　HBase 的单机模式

HBase 单机模式的安装步骤如下。

（1）下载 HBase 安装包，将 HBase 安装包 hbase-2.5.2-bin.tar.gz 放到虚拟机 qf01 的 /root/Downloads/ 目录下，切换到 root 用户，并解压 HBase 安装包到 /mysoft 目录下。

```
#通过 rz 命令上传 hbase-2.5.2-bin.tar.gz 安装包
[root@qf01 conf]# ls /root/downloads/
apache-zookeeper-3.7.1-bin.tar.gz hbase-2.5.2-bin.tar.gz
hadoop-3.3.4.tar.gz              jdk-8u351-linux-x64.tar.gz
#解压
[root@qf01 ~]# tar -zxvf /root/downloads/hbase-2.5.2-bin.tar.gz -C /mysoft
```

（2）切换到/mysoft 目录下，将 hbase-2.5.2 重命名为 hbase。

```
[root@qf01 ~]# cd /mysoft/
[root@qf01 mysoft] # ls
hbase - 2.5.2 zookeeper
[root@qf01 mysoft] # mv hbase - 2.5.2/ hbase
[root@qf01 mysoft] # ls
hbase zookeeper
```

（3）打开/etc/profile 文件，配置 HBase 环境变量。

```
[root@qf01 mysoft] # vi /etc/profile
```

在文件末尾添加如下 3 行内容，然后保存并退出。

```
# HBase environment variables
export HBASE_HOME = /mysoft/hbase
export PATH = $ PATH: $ HBASE_HOME/bin
```

（4）使环境变量生效。

```
[root@qf01 mysoft] # source /etc/profile
```

（5）切换到/mysoft/hbase/conf 目录下，修改文件 hbase-env.sh。

```
[root@qf01 mysoft]# cd /mysoft/hbase/conf
[root@qf01 conf] # vim hbase - env.sh
```

将#export JAVA_HOME=/usr/java/jdk1.8.0/一行替换为如下内容。

```
vimexport JAVA_HOME = /usr/local/jdk1.8.0_351
```

将#export HBASE_MANAGES_ZK=true 一行替换为如下内容，目的是使 HBase 不使用内置的 Zookeeper，使用外部安装的 Zookeeper 集群。

```
export HBASE_MANAGES_ZK = false
```

（6）修改 hbase-site.xml 文件，将<configuration>至</configuration>的内容替换为如下内容。

```
< configuration >
    <!-- 指定 HBase 存放数据的目录 -->
    < property >
        < name > hbase.rootdir </name >
        < value > file:///root/hbasedir/hbase </value >
    </property >
        <!-- 指定 Zookeeper 集群存放数据的目录 -->
    < property >
        < name > hbase.zookseeper.property.dataDir </name >
        < value >/root/hbasedir/hbase/zkdir </value >
    </property >
    < property >
        < name > hbase.cluster.distributed </name >
        < value > true </value >
    </property >
    < property >
    < name > hbase.unsafe.stream.capability.enforce </name >
    < value > false </value >
    </property >
</configuration >
```

（7）启动 HBase 单机模式。

```
[root@qf01 conf] # start - hbase.sh
SLF4J: Class path contains multiple SLF4J bindings.
SLF4J: Found binding in [jar:file:/usr/local/hadoop - 3.3.4/share/hadoop/common/lib/slf4j -
reload4j - 1.7.36.jar!/org/slf4j/impl/StaticLoggerBinder.class]
SLF4J: Found binding in [jar:file:/mysoft/hbase/lib/client - facing - thirdparty/log4j - slf4j -
impl - 2.17.2.jar!/org/slf4j/impl/StaticLoggerBinder.class]
SLF4J: See http://www.slf4j.org/codes.html # multiple_bindings for an explanation.
SLF4J: Actual binding is of type [org.slf4j.impl.Reload4jLoggerFactory]
running master, logging to /mysoft/hbase/logs/hbase - root - master - qf01.out
: running regionserver, logging to /mysoft/hbase/logs/hbase - root - regionserver - qf01.out
```

（8）使用 jps 命令查看 HBase 进程。

```
[root@qf01 hbase] # jps
48545 NodeManager
48402 ResourceManager
60242 HMaster
35832 GetConf
47832 NameNode
47978 DataNode
60570 Jps
56829 QuorumPeerMain
```

HMaster 进程就是 HBase 的主进程。HMaster 进程启动表明 HBase 单机模式启动成功。

（9）访问 qf01（192.168.126.131）的 16010 端口，查看 HBase 的 Web 页面，如图 6-5 所示。

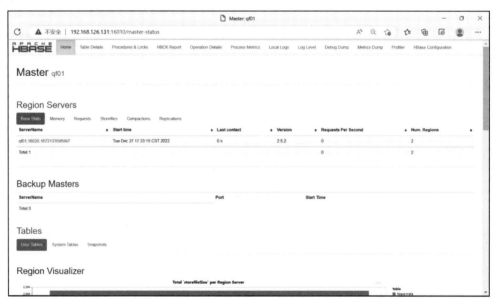

图 6-5　HBase 的 Web 页面

（10）关闭 HBase。

```
[root@qf01 conf] # stop - hbase.sh
stopping hbase············
```

运行该脚本后,会显示类似"stopping hbase………………"的信息,表示系统正在完成关闭操作。

## 6.4.3 HBase 的 HA 模式

HBase 是一个分布式数据库,因此在高可用性(HA)模式下运行非常重要,以确保在出现故障时,HBase 集群能够继续正常运行。接下来从环境要求、部署步骤、启动和关闭 HBase 进程 3 个方面介绍 HBase 的 HA 模式。

### 1. 环境要求

HBase 的 HA 模式环境要求如表 6-4 所示。

表 6-4　HBase 的 HA 模式环境要求

| 主　机　名 | IP 地址 | CPU 与内存 | 说　　明 |
|---|---|---|---|
| qf01 | 192.168.126.131 | 2 核 4GB | HBase 主控节点 |
| qf02 | 192.168.126.133 | 1 核 2GB | HBase 备用主控节点 |
| qf03 | 192.168.126.134 | 1 核 2GB | HBase Region 服务 |

### 2. 部署步骤

HBase 的 HA 模式部署步骤如下。

(1) 在虚拟机 qf01 上修改/mysoft/hbase/conf/hbase-site.xml 文件,将<configuration>至</configuration>的内容替换为以下内容。

```
<configuration>
    <!-- 开启 HBase 的完全分布式 -->
    <property>
        <name>hbase.cluster.distributed</name>
        <value>true</value>
    </property>
    <!-- 指定 Zookeeper 集群存放数据的目录 -->
    <property>
        <name>hbase.zookeeper.property.dataDir</name>
        <value>/home/hadoopdata/hbase/zkdir</value>
    </property>
<property>
<name>hbase.unsafe.stream.capability.enforce</name>
<value>false</value>
</property>
    <!-- 指定 HBase 需要连接的 Zookeeper 集群 -->
    <property>
        <name>hbase.zookeeper.quorum</name>
        <value>qf01,qf02,qf03</value>
    </property>
</configuration>
```

(2) 修改/mysoft/hbase/conf/regionservers 文件,将文件中的内容替换为如下内容。

```
qf01
qf02
qf03
```

(3) 在/mysoft/hbase/conf 目录下新建文件 backup-masters,用于备份 HBbase 的主节点 qf01。当主节点崩溃后,HBbase 自动启用备份节点,具体如下。

```
[root@qf01 conf] # vim backup - masters
```

在 backup-masters 中添加如下内容。

```
qf02
```

（4）将 Hadoop 的配置文件目录（/usr/local/hadoop-2.7.3/etc/hadoop）下的 core-site. xml 和 hdfs-site. xml 复制到/mysoft/hbase/conf 目录下,具体如下。

```
[root@qf01 conf] # cd /usr/local/hadoop - 2.7.3/etc/hadoop/
[root@qf01 hadoop] # cp core - site. xml hdfs - site. xml /mysoft/hbase/conf
```

（5）将 HBase 的安装目录复制到虚拟机 qf02 和 qf03,具体如下。

```
[root@qf01 hadoop] # scp - r /mysoft/hbase qf02:/mysoft/
[root@qf01 hadoop] # scp - r /mysoft/hbase qf03:/mysoft/
```

（6）启动 HBase 的 HA 模式,需要先启动 Zookeeper 和 Hadoop 集群,具体如下。

```
[root@qf01 ~] # zkServer. sh start
[root@qf01 ~] # start - all. sh
[root@qf01 ~] # start - hbase. sh
SLF4J: Class path contains multiple SLF4J bindings.
SLF4J: Found binding in [jar:file:usr/local/hadoop - 3.3.4/share/hadoop/common/lib/slf4j -
reload4j - 1.7.36. jar!/org/slf4j/impl/StaticLoggerBinder.class]
SLF4J: Found binding in [jar:file:/mysoft/hbase/lib/client - facing - thirdparty/log4j - slf4j -
impl - 2.17.2. jar!/org/slf4j/impl/StaticLoggerBinder.class]
SLF4J: See http://www.slf4j.org/codes.html # multiple_bindings for an explanation.
SLF4J: Actual binding is of type [org. slf4j. impl. Reload4jLoggerFactory]
running master, logging to /mysoft/hbase/logs/hbase - root - master - qf01. out
qf02: running regionserver, logging to /mysoft/hbase/bin/../logs/hbase - root - regionserver -
qf03. out
qf03: running regionserver, logging to /mysoft/hbase/bin/../logs/hbase - root - regionserver -
qf03. out
qf01: running regionserver, logging to /mysoft/hbase/bin/../logs/hbase - root - regionserver -
qf01. out
qf03: running master, logging to /mysoft/hbase/bin/../logs/hbase - root - master - qf03. out
```

（7）使用 jps 命令查看进程,具体如下。

```
[root@qf01 conf] # jps
72996 HRegionServer
74343 HMaster
67897 NodeManager
67755 ResourceManager
61019 QuorumPeerMain
67373 DataNode
67228 NameNode
74766 Jps
[root@qf02 ~] # jps
4502 Jps
1559 QuorumPeerMain
4425 HMaster
4314 HRegionServer
2892 SecondaryNameNode
2813 DataNode
3005 NodeManager
[root@qf03 mysoft] # jps
2659 NodeManager
2549 DataNode
```

```
1289 QuorumPeerMain
3451 HRegionServer
3675 Jps
2349 GetConf
```

出现以上进程表明 HBase 的 HA 模式启动成功。

（8）访问 qf01(192.168.126.131)的 16010 端口，查看 HBase 主控节点的 Web 页面，如图 6-6 所示。

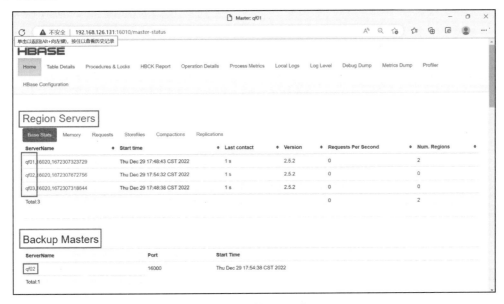

图 6-6　HBase 的 Web 页面（1）

访问 qf02(192.168.126.133)的 16010 端口，查看 HBase 的 Web 页面，如图 6-7 所示。

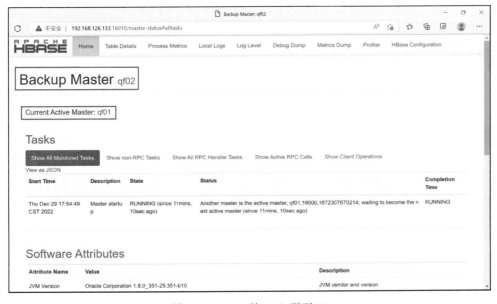

图 6-7　HBase 的 Web 页面（2）

### 3. 启动和关闭 HBase 进程

启动和关闭 HBase 进程的常用命令及其含义如表 6-5 所示。

表 6-5　启动和关闭 **HBase** 进程的常用命令及其含义

| 命　　令 | 含　　义 |
| --- | --- |
| start-hbase.sh | 启动 HBase 的所有 HMaster、HRegionserver、备份的 HMaster 进程 |
| stop-hbase.sh | 关闭 HBase 的所有 HMaster、HRegionserver、备份的 HMaster 进程 |
| hbase-daemon.sh start master | 单独启动 HMaster 进程 |
| hbase-daemon.sh stop master | 单独关闭 HMaster 进程 |
| hbase-daemons.sh start regionserver | 启动所有的 HRegionserver 进程 |
| hbase-daemons.sh stop regionserver | 关闭所有的 HRegionserver 进程 |
| hbase-daemons.sh start master-backup | 启动所有备份的 HMaster 进程 |
| hbase-daemons.sh stop master-backup | 关闭所有备份的 HMaster 进程 |

# 6.5　使用 HBase Shell 操作 HBase

HBase 提供了一个与用户交互的 HBase Shell 终端，HBase 的一部分运维工作需要通过 HBase Shell 终端来完成。HBase Shell 常用的操作命令主要有常规命令（General）、Namespace 相关命令、数据定义语言（Data Definition Language，DDL）命令和数据操作语言（Data Manipulation Language，DML）命令。这 4 类命令的相关操作如下。

## 6.5.1　常用的基本操作

（1）启动 HBase Shell 命令行，具体如下。

```
[root@qf01 ~] # hbase shell
…
hbase:001:0> status
```

hbase:001:0>中的 001 用来统计用户输入的行数，该数字会随着用户输入的行数自增，为了便于讲解，后续统一使用如下内容。

```
hbase(main)>
```

（2）关闭 HBase Shell 命令行。

关闭 HBase Shell 命令行，可以使用以下任一命令。

```
hbase(main)> quit
hbase(main)> exit
```

（3）查看服务器状态，具体如下。

```
hbase(main)> status
```

输出结果如下。

```
1 active master, 1 backup masters, 3 servers, 0 dead, 0.6667 average load
Took 1.1150 seconds
```

由输出结果可知,目前有 1 个活跃的主节点,1 个备份的节点,3 个服务节点。

（4）查看 HBase 的版本,具体如下。

```
hbase(main)> version
```

输出结果如下。

```
2.5.2, r3e28acf0b819f4b4a1ada2b98d59e05b0ef94f96, Thu Nov 24 02:06:40 UTC 2022
Took 0.0004 seconds
```

（5）查看当前使用 HBase 的用户,具体如下。

```
hbase(main)> whoami
```

输出结果如下。

```
root (auth:SIMPLE)
    groups: root
```

（6）查看 HBase Shell 的帮助信息,具体如下。

```
hbase(main)> help
```

在返回的帮助信息中,列出了 HBase Shell 的所有命令。通过 help 'command'命令可以查看 command 的详细用法。

查看 status 命令的用法,具体如下。

```
hbase(main)> help 'status'
```

输出结果如下。

```
Show cluster status. Can be 'summary', 'simple', 'detailed', or 'replication'. The default is
'summary'. Examples:
  hbase> status
  hbase> status 'simple'
  ...
```

## 6.5.2　常用的 Namespace 操作

（1）创建 Namespace ns(ns 为 Namespace 的名称),具体如下。

```
hbase(main)> create_namespace 'ns'
```

（2）查看所有的 Namespace,具体如下。

```
hbase(main)> list_namespace
```

输出结果如下。

```
NAMESPACE
default
hbase
ns
3 row(s) in 0.0470 seconds
```

由输出结果可知,HBase 默认定义了两个 Namespace:hbase 和 default,其中 hbase 包括两个系统表 namespace 和 meta,default 主要用于存放用户建表时尚未指定 Namespace 的表。

（3）查看指定 Namespace 下的所有表,具体如下。

```
hbase(main)> list_namespace_tables 'hbase'
```

输出结果如下。

```
TABLE
meta
namespace
2 row(s)
Took 0.0264 seconds
=> ["meta", "namespace"]
```

（4）删除 Namespace ns，具体如下。

```
hbase(main)> drop_namespace 'ns'
```

## 6.5.3 常用的 DDL 操作

DDL 主要用于与管理表相关的操作，常用的 DDL 操作有创建表、查看表、查看表描述、修改表、启用表和禁用表等。

### 1. 创建表

（1）在自定义的 Namespace 下创建表，创建表时需要指定表名和列族，语法格式如下。

```
create 'namespace名称:表名称', '列族名称1', '列族名称2'…
```

下面通过具体示例演示在自定义的 Namespace 下创建表，如例 6-1 所示。

【例 6-1】 在 Namespace ns 下创建表 t1，并添加 3 个列族 f1、f2、f3。

```
hbase(main)> create_namespace 'ns'
hbase(main)> create 'ns:t1', 'f1', 'f2', 'f3'
```

输出结果如下。

```
0 row(s) in 1.4040 seconds
=> Hbase::Table - ns:t1
```

（2）在 HBase 自带的 Namespace default 下创建表，语法格式如下。

```
create '表名称', '列族名称1', '列族名称2'…
```

下面通过具体示例演示在 HBase 自带的 Namespace default 下创建表，如例 6-2 所示。

【例 6-2】 创建表 t2，并添加两个列族 f1、f2。

```
hbase(main)> create 't2', 'f1', 'f2'
```

### 2. 查看表

（1）查看所有的表，具体如下。

```
hbase(main)> list
```

输出结果如下。

```
TABLE
ns:t1
t2
2 row(s) in 0.0100 seconds
=> ["ns:t1", "t2"]
```

（2）查看指定表是否存在，具体如下。

```
hbase(main)> exists 't2'
```

输出结果如下。

```
Table t2 does exist
0 row(s) in 0.0190 seconds
```

### 3. 查看表描述

查看表描述主要是指查看表是否可用的状态和表的元数据信息。查看表描述的关键字是 describe，可以简写为 desc。

```
hbase(main)> desc 't2'
```

输出结果如下。

```
Table t2 is ENABLED
t2, {TABLE_ATTRIBUTES => {METADATA => {'hbase.store.file-tracker.impl' => 'DEFAULT'}}}
COLUMN FAMILIES DESCRIPTION
 {NAME => 'f1', INDEX_BLOCK_ENCODING => 'NONE', VERSIONS => '1', KEEP_DELETED_CELLS
 => 'FALSE', DATA_BLOCK_ENCODING => 'NONE', TTL => 'FOREVER', MIN_VERSIONS => '0',
REPLICATION_SCOPE => '0', BLOOMFILTER => 'ROW', IN_MEMORY => 'false', COMPRESSION
 => 'NONE', BLOCKCACHE => 'true', BLOCKSIZE => '65536 B (64KB)'}
 {NAME => 'f2', INDEX_BLOCK_ENCODING => 'NONE', VERSIONS => '1', KEEP_DELETED_CELLS
 => 'FALSE', DATA_BLOCK_ENCODING => 'NONE', TTL => 'FOREVER', MIN_VERSIONS => '0',
REPLICATION_SCOPE => '0', BLOOMFILTER => 'ROW', IN_MEMORY => 'false', COMPRESSION
 => 'NONE', BLOCKCACHE => 'true', BLOCKSIZE => '65536 B (64KB)'}
2 row(s)
```

其中，{}中的内容是列族的描述信息，其意义如下。

```
NAME => 'f1'                          //列族的名称为 f1
BLOOMFILTER => 'ROW'                  //布隆过滤器的类型为 ROW
VERSIONS => '1'                       //保存的版本数为 1
IN_MEMORY => 'false'                  // IN_MEMORY 常驻 cache
KEEP_DELETED_CELLS => 'FALSE'         //是否保留被删除的 Cell
DATA_BLOCK_ENCODING => 'NONE'         //数据块编码为 NONE,表示不使用数据块编码
TTL => 'FOREVER'                      //存在时间值,HBase 将在到期后删除行
COMPRESSION => 'NONE'                 //压缩算法为 NONE,表示不使用压缩
MIN_VERSIONS => '0'                   //最小版本的默认值为 0,表示该功能已被禁用
BLOCKCACHE => 'true'                  //数据块缓存属性
BLOCKSIZE => '65536'                  //HFile 数据块大小,默认为 64 KB
REPLICATION_SCOPE => '0'              //是否复制列族,REPLICATION_SCOPE 的值为 0 或 1, 0 表示禁用
                                      //复制,1 表示启用复制
```

### 4. 启用表

（1）新建表完成后，表默认处于启用状态。启用表 t2，具体如下。

```
hbase(main)> enable 't2'
```

（2）判断表 t2 是否被启用，具体如下。

```
hbase(main)> is_enabled 't2'
```

输出结果如下。

```
true
```

由上述输出结果可知，true 表示表 t2 处于启用状态。

### 5. 禁用表

（1）在删除表 t2 之前，需要先禁用表 t2，具体如下。

```
hbase(main)> disable 't2'
```

（2）判断表 t2 是否被禁用，具体如下。

```
hbase(main)> is_disabled 't2'
```

输出结果如下。

```
false
Took 0.0188 seconds
 => false
```

（3）向 t2 表中添加列族 f3，具体如下。

```
hbase(main)> alter 't2', 'f3'
```

输出结果如下。

```
Updating all regions with the new schema…
1/1 regions updated.
Done.
Took 1.8539 seconds
hbase(main)> desc 't2'
```

（4）删除 t2 表，具体如下。

```
hbase(main)> disable 't2'
hbase(main)> drop 't2'
```

**注意**：删除表之前需要先禁用表。

## 6.5.4 常用的 DML 操作

DML 主要用于与处理数据相关的操作，常用的 DML 操作如下。

### 1. 添加数据

向表中添加或更新数据，语法如下。

```
put '表名称', 'Rowkey 名称', '列族名称:列名称', '值'
```

下面通过具体示例演示如何向表中添加或更新数据，如例 6-3 所示。

**【例 6-3】** 创建表 t1，向表 t1 中添加数据。

```
hbase(main)> create 't1', 'f1', 'f2', 'f3'
hbase(main)> put 't1','row1','f1:id','1'
hbase(main)> put 't1','row1','f1:name','tom'
hbase(main)> put 't1','row1','f1:age','21'
hbase(main)> put 't1','row1','f2:id','2'
hbase(main)> put 't1','row1','f2:name','jack'
hbase(main)> put 't1','row1','f2:age','22'
hbase(main)> put 't1','row2','f1:city','Shanghai'
hbase(main)> put 't1','row3','f1:country','China'
```

更新 f1:city 列的数据，具体如下。

```
hbase(main)> put 't1','row2','f1:city','Beijing'
```

### 2. 查看表

查看表中的数据，语法格式如下。

```
scan '表名称',{COLUMNS => ['列族名:列名', …], LIMIT => 行数}
```

下面通过具体示例演示如何查看指定表中的数据,如例 6-4 所示。

**【例 6-4】** 查看指定表 t1 的所有数据。

```
hbase(main)> scan 't1'
```

输出结果如下。

```
ROW             COLUMN + CELL
 row1           column = f1:age, timestamp = 2022 - 12 - 31T14:46:10.167, value = 21
 row1           column = f1:id, timestamp = 2022 - 12 - 31T14:45:31.627, value = 1
 row1           column = f1:name, timestamp = 2022 - 12 - 31T14:45:44.107, value = tom
 row1           column = f2:age, timestamp = 2022 - 12 - 31T14:46:42.473, value = 22
 row1           column = f2:id, timestamp = 2022 - 12 - 31T14:46:19.954, value = 2
 row1           column = f2:name, timestamp = 2022 - 12 - 31T14:46:31.392, value = jack
 row2           column = f1:city, timestamp = 2022 - 12 - 31T14:47:25.684, value = Beijing
 row3           column = f1:country, timestamp = 2022 - 12 - 31T14:47:02.828, value = China
3 row(s)
Took 0.0302 seconds
```

查看指定表 t1 的指定列的所有数据,具体如下。

```
hbase(main)> scan 't1', {COLUMNS = > ['f1:id', 'f2:id']}
```

输出结果如下。

```
ROW             COLUMN + CELL
 row1           column = f1:id, timestamp = 2022 - 12 - 31T14:45:31.627, value = 1
 row1           column = f2:id, timestamp = 2022 - 12 - 31T14:46:19.954, value = 2
1 row(s)
Took 0.0263 seconds
```

查看指定表 t1 的指定列的前 $n$ 行数据,具体如下。

```
hbase(main)> scan 't1', {COLUMNS = > ['f1:id', 'f1:name', 'f1:age', 'f1:city', 'f1:country'],
LIMIT = > 2}
```

输出结果如下。

```
ROW             COLUMN + CELL
 row1           column = f1:age, timestamp = 2022 - 12 - 31T14:46:10.167, value = 21
 row1           column = f1:id, timestamp = 2022 - 12 - 31T14:45:31.627, value = 1
 row1           column = f1:name, timestamp = 2022 - 12 - 31T14:45:44.107, value = tom
 row2           column = f1:city, timestamp = 2022 - 12 - 31T14:47:25.684, value = Beijing
2 row(s)
Took 0.0123 seconds
```

### 3. 获取表中指定 Rowkey 下的数据

(1) 获取指定表的指定 Rowkey 下的所有数据,语法格式如下。

```
get '表名称', 'Rowkey'
```

下面通过具体示例演示如何获取指定表的指定 Rowkey 下的所有数据,如例 6-5 所示。

**【例 6-5】** 获取指定表 t1 的指定 row2 下的所有数据。

```
hbase(main)> get 't1', 'row2'
```

输出结果如下。

```
COLUMN          CELL
 f1:city        timestamp = 2022 - 12 - 31T14:47:25.684, value = Beijing
1 row(s)
Took 0.0161 seconds
```

（2）获取指定表的指定 Rowkey 的指定列族下的所有数据，语法格式如下。

```
get '表名称', 'Rowkey', '列族名称'
```

下面通过具体示例演示如何获取指定表的指定 Rowkey 的指定列族下的所有数据，如例 6-6 所示。

**【例 6-6】** 获取指定表 t1 的指定 row1 的指定列族 f2 下的所有数据。

```
hbase(main)> get 't1', 'row1', 'f2'
```

输出结果如下。

```
COLUMN            CELL
 f2:age           timestamp = 2022 - 12 - 31T14:46:42.473, value = 22
 f2:id            timestamp = 2022 - 12 - 31T14:46:19.954, value = 2
 f2:name          timestamp = 2022 - 12 - 31T14:46:31.392, value = jack
1 row(s)
Took 0.0239 seconds
```

（3）获取指定表的指定 Rowkey 的指定列的数据，语法格式如下。

```
get '表名称', 'Rowkey', '列名称'
```

下面通过具体示例演示如何获取指定表的指定 Rowkey 的指定列的数据，如例 6-7 所示。

**【例 6-7】** 获取指定表 t1 的指定 row1 的指定列 f2:name 的数据。

```
hbase(main)> get 't1', 'row1', 'f2:name'
```

输出结果如下。

```
COLUMN            CELL
 f2:name          timestamp = 2022 - 12 - 31T14:46:31.392, value = jack
1 row(s)
Took 0.0120 seconds
```

### 4．统计表的总行数

统计表的总行数，语法格式如下。

```
count '表名称'
```

下面通过具体示例演示如何统计表的总行数，如例 6-8 所示。

**【例 6-8】** 统计表 t1 的总行数。

```
hbase(main)> count 't1'
```

输出结果如下。

```
3 row(s)
Took 0.0179 seconds
 => 3
```

### 5．删除数据

（1）删除一个单元格的数据，语法格式如下。

```
delete '表名称', 'Rowkey', '列名称', 时间戳(timestamp)
delete '表名称', 'Rowkey', '列名称'
```

delete 操作并不会马上删除数据，只会将对应的数据打上删除标记，只有在 HBase 底层合并数据时，数据才会被真正删除。

下面通过具体示例演示如何删除一个单元格的数据，如例 6-9 所示。

【例 6-9】 删除表 t1 中行键为 row1、列为 f1:age 的数据。

```
hbase(main)> delete 't1', 'row1', 'f1:age'
```

输出结果如下。

```
Took 0.1189 seconds
```

（2）删除指定行下的数据。

下面通过具体示例演示如何删除指定行下的数据，如例 6-10 所示。

【例 6-10】 删除指定行下的所有数据。

```
hbase(main)> deleteall 't1', 'row3'
```

输出结果如下。

```
Took 0.1189 seconds
```

（3）使用关键词 truncate，删除表中所有数据，如例 6-11 所示。

【例 6-11】 向表 t2 添加数据，然后删除表 t2 中的所有数据。

```
hbase(main)> put 't2','row1','f1:id','8'
hbase(main)> put 't2','row1','f1:name','sophie'
hbase(main)> truncate 't2'
```

输出结果如下。

```
Truncating 't2' table (it may take a while):
  - Disabling table…
  - Truncating table…
0 row(s) in 3.7270 seconds
```

```
hbase(main)> scan 't2'
```

输出结果如下。

```
ROW              COLUMN + CELL
0 row(s) in 0.0340 seconds
```

由上述输出结果可知，HBase 会先将表禁用，再删除表中的所有数据。

# 6.6 HBase 的性能优化

为了高效地使用 HBase，需要对 HBase 进行性能优化。HBase 性能优化的常用方法如下。

### 1. API 性能优化

当用户通过客户端使用 API 读写数据时，可以采用以下方法对 HBase 进行性能优化。

（1）关闭自动刷写。使用 setAutoFlush(false) 方法，关闭 HBase 表的自动刷写功能。当向 HBase 表中进行大量数据写入操作（进行 put 操作）时，如果关闭自动刷写功能，这些写入数据会先被存放到一个缓冲区，当缓冲区被填满后会被传送到 HRegion 服务器。如果启动了自动刷写功能，每进行一次 put 操作都会将数据传送到 HRegion 服务器，这会增加网络负载。

（2）设置扫描范围。在使用扫描器处理大量数据时，可以设置扫描指定的列数据，避免扫描未使用的数据，减少内存的开销。

（3）关闭 ResultScanner。通过扫描器获取数据后，关闭 ResultScanner，这样可以尽快释放对应的 HRegionServer 的资源。

（4）使用过滤器。使用过滤器过滤出需要的数据，尽量减少服务器通过网络返回到客户端的数据量。

（5）批量写数据。调用 HTable. put(Put)方法只可以将一个指定的 Rowkey 记录写入 HBase，而调用 HTable. put(List < Put >)方法可以将指定的 Rowkey 列表批量写入多行记录，这样可以减少网络开销。

### 2. 优化配置

（1）增加处理数据的线程数。在/mysoft/hbase/conf/hbase-site. xml 文件中设置 HRegionServer 处理 I/O 请求的线程数的值，即设置 hbase. regionserver. handler. count，该默认值为 10，具体如下。

```
< property >
    < name > hbase. regionserver. handler. count </name >
    < value > 10 </value >
</property >
```

该线程数的常规设置范围为 $100 \sim 200$，可以提高 HRegionServer 的性能。需要注意的是当数据量很大时，如果该值设置过大，则 HBase 所处理的数据会占用较多的内存，因此该值不是越大越好。

（2）增加堆内存。在/mysoft/hbase/conf/hbase-env. sh 文件中修改堆内存的大小，可以根据实际情况增加堆内存，具体如下。

```
export HBASE_HEAPSIZE = 1G                    //默认值为 1 GB
```

（3）增加 HRegion 的大小。在/mysoft/hbase/conf/hbase-site. xml 文件中修改 HRegion 的大小，具体如下。

```
< property >
    < name > hbase. hregion. max. filesize </name >
    < value > 256MB </value >
</property >
```

通常 HBase 使用较少的 HRegion，可以使 HBase 集群更加平稳地运行。使用较大的 HRegion 能够减少 HBase 集群的 HRegion 数量。HBase 中 HRegion 的默认大小是 256 MB，用户可以配置 1 GB 以上的 HRegion。

（4）增加堆中块缓存大小。在/mysoft/hbase/conf/hbase-site. xml 文件中修改块缓存大小，具体如下。

```
< property >
    < name > perf. hfile. block. cache. size </name >
    < value > 0. 2 </value >
</property >
```

该参数的默认值是 0. 2，适当增加堆中块缓存的大小可以使 HBase 在读取大量数据时效率更高。

（5）调整 memstore 大小。在/mysoft/hbase/conf/hbase-site.xml 文件中修改 memstore 大小，设置最大 memstore，其值默认为堆内存的 40%（0.4），具体如下。

```
<property>
    <name>hbase.regionserver.global.memstore.size</name>
    <value>0.4</value>
</property>
```

设置最小 memstore，其值默认为最大 memstore 的 95%，具体如下。

```
<property>
    <name>hbase.regionserver.global.memstore.size.lower.limit</name>
    <value>0.38</value>
</property>
```

# 6.7　本 章 小 结

本章首先介绍了 HBase 的概念、数据模型和文件存储格式，重点介绍了 HBase 的架构和组件，以及 HBase 的存储流程，接着讲解了 HBase 表设计，详细讲解了 HBase 的两种部署模式和过程。通过对 HBase Shell 的实际操作，读者可以深刻体会 HBase 的基本作用，通过对 HBase 性能优化的学习可以更深入地理解 HBase 处理数据的高效性。"书山有路勤为径，学海无涯苦作舟"，读者可在本章的基础上自行学习 HBase 编程，进一步提高自身技能。

# 6.8　习　　　题

**1. 填空题**

（1）HBase 利用 Hadoop 的_____作为其文件存储系统。

（2）HBase 的文件存储格式主要有两种：_____和_____。

（3）启动 HBase Shell 命令行的命令是_____。

（4）HBase 中 Row Key 保存为_____。

（5）Zookeeper 是 HBase 的协调服务，它用于存储 HBase 集群的_____和_____，如 HRegionServer 的状态、负载均衡信息和 HBase 表的元数据等。

**2. 简答题**

（1）简述 HBase 的特点。

（2）简述 HBase 的整个存储流程。

（3）简述 HBase 的性能优化。

**3. 操作题**

（1）请在 Linux 平台下部署 HBase HA 模式。

（2）使用 Shell 操作 HBase 完成以下操作。

假设某电子商务网站需要存储客户的基本信息，如表 6-6 所示。

**表 6-6　某电子商务网站的客户基本信息**

| 客户编号 | 姓名 | 地　　址 | 联 系 电 话 | 发 票 抬 头 | 邮　　箱 |
|---|---|---|---|---|---|
| 1010 | 张三 | 北京朝阳区望京街道 | 13800000000 | 中国人民银行 | |
| 1011 | 李四 | 天津和平区马场道 | 13900000000 | | 123123@qq.com |
| 1012 | 王五 | 上海浦东区世界大道 1 号 | 13600000000 | 上海交通信息中心 | |
| …… | …… | …… | …… | …… | …… |

① 根据表 6-5 创建命名空间 Customer 和表 Inf。

② 根据表 6-5 的内容添加相关数据。

③ 将客户编号为 1012 的客户的联系电话改为 13600000001。

④ 将客户编号为 1011 的客户的发票抬头"中国人民银行"删除。

# 第7章　列族存储数据库 Cassandra

**本章学习目标**
- 了解 Cassandra 的来源和特点。
- 熟悉 Cassandra 的数据模型。
- 了解 Cassandra 的特性。
- 掌握 Cassandra 的安装部署。
- 掌握使用 CQL 操作 Cassandra。
- 熟悉 Cassandra 数据的导入与导出。
- 了解 Cassandra 数据的备份与恢复。

在第 6 章中已经学习了列族存储数据库 HBase,然而目前在数据库引擎排行榜上,靠前的列族存储数据库还有 Cassandra。企业 IT 结构可以部署到一朵云、多朵云或者混合云上,越是复杂的混合云的架构,越能体现 Cassandra 的优越性。Cassandra 具有数据海量、高效读写、低成本等特点,使之成为各大厂商的核心数据库。本章将详细讲解 NoSQL 列族存储数据库 Cassandra 的基本操作方法。

## 7.1　认识 Cassandra

### 7.1.1　Cassandra 简介

Cassandra 是一套由 Java 语言编写的开源分布式 NoSQL 数据库系统,用于处理大量商用服务器上的海量数据。Cassandra 提供了跨云服务提供商、数据中心和地理位置的操作简便和轻松的数据复制功能。此外,Cassandra 还能够在混合云环境中实现每秒处理 PB 级别的信息以及实现数千个并发操作。

Cassandra 最初由 Facebook 开发,用来存储收件箱等简单格式数据。Cassandra 在 2008 年 7 月被 Facebook 公开为开源项目,它被视为 BigTable 的一个开源版本。自 2009 年 1 月起,Cassandra 成为 Apache 孵化器项目。此后,由于 Cassandra 具有高度可扩展性、高可用性、无单点故障等优秀性能,因此被各大厂商所使用。Cassandra 的特点如下。

**1. 分布式架构**

Cassandra 不是一个数据库,而是由一堆数据库节点共同构成的一个分布式网络服务。Cassandra 是典型的水平扩展产品,具有高度的线性可扩展性,其扩展性能较为简单,只需在 Cassandra 群集里面动态添加节点即可为集群添加更多容量。Cassandra 通过增加集群中的节点数量增加数据吞吐量,以此保持快速响应。Cassandra 节点按环形排列,没有中心节点。Cassandra 线性扩展示意图如图 7-1 所示。

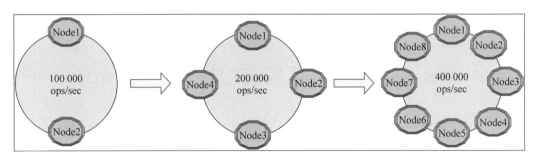

图 7-1 Cassandra 线性扩展示意图

**2. 弹性可扩展性**

Cassandra 具备线性可扩展性，不仅可以通过增加集群中的节点数量来增加集群容量，也可以添加更多的硬件以适应更多客户和更多数据的需求，并且无须停机。

**3. 基于架构的高可用性**

Cassandra 采用了多种容错机制，通过调整 Cassandra 集群的节点布局来避免数据节点出现故障，使得单点故障不影响集群服务。Cassandra 不仅能够支持关键业务应用程序，还能够在出现故障时保证服务的连续性和可靠性，不会出现停服和滚动升级等问题。

**4. 灵活的数据模型**

Cassandra 的数据模型是基于列的，而不是基于行的。这使得 Cassandra 可以处理半结构化数据和动态数据模式，具有很高的灵活性。

**5. 便捷的数据分发**

Cassandra 可以灵活地按需求分发数据。对 Cassandra 的一个写操作可以被复制到其他节点中，数据能够在多个数据中心之间进行复制。

**6. 容易管理和部署**

Cassandra 的管理和部署相对容易。Cassandra 的自动分区和自动修复功能可以帮助管理员轻松管理分布式集群，并且可以使用 Apache Cassandra 的开源工具集来简化管理任务。

除此之外，Cassandra 还提供了多种监控指标，用户可以通过配置监控项将 Cassandra 提供给不同的监控系统，例如 Datastax 的监控系统 Opscenter、阿里云的天象监控系统等。

Cassandra 因其卓越的技术特性而备受欢迎，目前，Cassandra 被 Netflix、Hulu、Instagram、eBay、Apple、Spotify 等数千家知名企业作为产品后端支撑服务。其中 Apple 公司使用 Cassandra 作为 iCloud 的核心存储，其中包括所有用户资料、用户 ID、照片、用户行为等数据存储和服务。另外，Apple 公司在全球超过 20 万台节点运行 Cassandra，支撑的数据量达 100 PB，每秒的读写量达 1000 万。使用 Cassandra 存储图片文件是一个很流行的做法，不仅 Apple 公司的 iCloud 正在使用，而且 Instagram、360 等公司也都在使用。Facebook 的 Instagram 每天使用 Cassandra 处理上亿幅图片，这足以说明 Cassandra 可以自如地处理大量数据集。国内的科技、物流和金融等行业的公司也在使用 Cassandra。Cassandra 能够支持高并发、低延时的访问需求，具备高可用和弹性扩容能力，适合日志、消息、feed 流、订单、账单、网站等各种大数据量的互联网在线应用场景。

## 7.1.2　Cassandra 的数据模型

Cassandra 的优势包括水平可扩展性、分布式体系结构和灵活的架构定义方法,它呈现的是一种分区行列及最终一致性(Eventual Consistency)的存储模式。

Cassandra 的数据模型结合了 Dynamo 的 Key-Value 和 BigTable 的面向列的特点,主要被设计为存储大规模的分布式数据。Cassandra 的数据模型基于多层键值对(Key-Value)结构,与关系数据库差异巨大。Cassandra 的数据模型由 Keyspaces、Column Families、Primary Keys 和 Columns 组成,关系数据库与 Cassandra 的不同点如表 7-1 所示。

表 7-1　关系数据库与 Cassandra 的不同点

| 关系数据库 | Cassandra |
| --- | --- |
| 用于处理非结构化数据 | 用于处理结构化数据 |
| 具有固定的模式 | 具有灵活的架构 |
| 表是一个数组的数组(行×列) | 表是"嵌套的键值对"的列表(行×列键×列值) |
| Databases 是包含与应用程序对应的数据的最外层的容器 | Keyspaces 是包含与应用对应的数据的最外层的容器 |
| Table 是数据库的实体 | 列族是键空间的实体 |
| Row 是单个/条记录 | Row 是一个复制单元 |
| Column 列是表示关系的属性 | Column 是一个存储单元 |

在 Cassandra 中,Primary Key 包含两种:partition key 和 cluster key。其中 partition key 用于确定数据行将要分发的节点;cluster key 为可选项,用于节点内部数据进行排序。

为了更好地理解和设计 Cassandra 的数据模型,要将每一个列族想象成一个多层嵌套的排序散列表(Sorted Hash Map)。散列表能够提供高效的键值查找功能,排序的散列表则能够提供高效的范围查找功能。在 Cassandra 中,可使用 partition key 和 cluster key 进行高效的键值查询和范围查询。

Cassandra 基于 Key-Value 模型,具体的数据存储结构如图 7-2 所示。

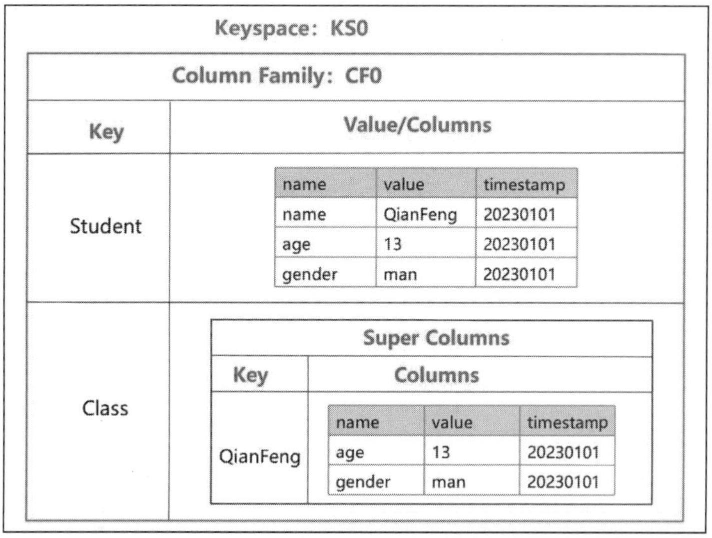

图 7-2　Cassandra 的数据存储结构

如图 7-2 所示,Column Family 里的每条记录都是一个键值对,Value 可以存放无限制的 Columns。每个 Column 存放的 name 和 value 实际上也是一个键值对。Student 键对应的记录是双层嵌套,Class 键对应的记录采用的是 Super Columns 结构,属于三层嵌套。Super Columns 的 Key 的 value 部分可以存储多个 Columns。需要注意的是,Cassandra 的嵌套最多为三层,Super Columns 中不允许继续存储 Super Columns。三种不同的嵌套方式分别如下。

```
ColumnFamily: key - value(SuperColumn)
SuperColumn: key(SuperColumn name) - value(Column)
Column: key(Column name) - value
```

图 7-2 所涉及的 Cassandra 核心概念如下。

**1. 集群**

Cassandra 数据库分布在若干服务器节点上,每个节点包含一个副本。Cassandra 所有节点组成一个集群(Cluster),并且按照环形格式将节点排列在集群中,为它们分配数据。

**2. 键空间**

键空间(Keyspace)与 Database 的概念类似,是 Cassandra 中数据的最外层容器,也是 Cassandra 中的最大组织单元。它包含多个列族、索引、用户定义类型、数据中心意识、键空间中使用的策略、复制因子等,它会定义大数据集在每个数据中心的复制方式。键空间的示意图如图 7-3 所示。

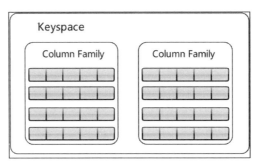

图 7-3　键空间的示意图

**3. 列族**

列族置于键空间之下,是一组行的容器,每行是一个有序的列集合。列族表示数据的结构。每个键空间至少有一个列族,通常包含多个列族。Cassandra 列族的示意图如图 7-4 所示。

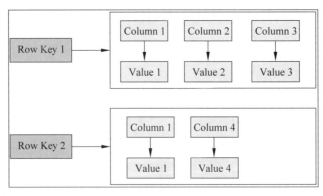

图 7-4　Cassandra 列族的示意图

需要注意的是,Cassandra 的列族与固定列族的模式的关系表不同,Cassandra 不强制单个行拥有所有列。

**4. 行**

一行(Row)可以包含多个列,这一点与关系数据库类似。Row 由唯一主键所标识定义。

**5. 列**

列是归属于各行的不同类型的数据单元,是 Cassandra 的基本数据结构。Cassandra 的一行中允许有任意多个 Column,而且每行的 Column 可以是不同的。列有 3 个值,分别为键或列名称、值和时间戳。列的结构示意图如图 7-5 所示。

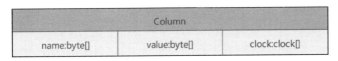

图 7-5　列的结构示意图

**6. 超级列**

超级列(Super Column)基于键值对结构是一个真正的 name-value 对,由于没有时间戳而被看作一种特殊的列。在超级列中可以存放任意若干普通的列,并且使用 Column 的 name 部分作为关键字。超级列的结构示意图如图 7-6 所示。

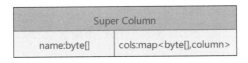

图 7-6　超级列的结构示意图

通常情况下,列族被存储在磁盘上的单个文件中。超级列则可以将同一列族中被共同查询的列放在一起,有助于提升优化性能。

# 7.2　安装 Cassandra

Cassandra 可以通过 Cassandra 官网下载,然后安装到 Windows、Linux 等系统中。基于 Linux 部署 Cassandra 的步骤基本与基于 Windows 类似,本节将以 Linux 平台为例讲解如何单机部署 Cassandra。

**1. 安装 JDK**

Cassandra 基于 Java 语言开发,因此 Cassandra 的安装环境需要提前安装 Java 1.8。Java 1.8 的安装过程与 6.3.1 节讲解的安装 JDK 的步骤相同,具体如下。

(1) 下载 JDK 安装包,将 JDK 安装包 jdk-8u351-linux-x64.tar.gz 放到/downloads 目录下。

```
[root@qf01 ~] # mkdir /downloads
[root@qf01 ~] # cd /downloads/
[root@qf01 downloads] # rz
[root@qf01 downloads] # ls
jdk - 8u351 - linux - x64.tar.gz
```

（2）安装 JDK。

```
[root@qf01 downloads] # tar - zxvf jdk - 8u351 - linux - x64.tar.gz - C /usr/local/
```

（3）配置 JDK 环境变量。

安装完 JDK 后，还需要配置 JDK 环境变量。使用 vim /etc/profile 指令打开 profile 文件，在文件底部添加如下内容即可。

```
# 配置 JDK 系统环境变量
export JAVA_HOME = /usr/local/jdk1.8.0_351
export PATH = $ PATH: $ JAVA_HOME/bin
```

在/etc/profile 文件中配置完上述 JDK 环境变量后（注意 JDK 路径），保存并退出。然后，执行 source/etc/profile 指令方可使配置文件生效。

（4）JDK 环境验证。

在完成 JDK 的安装和配置后，为了检测安装效果，可以输入以下指令。

```
[root@qf01 downloads] # java - version
java version "1.8.0_351"
Java(TM) SE Runtime Environment (build 1.8.0_351 - b10)
Java HotSpot(TM) 64 - Bit Server VM (build 25.351 - b10, mixed mode)
```

执行上述指令后，显示 JDK 版本信息，说明 JDK 安装和配置成功。

**2. 安装 Cassandra**

Cassandra 主要有 3 种安装方式，分别为使用 Docker 镜像、使用二进制压缩包文件、使用 Apache 的官方仓库安装。此处选择使用二进制压缩包文件安装 Cassandra。

（1）下载 Cassandra。

Cassandra 的下载页如图 7-7 所示。

图 7-7　Cassandra 的下载页

单击图 7-7 中的 4.0.7 按钮，进入 Cassandra 4.0.7 下载页面，如图 7-8 所示。

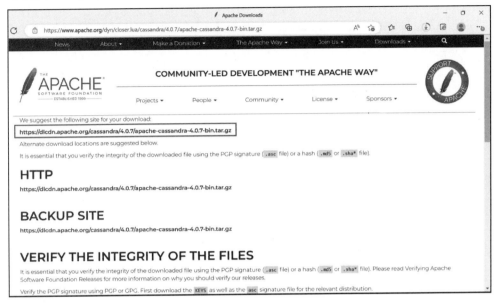

图 7-8　Cassandra 4.0.7 下载页面

单击图 7-8 中 Cassandra 4.0.7 的下载链接，即可下载 Cassandra 4.0.7 软件包。

（2）上传并解压 Cassandra 软件包，具体如下。

```
[root@qf01 downloads] # rz
[root@qf01 downloads] # ls
apache－cassandra－4.0.7－bin.tar.gz jdk－8u351－linux－x64.tar.gz
```

解压 Cassandra 软件包至/mysoft/目录，具体如下。

```
[root@qf01 downloads] # tar －xzvf apache－cassandra－4.0.7－bin.tar.gz －C /mysoft/
[root@qf01 downloads] # cd /mysoft/
[root@qf01 mysoft] # ls
apache－cassandra－4.0.7
//重命名
[root@qf01 mysoft] # mv apache－cassandra－4.0.7/ cassandra
```

（3）进入 Cassandra 主目录，分别创建 3 个目录：savad_caches、data 和 commitlog。

```
[root@qf01 mysoft] # ls
cassandra
[root@qf01 mysoft] # cd cassandra/
[root@qf01 cassandra] # mkdir saved_caches data commitlog
```

这 3 个目录文件，将在下一步的配置文件中配置使用。

（4）修改 conf 目录下的配置文件 cassandra.yaml，该文件也是 Cassandra 的主配置文件，主要操作步骤如下。

① 配置 saved_caches_directory 参数，修改为步骤（3）中 savad_caches 所在的路径，如图 7-9 所示。

② 配置 data 目录参数，修改为步骤（3）中 data 所在的路径，如图 7-10 所示。

③ 配置 commitlog 参数，修改为步骤（3）中 commitlog 所在的路径，如图 7-11 所示。

至此，Cassandra 的配置已经完成。

```
# saved caches
# If not set, the default directory is $CASSANDRA_HOME/data/saved_caches.
# saved_caches_directory: /var/lib/cassandra/saved_caches
saved_caches_directory: /mysoft/cassandra/saved_caches
```

图 7-9　配置 saved_caches_directory 参数

```
# Directories where Cassandra should store data on disk. If multiple
# directories are specified, Cassandra will spread data evenly across
# them by partitioning the token ranges.
# If not set, the default directory is $CASSANDRA_HOME/data/data.
# data_file_directories:
#       - /var/lib/cassandra/data
data_file_directories:
      - /mysoft/cassandra/data
```

图 7-10　配置 data 目录参数

```
# commit log.  when running on magnetic HDD, this should be a
# separate spindle than the data directories.
# If not set, the default directory is $CASSANDRA_HOME/data/commitlog.
# commitlog_directory: /var/lib/cassandra/commitlog
commitlog_directory: /mysoft/cassandra/commitlog
```

图 7-11　配置 commitlog 参数

（5）进入 Cassandra 主目录下的 bin 目录，启动 Cassandra 服务，具体如下。

```
[root@qf01 ~] # cd /mysoft/cassandra/bin/
[root@qf01 bin] # ./cassandra
Running Cassandra as root user or group is not recommended - please start Cassandra using a
different system user.
If you really want to force running Cassandra as root, use - R command line option.
```

由上述输出结果可知，使用 root 用户启动 Cassandra 时，需要加参数-R，具体如下。

```
[root@qf01 bin] # ./cassandra - R
```

执行完成上述命令后，Cassandra 安装并启动成功，启动 Cassandra 的返回结果如图 7-12
所示。

```
0b03e6, netty-handler-proxy=netty-handler-proxy-4.1.58.Final.10b03e6, netty-resolver=netty-resolver-4
.1.58.Final.10b03e6, netty-resolver-dns=netty-resolver-dns-4.1.58.Final.10b03e6, netty-resolver-dns-n
ative-macos=netty-resolver-dns-native-macos-4.1.58.Final.10b03e65f1, netty-transport=netty-transport-
4.1.58.Final.10b03e6, netty-transport-native-epoll=netty-transport-native-epoll-4.1.58.Final.10b03e6,
 netty-transport-native-kqueue=netty-transport-native-kqueue-4.1.58.Final.10b03e65f1, netty-transport
-native-unix-common=netty-transport-native-unix-common-4.1.58.Final.10b03e6, netty-transport-rxtx=net
ty-transport-rxtx-4.1.58.Final.10b03e6, netty-transport-sctp=netty-transport-sctp-4.1.58.Final.10b03e
6, netty-transport-udt=netty-transport-udt-4.1.58.Final.10b03e6]
INFO  [main] 2023-01-12 15:29:08,622 PipelineConfigurator.java:125 - Starting listening for CQL clien
ts on localhost/127.0.0.1:9042 (unencrypted)...
INFO  [main] 2023-01-12 15:29:08,628 CassandraDaemon.java:782 - Startup complete
INFO  [NonPeriodicTasks:1] 2023-01-12 15:29:08,777 SSTable.java:111 - Deleting sstable: /mysoft/cassa
ndra/data/system/local-7ad54392bcdd35a684174e047860b377/nb-8-big
INFO  [CompactionExecutor:1] 2023-01-12 15:29:08,827 CompactionTask.java:241 - Compacted (cd1cdf10-92
4a-11ed-bd56-998429087f82) 5 sstables to [/mysoft/cassandra/data/system/local-7ad54392bcdd35a684174e0
```

图 7-12　启动 Cassandra 的返回结果

（6）运行 cqlsh 可进入 Cassandra 数据库操作页面，具体如下。

```
[root@qf01 bin] # ./cqlsh
Python 2.7 support is deprecated. Install Python 3.6 + or set CQLSH_NO_WARN_PY2 to suppress
this message.
Connected to Test Cluster at 127.0.0.1:9042
[cqlsh 6.0.0 | Cassandra 4.0.7 | CQL spec 3.4.5 | Native protocol v5]
Use HELP for help.
cqlsh>
```

由上述输出结果可知，使用 cqlsh 命令交互页面需要安装 Python 环境，并且提示不推荐使用 Python 2.7 版本而推荐使用 Python 3.6＋版本。cqlsh 作为 Cassandra 数据库表管理的命令行工具，可以进行各种数据库表的操作。cqlsh 实际上是一个 Python 程序，需要 Python 2.7 或 Python 3.6 版本以上环境的支持。因此，需要查看本系统自带的 Python 版本，具体如下。

```
[root@qf01 ~] # Python -- version
Python 2.7.5
```

需要注意的是，Cassandra 4.1.0 版本不支持 Python 3.6 以下版本。下载安装 Python 3，具体如下。

```
[root@qf01 ~] # yum - y install python3 python3 - devel
……省略部分过程……
已安装：
  python3.x86_64 0:3.6.8 - 18.el7              python3 - devel.x86_64 0:3.6.8 - 18.el7
作为依赖被安装：
  dwz.x86_64 0:0.11 - 3.el7                     libtirpc.x86_64 0:0.2.4 - 0.16.el7
  perl - srpm - macros.noarch 0:1 - 8.el7       python - rpm - macros.noarch 0:3 - 34.el7
  python - srpm - macros.noarch 0:3 - 34.el7    python3 - libs.x86_64 0:3.6.8 - 18.el7
  python3 - pip.noarch 0:9.0.3 - 8.el7          python3 - rpm - generators.noarch 0:6 - 2.el7
  python3 - rpm - macros.noarch 0:3 - 34.el7    python3 - setuptools.noarch 0:39.2.0 - 10.el7
  redhat - rpm - config.noarch 0:9.1.0 - 88.el7.centos    zip.x86_64 0:3.0 - 11.el7
完毕！
```

查看 Python 3 版本，具体如下。

```
[root@qf01 ~] # python3 -- version
Python 3.6.8
```

由上述输出结果可知，已经成功安装 Python 3.6.8。

重新启动 cqlsh，具体如下。

```
[root@qf01 bin] # ./cqlsh
Connected to Test Cluster at 127.0.0.1:9042
[cqlsh 6.0.0 | Cassandra 4.0.7 | CQL spec 3.4.5 | Native protocol v5]
Use HELP for help.
cqlsh>
```

由上述输出结果可知，已经成功进入 Cassandra 命令交互页面，此后可对 Cassandra 数据库进行操作和管理。另外，可以通过./cqlsh -help 查看 cqlsh 命令支持的参数，如-u 和-p 参数可以使用用户名和密码登录 cqlsh 交互页面。

**3. 常用工具**

在 Cassandra 主目录下的 bin 目录和 tools 目录中还为用户提供了一些工具。常用的工具如下。

（1）nodetool：用于监控管理集群节点的工具包。位于 Cassandra 安装目录的 bin 目录中，可以查看集群统计信息、节点信息、数据环信息、增删节点、刷新 Memtable 数据到 SSTable、合并 SSTable 等。

（2）sstableloader：Cassandra 提供的 bulkload 工具，可以将 sstable 文件加载到集群中。

（3）sstablescrub：删除集群中的冗余数据。

# 7.3　使用 CQL 管理数据

## 7.3.1　Cassandra 的数据类型

Cassandra 作为一种 NoSQL 类型的数据库，提供了与 SQL 类似的查询语言 CQL（Cassandra Query Language），进行数据管理等操作。CQL 与其他语言一样，也支持一系列丰富、灵活的数据类型，主要包括原生类型（Native_type）、集合类型（Collection_type）、用户定义类型（User-defined_type）、元组类型（Tuple_type）和自定义类型（Custom_type）。

### 1. 原生类型

Cassandra 的原生类型如表 7-2 所示。

表 7-2　Cassandra 的原生类型

| 数 据 类 型 | | 常　　量 | 说　　明 |
| --- | --- | --- | --- |
| 字符串型 | ascii | string | 表示 ASCII 字符串 |
| | text | string | 表示 UTF-8 编码的字符串 |
| | varchar | string | 表示 UTF-8 编码的字符串 |
| 整型 | bigint | integer | 表示 64 位有符号长整数 |
| | int | integer | 表示 32 位有符号整数 |
| | tinyint | integer | 表示 8 位有符号整数 |
| | smallint | integer | 表示 16 位有符号整数 |
| | varint | integer | 表示可变精度整数 |
| 浮点型 | decimal | integer、float | 表示可变精度浮点数 |
| | double | integer、float | 表示 64 位 IEEE-754 浮点数 |
| | float | integer、float | 表示 32 位 IEEE-754 浮点数 |
| 日期型 | date | string、integer | 一般格式为 yyyy-mm-dd |
| | time | string、integer | 一般格式为 hh:mm:ss[.fff] |
| | timestamp | integer、string | 表示时间戳，精度到毫秒 |
| | timeuuid | uuid | 时间相关的 uuid，可以使用 now() 作为值 |
| | duration | duration | 持续时间，使用 ISO 8601 格式 |
| 其他类型 | boolean | boolean | 表示 true 或 false |
| | counter | integer | 表示计数器列 |
| | inet | string | 表示一个 IP 地址，IPv4 或 IPv6 |
| | blob | blob | 表示任意字节数组 |
| | uuid | uuid | 表示 UUID 类数据 |

### 2. 集合类型

CQL 中可用的集合类型如表 7-3 所示。

表 7-3　CQL 中可用的集合类型

| 数据类型 | | 格　式 | 说　明 |
|---|---|---|---|
| 列表类型 | list | list < T > [ value, value, … ] | 列表(list)是一个或多个有序元素的集合。列表中的值不可以重复 |
| 集合类型 | set | set < T > { value, value, … } | set 是一个或多个元素的集合。集合中的值不可以重复 |
| 键值对集合 | map | map < T, T > { 'key1':value1, 'key2':value2 } | 映射(map)是键值对的集合 |

**3. 用户定义类型**

在 Cassandra 数据库中,用户可以自定义数据类型,包括创建、查询、修改、删除操作,具体如下。

1)创建数据类型

创建用户定义的数据类型的语法格式如下。

```
create type < typename > (
    column cql_type,
    …
    column cql_type
)
```

2)查询数据类型

查询所有的数据类型,具体如下。

```
cqlsh:test > describe types;
```

查询某个数据类型的语法格式如下。

```
describe type < typename >
```

3)修改数据类型

修改指定的数据类型,并添加一个新列,语法格式如下。

```
alter type < typename > ADD column cql_type;
```

修改指定的数据类型,并重命名,语法格式如下。

```
alter type < typename > RENAME < COLUMN > To < new_name >
```

4)删除数据类型

删除指定数据类型的语法格式如下。

```
drop type < typename >
```

需要注意的是,被删除的数据类型未被使用。

**4. 元组类型**

Cassandra 的元组类型是用户定义类型的替代类型,用户无须定义每个元素的名称,只需定义元组每个元素的类型即可。

## 7.3.2　CQL 的常用命令

在 CQL 中,标识符和关键字是不区分大小写的,通常情况下,关键字大写,自定义的标识符小写。CQL 与 SQL 的内部实现原理不同,并且 CQL 不支持 JOIN 和子查询。

223

第 7 章

CQL 的常用命令如下。

（1）查看 cqlsh 支持的命令，具体如下。

```
cqlsh> HELP
```

输出结果如下。

```
Documented shell commands:
===========================
CAPTURE   CLS         COPY   DESCRIBE  EXPAND  LOGIN   SERIAL  SOURCE   UNICODE
CLEAR     CONSISTENCY DESC   EXIT      HELP    PAGING  SHOW    TRACING
CQL help topics:
================
AGGREGATES              CREATE_KEYSPACE            DROP_TRIGGER      TEXT
ALTER_KEYSPACE          CREATE_MATERIALIZED_VIEW   DROP_TYPE         TIME
ALTER_MATERIALIZED_VIEW CREATE_ROLE                DROP_USER         TIMESTAMP
ALTER_TABLE             CREATE_TABLE               FUNCTIONS         TRUNCATE
ALTER_TYPE              CREATE_TRIGGER             GRANT             TYPES
ALTER_USER              CREATE_TYPE                INSERT            UPDATE
APPLY                   CREATE_USER                INSERT_JSON       USE
ASCII                   DATE                       INT               UUID
BATCH                   DELETE                     JSON
BEGIN                   DROP_AGGREGATE             KEYWORDS
BLOB                    DROP_COLUMNFAMILY          LIST_PERMISSIONS
BOOLEAN                 DROP_FUNCTION              LIST_ROLES
COUNTER                 DROP_INDEX                 LIST_USERS
CREATE_AGGREGATE        DROP_KEYSPACE              PERMISSIONS
CREATE_COLUMNFAMILY     DROP_MATERIALIZED_VIEW     REVOKE
CREATE_FUNCTION         DROP_ROLE                  SELECT
CREATE_INDEX            DROP_TABLE                 SELECT_JSON
```

（2）查看当前主机信息，具体如下。

```
cqlsh> SHOW HOST ;
```

输出结果如下。

```
Connected to Test Cluster at 127.0.0.1:9042
```

（3）查看 cqlsh、Cassandra 及 protocol 的版本，具体如下。

```
cqlsh> SHOW VERSION ;
```

输出结果如下。

```
[cqlsh 6.0.0 | Cassandra 4.0.7 | CQL spec 3.4.5 | Native protocol v5]
```

（4）查看集群的信息，具体如下。

```
cqlsh> DESCRIBE CLUSTER ;
```

输出结果如下。

```
Cluster: Test Cluster
Partitioner: Murmur3Partitioner
Snitch: DynamicEndpointSnitch
```

上述输出结果显示，Cluster 显示了集群的名字 Test Cluster，默认采用的 Partitioner（分区策略）为 Murmur3Partitioner。

（5）显示键空间列表，具体如下。

```
cqlsh> DESCRIBE KEYSPACES ;
```

输出结果如下。

```
system        system_distributed  system_traces  system_virtual_schema
system_auth  system_schema        system_views
```

由上述输出结果显示，system、system_distributed、system_traces 等键空间是系统自带的。

（6）显示键空间的所有表，具体如下。

```
cqlsh> DESCRIBE TABLES ;
```

输出结果如下。

```
Keyspace system
-----------------
available_ranges      paxos              size_estimates
available_ranges_v2  peer_events         sstable_activity
batches              peer_events_v2      table_estimates
built_views          peers               transferred_ranges
compaction_history   peers_v2            transferred_ranges_v2
"IndexInfo"          prepared_statements view_builds_in_progress
local                repairs
Keyspace system_auth
--------------------
network_permissions           role_members        roles
resource_role_permissons_index  role_permissions
Keyspace system_distributed
---------------------------
parent_repair_history  repair_history  view_build_status
Keyspace system_schema
----------------------
aggregates  dropped_columns  indexes    tables    types
columns     functions        keyspaces  triggers  views
Keyspace system_traces
----------------------
events sessions
Keyspace system_views
---------------------
caches                      internode_inbound   rows_per_read
clients                     internode_outbound  settings
coordinator_read_latency    local_read_latency  sstable_tasks
coordinator_scan_latency    local_scan_latency  system_properties
coordinator_write_latency   local_write_latency thread_pools
disk_usage                  max_partition_size  tombstones_per_read
Keyspace system_virtual_schema
------------------------------
columns keyspaces tables
```

上述输出结果显示，当前没有创建任何的键空间，这里显示的是默认内置的表。

（7）使用 EXPAND 命令后会扩展 SELECT 输出的结果展示形式。首先需要对每个对应的操作开启扩展，然后进行查询，最后关闭扩展。

① 开启扩展输出，具体如下。

```
cqlsh> EXPAND ON ;
```

输出结果如下。

```
Now Expanded output is enabled
```

例如查询键空间 system_auth 表 roles 中的数据,具体如下。

```
cqlsh> USE system_auth ;
```

输出结果如下。

```
cqlsh:system_auth> SELECT * FROM roles ;
@ Row 1
-----------+------------------------------------------------------------------
 role        | cassandra
 can_login   | True
 is_superuser| True
 member_of   | null
 salted_hash | $ 2a $ 10 $ /fwoRLLgy16Y0eEkQNjiZe1YNC8z2Lr5lnlWlt8M7h0/Pnmn6ylGS
(1 rows)
```

由上述输出结果可知,使用 USE 命令切换键空间,然后通过 SELECT 命令查询表 roles 中的数据,查询结果以列的形式显示行的内容。

② 关闭扩展输入,具体如下。

```
cqlsh:system_auth> EXPAND OFF ;
```

输出结果如下。

```
Disabled Expanded output.
```

再次查看查询键空间 system_auth 表 roles 中的数据,具体如下。

```
cqlsh:system_auth> SELECT * FROM roles ;
```

输出结果如下。

```
 role     | can_login | is_superuser | member_of | salted_hash
----------+-----------+--------------+-----------+---------------------------
 cassandra|    True   |     True     |    null   | $ 2a $ 10 $ /fwoRLLgy16Y0eEkQNjiZe1YNC8
                                                   z2Lr5lnlWlt8M7h0/Pnmn6ylGS
(1 rows)
```

上述输出结果显示,查询结果以行的形式显示。

(8) Capture 捕获命令,将输出结果添加到文件中。

例如,将所有的 SELECT 查询结果都保存至/mysoft/cassandra/outputfile 中,具体如下。

```
cqlsh:system_auth> CAPTURE '/mysoft/cassandra/outputfile' ;
```

输出结果如下。

```
Now capturing query output to '/mysoft/cassandra/outputfile'.
```

关闭或终止 cqlsh,具体如下。

```
cqlsh> EXIT ;
```

## 7.3.3　键空间操作

Cassandra 的键空间操作包括创建、查看、修改、删除操作,本节将详细讲解键空间的管理操作。

## 1. 创建键空间

创建键空间的语法格式如下。

```
CREATE KEYSPACE [ IF NOT EXISTS ] keyspace_name WITH options ;
//具体语法
CREATE KEYSPACE keyspace_name WITH replicaton = {'class':strategy name, 'replication_factor':
No of replications on different nodes};
```

在上述语法格式中，各关键字的意义如下。

（1）CREATE KEYSPACE 用于创建键空间。

（2）keyspace_name 表示键空间的名称，由数字和字母组成，不能为空，长度限制为 48 位标识符。

（3）class 表示复制策略的取值。strategy name 表示副本放置策略，内容包括 SimpleStrategy（简单策略）和 NetworkTopologyStrategy（网络拓扑策略），选择其中一个即可。简单策略是指在一个数据中心的情况下使用简单的策略，在这个策略中，第一个副本被放置在所选择的节点上，剩下的节点被放置在环的顺时针方向，而不考虑机架或节点的位置。网络拓扑策略是指用于多个数据中心的策略，在此策略中，需要分别为每个数据中心提供复制因子。

（4）replication_factor 表示复制因子。其值为整数，表示放置在不同节点上的数据的副本数。

接下来通过示例演示如何创建键空间，如例 7-1 所示。

【例 7-1】 创建一个名为 test_ks 的键空间，放置策略选择为简单策略，复制因子为 1 个副本。

```
cqlsh> CREATE KEYSPACE test_ks WITH replication = {'class': 'SimpleStrategy', 'replication_
factor': 1};
```

## 2. 查看键空间

查看指定键空间的语法格式如下。

```
DESCRIBE keyspace_name
```

下面通过示例演示如何查看键空间，如例 7-2 所示。

【例 7-2】 查看名为 test_ks 的键空间。

```
cqlsh> DESCRIBE test_ks ;
```

输出结果如下。

```
CREATE KEYSPACE test_ks WITH replication = {'class': 'SimpleStrategy', 'replication_factor':
'1'} AND durable_writes = true;
```

## 3. 修改键空间的属性

修改键空间属性的语法格式如下。

```
ALTER KEYSPACE "KeySpace Name"
WITH replication = {'class': 'Strategy name', 'replication_factor' : 'No.Of replicas'}
AND durable_writes = true/false;
```

在上述语句中，durable_writes 值可以通过指定其值 true/false 来更改，默认情况下为 true。若设置为 false，则不会将更新写入提交日志，反之亦然。

下面通过示例演示如何修改键空间的属性，如例 7-3 所示。

**【例 7-3】** 修改名为 test_ks 的键空间的属性,放置策略选择为网络拓扑策略,复制因子为 3 个副本。

```
cqlsh> ALTER KEYSPACE test_ks WITH replication = {'class': 'NetworkTopologyStrategy',
'replication_factor':3} AND durable_writes = 'ture';
```

**4. 删除键空间**

删除键空间的语法格式如下。

```
DROP KEYSPACE keyspace_name;
```

DROP KEYSPACE 命令用于从 Cassandra 中删除所有数据、列族、用户定义的类型和索引的键空间。

下面通过示例演示如何删除键空间,如例 7-4 所示。

**【例 7-4】** 删除名为 test_ks 的键空间的属性。

```
cqlsh> DROP KEYSPACE test_ks ;
```

## 7.3.4 数据表操作

在 Cassandra 数据库中,对数据表的操作包括创建、查看、修改、删除等操作。接下来将详细讲解对数据表的管理操作。

**1. 创建表**

创建表的基本语法格式如下。

```
CREATE TABLE [ IF NOT EXISTS ] table_name (
    column1 cql_type,
    column2 cql_type,
    column3 cql_type,
    …
    PRIMARY KEY(colunm1,column2,… )
)[WITH < option > AND < option >];
```

或者

```
CREATE TABLE [ IF NOT EXISTS ] table_name (
    column1 cql_type PRIMARY KEY,
    column2 cql_type,
    column3 cql_type,
    …
)[WITH < option > AND < option >];
```

在上述语句中,table_name 表示表名;column 表示列的名称;cql_type 表示列的数据类型;PRIMARY KEY 表示表的主键,由一个或多个 column 组成,用于唯一标识行的列,因此,在创建表时必须定义主键。

下面通过示例演示如何创建数据表,如例 7-5 所示。

**【例 7-5】** 在键空间 test_ks 中,创建表 books_tb,定义的列包括 book_id、book_name、book_author 等。

```
cqlsh> DROP KEYSPACE test_ks ;
cqlsh> CREATE KEYSPACE test_ks WITH replication = {'class': 'SimpleStrategy','replication_
factor':1};
cqlsh> USE test_ks ;
cqlsh:test_ks> CREATE TABLE books_tb(book_id int primary key,book_name text,book_author text);
```

由上述输出结果可知,成功创建了键空间 test_ks,并且在 test_ks 中创建了表 books_tb。

**2. 查看表结构**

查看表的结构信息的语法格式如下。

```
DESCRIBE TABLE table_name;
```

下面通过示例演示如何查看表的结构信息,如例 7-6 所示。

【例 7-6】 查看表 books_tb 的结构信息。

```
cqlsh:test_ks > DESCRIBE TABLE books_tb ;
```

输出结果如下。

```
CREATE TABLE test_ks.books_tb (
    book_id int PRIMARY KEY,
    book_author text,
    book_name text
) WITH additional_write_policy = '99p'
    AND bloom_filter_fp_chance = 0.01
    AND caching = {'keys': 'ALL', 'rows_per_partition': 'NONE'}
    AND cdc = false
    AND comment = ''
    AND compaction = {'class': 'org.apache.cassandra.db.compaction.SizeTieredCompactionStrategy',
'max_threshold': '32', 'min_threshold': '4'}
    AND compression = {'chunk_length_in_kb': '16', 'class': 'org.apache.cassandra.io.compress.
LZ4Compressor'}
    AND crc_check_chance = 1.0
    AND default_time_to_live = 0
    AND extensions = {}
    AND gc_grace_seconds = 864000
    AND max_index_interval = 2048
    AND memtable_flush_period_in_ms = 0
    AND min_index_interval = 128
    AND read_repair = 'BLOCKING'
    AND speculative_retry = '99p';
```

由上述输出结果可知,DESCRIBE TABLE 命令将建表语句以格式化的形式显示出来,包括表 books_tb 定义的列 book_id、book_name、book_author,以及其他默认信息。

另外,可以通过 DESCRIBE TABLES 命令查看当前键空间下的所有表,具体如下。

```
cqlsh:test_ks > DESCRIBE TABLES ;
```

输出结果如下。

```
books_tb
```

**3. 修改表结构**

ALTER TABLE 命令用于在创建表后修改表,主要包括添加列和删除列,语法格式如下。

(1)添加一列。

```
ALTER TABLE table_name ADD new_column cql_type;
```

(2)删除一列。

```
ALTER TABLE table_name DROP column_name;
```

（3）删除多列。

```
ALTER TABLE table_name DROP (column_name1,column_name2,…);
```

在上述语句中，table_name 表示表名；new_column 表示新添加的列，column_name 表示要被删除的列；cql_type 表示列的数据类型。需要注意的是，表的主键不会被更改，新添加的列不能成为主键。另外，当使用 DROP 删除表中的列时，会删除其所有内容。

下面通过示例演示如何修改表结构，如例 7-7 所示。

**【例 7-7】** 为表 books_tb 添加新列 publisher，删除列 book_author。

```
cqlsh:test_ks > ALTER TABLE books_tb ADD publisher text;
cqlsh:test_ks > ALTER TABLE books_tb DROP book_author ;
```

为了进一步验证，查看表 books_tb 的表结构信息，具体如下。

```
cqlsh:test_ks > DESCRIBE TABLE books_tb ;
```

输出结果如下。

```
CREATE TABLE test_ks.books_tb (
    book_id int PRIMARY KEY,
    book_name text,
    publisher text
) WITH additional_write_policy = '99p'
    AND bloom_filter_fp_chance = 0.01
    AND caching = {'keys': 'ALL', 'rows_per_partition': 'NONE'}
    AND cdc = false
    AND comment = ''
    AND compaction = {'class': 'org.apache.cassandra.db.compaction.SizeTieredCompactionStrategy',
'max_threshold': '32', 'min_threshold': '4'}
    AND compression = {'chunk_length_in_kb': '16', 'class': 'org.apache.cassandra.io.compress.
LZ4Compressor'}
    AND crc_check_chance = 1.0
    AND default_time_to_live = 0
    AND extensions = {}
    AND gc_grace_seconds = 864000
    AND max_index_interval = 2048
    AND memtable_flush_period_in_ms = 0
    AND min_index_interval = 128
    AND read_repair = 'BLOCKING'
    AND speculative_retry = '99p';
```

**4. 删除表**

删除表的语法格式如下。

```
DROP TABLE table_name;
```

下面通过示例演示如何删除表，如例 7-8 所示。

**【例 7-8】** 删除表 books_tb。

```
cqlsh:test_ks > DROP TABLE books_tb ;
```

为了进一步验证，查看当前键空间下的所有表，具体如下。

```
cqlsh:test_ks > DESCRIBE TABLES ;
```

## 7.3.5 数据 CRUD 操作

操作表中数据的主要方式包括插入数据、查看数据、修改数据、删除数据，接下来将详细讲解数据的 CRUD 操作方式。

**1. 插入数据**

使用 INSERT 命令将数据插入表中行的列中,语法格式如下。

```
INSERT INTO table_name(< column_name1 >, < column_name2 >, … )
VALUES (< value1 >, < value2 >, … )
USING < option >
```

在上述语句中,table_name 表示数据表的名称,column_name 表示列名,value1 对应 column_name1 的值,以此类推。除此之外,向表中插入数据的方式如下。

```
INSERT INTO table_name JSON '{"key1": "value1", "key2": "value2", "key3": "value3", …}';
```

在 INSERT 语句中,使用 VALUES 语法时,需要提供列表名;而在使用 JSON 语法时,column 是可选的。

在讲解示例前,首先在键空间 test_ks 中创建一个表 movie_tb,movie_tb 的表结构如表 7-4 所示。

表 7-4　movie_tb 的表结构

| 列　　名 | 数 据 类 型 | 说　　明 |
| --- | --- | --- |
| mov_id | int,primary key | 电影 ID |
| movie | text | 电影名称 |
| type | map | 题材 |
| roles | text < text,text > | 角色 |
| showtime | text | 上映日期 |

创建表 movie_tb,具体如下。

```
cqlsh:test_ks > CREATE TABLE movie_tb(mov_id int primary key,movie text,type map< text,text >,
roles text, showtime text);
```

下面通过示例演示如何插入数据,如例 7-9 和例 7-10 所示。

【例 7-9】 向表 movie_tb 中插入数据,数据内容为"电影 ID:1001,电影名称:《哪吒之魔童降世》,类别:电影,主要角色:哪吒、敖丙,上映时间:2019-7-26"。

```
cqlsh:test_ks > INSERT INTO movie_tb (mov_id, movie , type , roles , showtime ) VALUES ( 1001,
'《哪吒之魔童降世》',{'1':'电影'},'哪吒、敖丙','2019 − 7 − 26');
```

【例 7-10】 向表 movie_tb 中插入数据,数据内容为"电影 ID:1002,电影名称:《守岛人》,主要角色:王继才、王仕花、王长杰,上映时间:2021-6-18"。

```
cqlsh:test_ks > INSERT INTO movie_tb JSON '{"mov_id":"1002","movie":"《守岛人》","roles":
"王继才、王仕花、王长杰","showtime":"2021 − 6 − 18"}';
```

**2. 查看数据**

使用 SELECT 命令查看或读取表中的数据,语法格式如下。

```
SELECT column,column, … FROM table_name WHERE < condition >;
```

在上述语句中,使用 * 代替 column 可以读取整个表;使用 WHERE 子句,可以对必需的列设置约束,以读取特定的数据。Cassandra 查询有很多限制,如只能单表查询,不支持联表查询和子查询,查询条件只支持 key 查询和索引列查询,而且 key 有顺序的限制等。WHERE 子句只能用于主键的列,或者在具有辅助索引的列上使用。

SELECT 语句可搭配的条件子句还包括如下 4 个语句。

（1）SELECT 语句与 ORDER BY 子句一起使用，用于以特定顺序读取特定数据。

（2）SELECT 语句与 GROUP BY 子句一起使用，用于对行进行分组。GROUP BY 字句中的字段只能是 partition key 或者聚类主键。

（3）SELECT 语句与 LIMIT 子句一起使用，用于查询为给定分区返回的行数。

（4）SELECT 语句与 ALLOW FILTERING 子句一起使用，用于精确查询和强制查询。在查询条件中，有一个是根据索引查询，而其他非索引非主键字段，可以通过加一个 ALLOW FILTERING 来实现过滤；在查询非索引非主键字段中，只要加了 ALLOW FILTERING 条件，就会根据索引查出来的值，对结果进行再次过滤。

下面通过示例演示如何查看数据，如例 7-11 所示。

**【例 7-11】** 查看表 movie_tb 中的所有数据。

```
cqlsh:test_ks > SELECT * FROM movie_tb ;
```

输出结果如下。

```
 mov_id | type        | roles          | movie         | showtime
--------+-------------+----------------+---------------+---------------
   1001 | {'1': '电影'} |     哪吒、敖丙   | 《哪吒之魔童降世》| 2019 - 7 - 26
   1002 |        null |  王继才、王仕花、王长杰 | 《守岛人》      | 2021 - 6 - 18
(2 rows)
```

若想将上述查询结果以 JSON 的形式显示，则可以执行以下命令。

```
cqlsh:test_ks > SELECT JSON * FROM movie_tb ;
```

输出结果如下。

```
 [json]
-----------------------------------------------------------------------
-----------------------------------------------------------
{"mov_id": 1001, "type": {"1": "电影"}, "roles": "哪吒、敖丙", "movie": "《哪吒之魔童降世》",
"showtime": "2019 - 7 - 26"}
    {"mov_id": 1002, "type": null, "roles": "王继才、王仕花、王长杰", "movie": "《守岛人》",
"showtime": "2021 - 6 - 18"}
(2 rows)
```

查看表 movie_tb 中的 movie 为《哪吒之魔童降世》的类别和主要角色信息，具体如下。

```
cqlsh:test_ks > CREATE INDEX on movie_tb (movie);
cqlsh:test_ks > SELECT movie,type,roles FROM movie_tb WHERE movie = '《哪吒之魔童降世》';
```

输出结果如下。

```
 movie           | type        | roles
-----------------+-------------+-----------
 《哪吒之魔童降世》 | {'1': '电影'} | 哪吒、敖丙
(1 rows)
```

由于 movie 字段并非主键，在使用 WHERE 子句时，需要提前将 movie 字段设置为辅助索引，然后执行查询命令。

**3. 修改数据**

使用 UPDATE 命令修改数据的语法格式如下。

```
UPDATE table_name
SET
     column_name = new_value,
     column_name = value,
     ...
WHERE < condition >
```

在上述语句中,UPDATE 是用于更新表中数据的命令,可以更新一个或多个列;SET 子句用于设置值;WHERE 子句用于选择要更新的行,并且必须包含组成 PRIMARY KEY 的列。在 CQL 中的 UPDATE 命令不会检查行是否可用,如果该行不存在那么将创建一个新行。

下面通过示例演示如何更新数据,如例 7-12 所示。

【例 7-12】 将表 movie_tb 中的《哪吒之魔童降世》的类别信息修改为电影、动画、神话,《守岛人》的类别信息修改为剧情。

```
cqlsh:test_ks > UPDATE movie_tb SET type = {'1':'电影','2':'动画','3':'神话'} WHERE mov_id = 1001;
cqlsh:test_ks > UPDATE movie_tb SET type = {'1':'剧情'} WHERE mov_id = 1002;
```

可进一步验证表 movie_tb 中的数据是否被修改,具体如下。

```
cqlsh:test_ks > SELECT * FROM movie_tb ;
```

输出结果如下。

```
mov_id | type                             | roles            | movie         | showtime
-------+----------------------------------+------------------+---------------+-----------
  1001 |{'1': '电影', '2': '动画', '3': '神话'}| 哪吒 、敖丙   |《哪吒之魔童降世》| 2019 - 7 - 26
  1002 |                    {'1': '剧情'}  | 王继才、王仕花、王长杰 |《守岛人》  | 2021 - 6 - 18
(2 rows)
```

#### 4. 删除数据

(1) 使用 DELETE 命令删除完整的表或选定的行,语法格式如下。

```
DELETE FROM table_name WHERE < condition >;
```

下面通过示例演示如何删除行数据,如例 7-13 所示。

【例 7-13】 将表 movie_tb 中的电影名为《哪吒之魔童降世》的数据删除。

```
cqlsh:test_ks > DELETE from movie_tb WHERE mov_id = 1001;
cqlsh:test_ks > SELECT * FROM movie_tb ;
```

输出结果如下。

```
 mov_id | type          | roles                | movie    | showtime
 -------+---------------+----------------------+----------+-----------
   1002 | {'1': '剧情'} | 王继才、王仕花、王长杰   |《守岛人》 | 2021 - 6 - 18
(1 rows)
```

(2) 使用 DELETE 命令删除完整的列或选定的列,语法格式如下。

```
DELETE colum, ... FROM table_name WHERE < condition >;
```

下面通过示例演示如何删除列数据,如例 7-14 所示。

【例 7-14】 将表 movie_tb 中的列为 type 的值删除。

```
cqlsh:test_ks > DELETE type FROM movie_tb WHERE mov_id IN ( 1001,1002);
```

在上述语句中,IN() 表示 mov_id 的取值范围。

可进一步验证表 movie_tb 中列为 type 的值是否被删除,具体如下。

233

第
7
章

```
cqlsh:test_ks > SELECT * FROM movie_tb ;
```

输出结果如下。

```
 mov_id | type | roles              | movie   | showtime
--------+------+--------------------+---------+-------------
   1002 | null | 王继才、王仕花、王长杰  | 《守岛人》| 2021 - 6 - 18
(1 rows)
```

因为 Cassandra 是分布式数据库,所以与关系数据库相比,数据删除要更加复杂。当删除一条数据时,会被写入一个被称作墓碑(Tombstone)的标记,用于记录一个删除操作,并且表示之前的值被删除了;等到执行合并(compact,gc_grace_seconds 默认为 864 000 秒,即 10 天)时,就利用这些墓碑数据删除 SSTable 中对应的数据。

(3) TRUNCATE 命令用于截断表。使用 TRUNCATE 命令可以将表中的所有数据永久删除,语法格式如下。

```
TRUNCATE table_name
```

下面通过示例演示如何删除列数据,如例 7-15 所示。

【例 7-15】 将表 movie_tb 中的数据全部删除。

```
cqlsh:test_ks > TRUNCATE movie_tb ;
cqlsh:test_ks > SELECT * FROM movie_tb ;
```

输出结果如下。

```
 mov_id | type | roles | movie | showtime
--------+------+-------+-------+----------
(0 rows)
```

## 7.3.6 批量处理

在 Cassandra 中,Cqlsh 提供了 BATCH 命令来执行批量处理操作。通过批量处理操作可以同时执行多条修改语句,如插入数据、更新数据、删除数据等。

BATCH 命令用于组合多条语句到一条语句中,语法格式如下。

```
BEGIN BATCH
    < insert - stmt > ;
    < update - stmt > ;
    < delete - stmt > ;
    ...
APPLY BATCH ;
```

在上述语句中,批量处理操作以 BEGIN BATCH 开始,以 APPLY BATCH 停止。使用 BATCH 语句只能执行 UPDATE、INSERT 和 DELETE 语句,如果未为每个操作指定时间戳,则所有 BATCH 操作将使用相同的时间戳。

在批处理多个更新操作时,可以节省客户端和服务器端之间或者服务器端协调器和副本之间的网络往返时间。默认情况下,批处理中的所有操作都按记录执行,以确保所有更新最终完成(或不会完成)。

下面通过示例演示如何批量处理数据,如例 7-16 所示。

【例 7-16】 通过批量处理对表 movie_tb 实现如下操作。

(1) 向表 movie_tb 中插入数据"电影 ID:1003,类别:家庭,主要角色:莫三妹、武小

文、王建仁,电影名:《人生大事》";

(2) 向表 movie_tb 中插入数据"电影 ID:1004,类别:{'乘风':革命,'诗':建设,'鸭先知':改革开放,'少年行':信息现代},角色:马仁兴、马乘风、大春子、施儒宏、袁近辉、郁凯迎、赵平洋、赵晓冬、韩婧雅、邢一浩、小小、马黛玉,电影名:《我和我的父辈》,上映时间:2021-9-30";

(3) 向表 movie_tb 中插入数据"电影 ID:1005,角色:姜子牙、小九、申公豹,电影名:《姜子牙》";

(4) 将表 movie_tb 中编号为 1003 的电影上映时间更新为 2022-6-24;

(5) 将表 movie_tb 中编号为 1005 的 roles 列删除。

```
cqlsh:test_ks > BEGIN BATCH
         ··· INSERT INTO movie_tb (mov_id , type , roles , movie ) VALUES ( 1003,{'1':'家庭'},
'莫三妹、武小文、王建仁','《人生大事》');
         ··· INSERT INTO movie_tb (mov_id , type , roles , movie , showtime ) VALUES ( 1004,
{'《乘风》':'革命','《诗》':'建设','《鸭先知》':'改革开放','《少年行》':'信息现代'},'马仁兴、马乘风、
大春子、施儒宏、袁近辉、郁凯迎、赵平洋、赵晓冬、韩婧雅、邢一浩、小小、马黛玉','《我和我的父辈》',
'2021 - 9 - 30');
         ··· INSERT INTO movie_tb (mov_id , roles , movie ) VALUES (1005,'姜子牙、小九、申公豹',
'《姜子牙》');
         ··· UPDATE movie_tb SET showtime = '2022 - 6 - 24' WHERE mov_id = 1003;
         ··· DELETE roles FROM movie_tb WHERE mov_id = 1005;
APPLY BATCH ;
```

查看表 movie_tb 的所有数据,具体如下。

```
cqlsh:test_ks > SELECT * FROM movie_tb ;
```

输出结果如下。

```
 mov_id | type       | roles              | movie    | showtime
--------+------------+--------------------+----------+--------------------
   1004 | {'《乘风》': '革命', '《少年行》': '信息现代', '《诗》': '建设', '《鸭先知》': '改革开放'}|
马仁兴、马乘风、大春子、施儒宏、袁近辉、郁凯迎、赵平洋、赵晓冬、韩婧雅、邢一浩、小小、马黛玉|
《我和我的父辈》| 2021 - 9 - 30
   1005 |       null |               null |  《姜子牙》| null
   1003 |   {'1': '家庭'}| 莫三妹、武小文、王建仁| 《人生大事》| 2022 - 6 - 24
(3 rows)
```

## 7.3.7　索引操作

在 Cassandra 中,对列值的索引叫作"二级索引",它与列族(Column Families)中对 Key 的索引不同。Cassandra 数据库主要采用二级索引机制,解决了查询不属于主键的列的需求,并且在读取和写入时不会引起操作阻塞。

在建立索引时,Cassandra 会在后台创建一个隐藏表来存储索引数据,与常规表不同,Cassandra 不使用集群范围的分区器分发隐藏索引表,索引数据与源数据位于同一节点上。因此,在使用二级索引执行搜索查询时,Cassandra 会从每个节点读取索引数据并收集所有结果。如果集群有很多节点,这可能会导致数据传输增加和高延迟。

合理地使用索引能够提高数据的访问效率,但不是所有情况都需要采取索引方式,如以下场景。

(1) 列重复值过多的场景下,例如保存歌曲的数据表中有一亿条数据,每首歌的 singer

都是一样的，这种情况不建议索引 singer 列。

（2）counter 类型的列不能进行索引。

（3）频繁更新或者删除的列不建议进行索引。

### 1. 创建索引

创建索引的语法格式如下。

```
CREATE INDEX index_name ON table_name(column);
```

在上述语句中，CREATE INDEX 命令用于在用户指定的列上创建一个索引。如果选择索引的列已存在数据，则 Cassandra 会在 CREATE INDEX 语句执行后在指定数据列上创建索引。需要注意的是，主键已编入索引，因此无法在主键上创建索引；Cassandra 不支持在集合上建立索引；除主键外的列，若不建立索引，则不能进行读取和过滤。

在讲解示例前，首先创建一个数据表 music_tb，如表 7-5 所示。

表 7-5　数据表 music_tb

| song_id（int，primary key） | song_name（text，primary key） | singer-style（text） | album-theme（text） |
|---|---|---|---|
| 2001 | 明天会更好 | 流行 | 向往美好生活 |
| 2002 | 好一朵美丽的茉莉花 | 民歌 | 赞美、和平、友谊 |
| 2003 | 让世界充满爱 | 流行 | 公益歌曲 |

创建数据表 music_tb 并添加相关数据，具体如下。

```
cqlsh:test_ks > CREATE TABLE music_tb(song_id int, song_name text, style text, theme text, primary KEY (song_id , song_name ));
cqlsh:test_ks > INSERT INTO music_tb (song_id , song_name , style , theme ) VALUES ( 2001,'明天会更好','流行','向往美好生活');
cqlsh:test_ks > INSERT INTO music_tb (song_id , song_name , style , theme ) VALUES (2002,'好一朵美丽的茉莉花','民歌','赞美、和平、友谊');
cqlsh:test_ks > INSERT INTO music_tb (song_id , song_name , style , theme ) VALUES (2003,'让世界充满爱','流行','公益歌曲');
```

查看表 music_tb 中的所有数据，具体如下。

```
cqlsh:test_ks > SELECT * FROM music_tb ;
```

输出结果如下。

```
 song_id | song_name        | theme        | style
---------+------------------+--------------+------
    2003 |     让世界充满爱  |     公益歌曲  | 流行
    2001 |       明天会更好  |   向往美好生活 | 流行
    2002 | 好一朵美丽的茉莉花 | 赞美、和平、友谊 | 民歌
(3 rows)
```

下面通过示例演示如何创建索引，如例 7-17 所示。

【例 7-17】　在表 movie_tb 中的 style 列上创建索引。

```
cqlsh:test_ks > CREATE INDEX style_idx ON music_tb (style) ;
```

上述命令中，在表 movie_tb 中的 style 列上创建索引 style_idx。索引信息可以使用 DESC 命令查看，具体如下。

```
cqlsh:test_ks > DESC music_tb ;
```

输出结果如下。

```
CREATE TABLE test_ks.music_tb (
    song_id int,
    song_name text,
    theme text,
    style text,
    PRIMARY KEY (song_id, song_name)
) WITH CLUSTERING ORDER BY (song_name ASC)
    AND additional_write_policy = '99p'
    AND bloom_filter_fp_chance = 0.01
    AND caching = {'keys': 'ALL', 'rows_per_partition': 'NONE'}
    AND cdc = false
    AND comment = ''
    AND compaction = {'class': 'org.apache.cassandra.db.compaction.SizeTieredCompactionStrategy',
'max_threshold': '32', 'min_threshold': '4'}
    AND compression = {'chunk_length_in_kb': '16', 'class': 'org.apache.cassandra.io.compress.
LZ4Compressor'}
    AND crc_check_chance = 1.0
    AND default_time_to_live = 0
    AND extensions = {}
    AND gc_grace_seconds = 864000
    AND max_index_interval = 2048
    AND memtable_flush_period_in_ms = 0
    AND min_index_interval = 128
    AND read_repair = 'BLOCKING'
    AND speculative_retry = '99p';
CREATE INDEX style_idx ON test_ks.music_tb (style);
```

除此之外,也可以通过再次创建 style 列的索引验证,具体如下。

```
cqlsh:test_ks > CREATE INDEX style_idx ON music_tb (style);
```

输出结果如下。

```
InvalidRequest: Error from server: code = 2200 [Invalid query] message = "Index 'style_idx'
already exists"
```

查找 style 为"流行"的歌曲数据,具体如下。

```
cqlsh:test_ks > SELECT * FROM music_tb WHERE style = '流行';
```

输出结果如下。

```
 song_id | song_name    | theme      | style
---------+--------------+------------+-------
    2003 | 让世界充满爱 |   公益歌曲 | 流行
    2001 |   明天会更好 | 向往美好生活 | 流行

(2 rows)
```

### 2. 删除索引

删除索引的语法格式如下。

```
DROP INDEX [IF EXISTS] index_name;
```

下面通过示例演示如何删除索引,如例 7-18 所示。

【例 7-18】 将表 movie_tb 中的 style 列上的索引删除。

```
cqlsh:test_ks > DROP INDEX style_idx;
```

接下来,再次查询 style 为"流行"的歌曲数据,具体如下。

```
cqlsh:test_ks > SELECT * FROM music_tb WHERE style = '流行';
```

输出结果如下。

```
InvalidRequest: Error from server: code = 2200 [Invalid query] message = "Cannot execute this
query as it might involve data filtering and thus may have unpredictable performance. If you
want to execute this query despite the performance unpredictability, use ALLOW FILTERING"
```

由上述输出结果可知,命令执行后返回错误。

### 7.3.8 函数支持

CQL 主要提供了以下两种类别的函数。

(1) 聚合函数:接收每一行的值,然后为整个集合返回一个值,用于计数(Count)、求最小值(Min)、求最大值(Max)、求和(Sum)、求平均值(Avg)等。如果普通列、标量函数、UDT 字段、WriteTime 或 TTL 与聚合函数一起选择,则为它们返回的值将是与查询匹配的第一行的值。

(2) 标量函数:采用多个值并生成输出。

**1. 聚合函数**

常用的聚合函数如下。

(1) Count 函数用于计算行数。

(2) Max 函数用于计算给定列的最大值。

(3) Min 函数用于计算给定列的最小值。

(4) Sum 函数用于对给定列的所有值求和。

(5) Avg 函数用于计算给定列的所有值的平均值。

在讲解聚合函数的示例前,先准备一个数据表 user_record,如表 7-6 所示。

表 7-6    数据表 user_record

| user_id | user_name | user_city | fans_num |
| --- | --- | --- | --- |
| 3001 | 李丽 | Shandong | 2300 |
| 3002 | 陆西 | Sichuan | 12 000 |
| 3003 | 周洁 | Beijing | 80 000 |
| 3004 | 朱莉 | Hebei | 800 |
| 3005 | 周可可 | Guangdong | 6900 |

创建数据表 user_record 并插入数据,具体如下。

```
cqlsh:test_ks > BEGIN BATCH
        INSERT INTO user_record (user_id , user_name , user_city , fans_num ) VALUES ( 3001,
'李丽','Shandong',2300);
        INSERT INTO user_record (user_id , user_name , user_city , fans_num ) VALUES ( 3002,
'陆西','Sichuan',12000);
        INSERT INTO user_record (user_id , user_name , user_city , fans_num ) VALUES ( 3003,
'周洁','Beijing',80000);
        INSERT INTO user_record (user_id , user_name , user_city , fans_num ) VALUES ( 3004,
'朱莉','Hebei',800);
        INSERT INTO user_record (user_id , user_name , user_city , fans_num ) VALUES ( 3005,
'周可可','Guangdong',6900);
        APPLY BATCH ;
```

查看表 user_record 中的所有数据,具体如下。

```
cqlsh:test_ks > SELECT * FROM user_record ;
```

输出结果如下。

```
 user_id | user_name | fans_num | user_city
---------+-----------+----------+-----------
    3004 |      朱莉 |      800 | Hebei
    3003 |      周洁 |    80000 | Beijing
    3002 |      陆西 |    12000 | Sichuan
    3005 |    周可可 |     6900 | Guangdong
    3001 |      李丽 |     2300 | Shandong

(5 rows)
```

下面通过示例演示如何使用聚合函数，如例 7-19 所示。

**【例 7-19】** 统计表 user_record 的行数。

```
cqlsh:test_ks > SELECT count( * ) FROM user_record ;
```

输出结果如下。

```
 count
-------
     5

(1 rows)
```

计算表 user_record 中 fans_num 列中的最大值和最小值，具体如下。

```
cqlsh:test_ks > SELECT max(fans_num),min(fans_num) FROM user_record ;
```

输出结果如下。

```
 system.max(fans_num) | system.min(fans_num)
----------------------+----------------------
                80000 |                  800

(1 rows)
```

计算表 user_record 中 fans_num 列值的和，具体如下。

```
cqlsh:test_ks > SELECT sum(fans_num) FROM user_record ;
```

输出结果如下。

```
 system.sum(fans_num)
----------------------
               102000

(1 rows)
```

计算表 user_record 中 fans_num 列值的平均值，具体如下。

```
cqlsh:test_ks > SELECT avg(fans_num) FROM user_record ;
```

输出结果如下。

```
 system.avg(fans_num)
----------------------
                20400

(1 rows)
```

### 2. 标量函数

1) cast()函数

cast()函数用于将一种本地数据类型转换为另一个数据类型，如例 7-20 所示。

【例 7-20】 将表 user_record 的 fans_num 列的数据类型转换成 text 类型。

```
cqlsh:test_ks > SELECT cast(fans_num as text) FROM user_record ;
```

输出结果如下。

```
 cast(fans_num as text)
------------------------
                    800
                  80000
                  12000
                   6900
                   2300

(5 rows)
```

2）Token()函数

Token()函数的参数为列名,用于计算给定分区键的 Token。Token()函数的确切值由相关表和集群使用的分区程序决定。分区键列的类型决定着 Token()函数参数的返回类型,Token()函数的返回类型主要如表 7-7 所示。

表 7-7　Token()函数的返回类型

| 分 区 程 序 | 返回的类型 |
| --- | --- |
| Murmur3Partitioner | bigint |
| RandomPartitioner | varint |
| ByteOrderedPartitioner | blob |

3）Now()函数

Now()函数用于在协调器节点上生成唯一的 timeuuid。currentTimeUUID 是 Now()函数的别名。

4）时间日期函数

时间日期函数用于检索日期/时间,如表 7-8 所示。

表 7-8　时间日期函数

| 函 数 名 称 | 输 出 类 型 |
| --- | --- |
| currentTimestamp | timestamp |
| currentDate | date |
| currentTime | time |
| currentTimeUUID | timeUUID |

例如,使用时间日期函数检索最近两天的数据,具体如下。

```
SELECT * FROM myTable WHERE date >= currentDate() - 2d;
```

5）时间转换函数

CQL 提供了许多函数来转换时间类型的列,例如 toDate()函数将参数转换为 date 类型,toTimestamp()函数将参数转换为 toTimestamp 类型,toUnixTimestamp()函数将参数转换为 bigInt 类型。

6）用户自定义函数

在 Cassandra 中用户自定义函数(User Defined Function,UDF)支持执行用户提供的

代码。默认情况下,Cassandra 支持在 Java 和 JavaScript 中定义函数,或者通过向类路径添加 JAR 来支持其他符合 JSR 223 的脚本语言,如 Python、Ruby 和 Scala。

UDF 是 Cassandra 架构的一部分,可以自动传播到集群中的所有节点。UDF 支持重载,以便具有不同参数类型的多个 UDF 可以具有相同的函数名称。

创建用户自定义函数的语法格式如下。

```
CREATE FUNCTION sample ( arg int ) … ;
CREATE FUNCTION sample ( arg text ) … ;
```

删除用户自定义函数的语法格式如下。

```
DROP FUNCTION function_name;
```

在上述语句中,若存在名称相同但参数类型不同的函数,则必须在 DROP 命令中指定函数的参数类型,例如以下命令。

```
DROP FUNCTION myfunction;
DROP FUNCTION mykeyspace.afunction;
DROP FUNCTION afunction ( int );
DROP FUNCTION afunction ( text );
```

# 7.4　Cassandra 数据库高级管理

## 7.4.1　数据导入与导出

Cassandra 导入和导出批量数据的方法主要有以下 4 种。

(1) COPY TO/FROM 命令:该命令需要在 Shell 环境下运行,支持 CSV 文件格式及标准输入和输出,能够实现 Cassandra 与其他数据库的数据迁移。

(2) sstableloader:sstableloader 在 Cassandra 的 bin 目录下,是 Cassandra 提供的 bulkload 工具,可以将 sstable 文件导入到集群中进行集群间的数据迁移。sstableloader 适用于大数据量的迁移。

(3) snapshots:Cassandra 正牌的备份恢复工具,但不用于与其他数据库系统进行数据迁移。

(4) ETL 工具:很多第三方的 ETL(Extract-Transform-Load,抽取-转换-加载)工具支持从其他数据库向 Cassandra 数据库迁移数据,这类工具的特点是价格昂贵。

本节主要讲解使用 COPY TO/FROM 命令实现数据的导入与导出。COPY FROM 用于从 CSV 文件或标准输入导入数据到表,语法格式如下。

```
COPY < tablename > [ ( column [, … ] ) ]
    FROM ( '< filename >' | STDIN )
    [ WITH < option > = 'value'[AND … ] ];
```

而 COPY TO 用于将表数据导出到 CSV 文件或标准输出,语法格式如下。

```
COPY < tablename > [ ( column [, … ] )
    TO ( '< filename >' | STDOUT )
    [ WITH < option > = 'value'[AND … ] ];
```

在上述语句中,WITH option＝'value'用于指定 CSV 文件的格式、分隔符、引用、转移字符、文件编码、时间格式等。如果不指定列名,会按表元数据中记载的列顺序输出所有的列。同样,如果 CSV 文件也是按相同的顺序组织数据,执行 COPY FROM 命令时也可以忽略所有的列名。

执行 COPY TO/FROM 命令时,可以只指定部分列进行部分数据的导出和导入,而且可以以任意顺序指定列名。需要注意的是,如果表中已经存在数据,COPY FROM 命令不会清空已有的数据。

下面通过示例演示如何导出数据,如例 7-21 所示。

【例 7-21】 将表 user_record 的所有数据导出至本地的/data_user.csv 中。

```
cqlsh:test_ks > COPY user_record(user_id , user_name , user_city , fans_num ) TO '/data_user.csv';
```

输出结果如下。

```
Using 1 child processes
Starting copy of test_ks.user_record with columns [user_id, user_name, user_city, fans_num].
Processed: 5 rows; Rate:      35 rows/s; Avg. rate:      35 rows/s
5 rows exported to 1 files in 0.145 seconds.
```

由上述输出结果可知,数据被成功导出。可进一步查看本地的/data_user.csv 文件,具体如下。

```
[root@qf01 ~] # cat /data_user.csv
3002,陆西,Sichuan,12000
3005,周可可,Guangdong,6900
3003,周洁,Beijing,80000
3001,李丽,Shandong,2300
3004,朱莉,Hebei,800
```

下面通过示例演示如何导入数据,如例 7-22 所示。

【例 7-22】 为了得到更明显的实验效果,首先,将本地/data_user.csv 中的数据修改为以下代码。

```
3006,AA,Sichuan,12000
3007,BB,Guangdong,6900
3008,CC,Beijing,80000
3009,DD,Shandong,2300
3010,EE,Hebei,800
```

然后将本地/data_user.csv 导入至 Cassandra 数据库中,具体如下。

```
cqlsh:test_ks > COPY user_record(user_id , user_name , user_city , fans_num ) FROM '/data_user.csv';
```

输出结果如下。

```
Using 1 child processes
Starting copy of test_ks.user_record with columns [user_id, user_name, user_city, fans_num].
Processed: 5 rows; Rate:       8 rows/s; Avg. rate:      12 rows/s
5 rows imported from 1 files in 0.409 seconds (0 skipped).
```

由上述输出结果可知,数据被成功导入。可进一步查看表 user_record 的所有数据,具体如下。

```
cqlsh:test_ks > SELECT * FROM user_record ;
```

输出结果如下。

```
 user_id | user_name | fans_num | user_city
---------+-----------+----------+-----------
    3004 |      朱莉 |      800 | Hebei
    3003 |      周洁 |    80000 | Beijing
    3002 |      陆西 |    12000 | Sichuan
    3005 |    周可可 |     6900 | Guangdong
    3006 |        AA |    12000 | Sichuan
    3001 |      李丽 |     2300 | Shandong
    3008 |        CC |    80000 | Beijing
    3009 |        DD |     2300 | Shandong
    3010 |        EE |      800 | Hebei
    3007 |        BB |     6900 | Guangdong

(10 rows)
```

## 7.4.2  备份与恢复

Cassandra 通过创建在 data 目录中所有磁盘数据文件(SSTable File)的快照来备份数据,能够为单个键空间、所有键空间或者单个表创建快照。

使用并行的 ssh 工具,如 pssh(parallel-ssh),可以给整个集群做备份。这个方法提供的是一种最终一致性备份。

当整个系统范围内的快照都已经完成时,可以开启每个节点的增量备份,它会备份那些最后一次快照后有改变的数据,每次 SSTable 刷新,一个硬链接被复制到 data 目录的/backups 子目录中。

相关操作如下。

**1. 创建快照**

Nodetool 是一个用来监控和维护 Cassandra 数据库的命令行工具。使用 nodetool snapshot 命令创建快照后会将内存中的数据写入磁盘中,具体如例 7-23 所示。

【**例 7-23**】 为键空间 test_ks 创建快照。

```
[root@qf01 cassandra] # nodetool snapshot test_ks
Requested creating snapshot(s) for [test_ks] with snapshot name [1675238196909] and options
{skipFlush = false}
Snapshot directory: 1675238196909
```

由上述输出结果可知,1675238196909 为 test_ks 的快照名字。快照创建后默认的存储位置为数据库安装路径下的数据子目录中,用户可根据实际情况移动到其他位置。

快照的位置示意：data/< keyspace_name >/< table_name >/snapshots/snapshot-name。查看 Cassandra 数据库安装路径下的 data 目录及其子目录,具体如下。

```
[root@bogon cassandra] # tree - L 3 data/test_ks/
data/test_ks/
├── books_tb - b96b9ca09eb511eda029018fdeb2636e
│   ├── backups
│   └── snapshots
│       └── dropped - 1674882417739 - books_tb
├── movie_tb - 12b92120a04a11eda029018fdeb2636e
│   ├── backups
│   └── snapshots
│       └── dropped - 1675048787077 - movie_tb
├── movie_tb - 6f2b64809ed911eda029018fdeb2636e
│   ├── backups
```

```
    │       └── snapshots
    │           ├── dropped-1675047133943-movie_tb
    │           └── truncated-1674985895677-movie_tb
    ├── movie_tb-fac9ef10a04c11eda029018fdeb2636e
    │       ├── backups
    │       ├── nb-4-big-CompressionInfo.db
    │       ├── nb-4-big-Data.db
    │       ├── nb-4-big-Digest.crc32
    │       ├── nb-4-big-Filter.db
    │       ├── nb-4-big-Index.db
    │       ├── nb-4-big-Statistics.db
    │       ├── nb-4-big-Summary.db
    │       ├── nb-4-big-TOC.txt
    │       └── snapshots
    │           ├── 1675238196909
    │           ├── truncated-1675050233110-movie_tb
    │           └── truncated-1675050472414-movie_tb
    ├── music_tb-6541d5d0a07311eda029018fdeb2636e
    │       ├── backups
    │       └── snapshots
    │           └── dropped-1675067024522-music_tb
    ├── music_tb-92b7e0f0a07711eda029018fdeb2636e
    │       ├── backups
    │       ├── nb-1-big-CompressionInfo.db
    │       ├── nb-1-big-Data.db
    │       ├── nb-1-big-Digest.crc32
    │       ├── nb-1-big-Filter.db
    │       ├── nb-1-big-Index.db
    │       ├── nb-1-big-Statistics.db
    │       ├── nb-1-big-Summary.db
    │       ├── nb-1-big-TOC.txt
    │       └── snapshots
    │           └── 1675238196909
    └── user_record-b9f91190a11011eda029018fdeb2636e
            ├── backups
            ├── nb-1-big-CompressionInfo.db
            ├── nb-1-big-Data.db
            ├── nb-1-big-Digest.crc32
            ├── nb-1-big-Filter.db
            ├── nb-1-big-Index.db
            ├── nb-1-big-Statistics.db
            ├── nb-1-big-Summary.db
            ├── nb-1-big-TOC.txt
            └── snapshots
                └── 1675238196909
31 directories, 24 files
```

需要注意的是，创建新的快照也不会删除原先的快照。

**2. 删除快照**

使用 nodetool clearsnapshot 命令删除具有给定名称的快照。若没有指定快照名称，默认将删除所有快照。删除快照时需要带上-t 参数和快照名，如例 7-24 所示。

**【例 7-24】** 将键空间 test_ks 的快照 1675238196909 删除。

```
[root@bogon cassandra]# nodetool clearsnapshot -t 1675238196909
Requested clearing snapshot(s) for [all keyspaces] with snapshot name [1675238196909]
```

### 3. 增量备份

将 conf 目录下 cassandra.yaml 配置文件中的配置项 incremental_backups 的值设置为 true，用于开启增量备份。修改完成后，需要重启进程才能生效。增量备份开启后，Cassandra 会将每个可刷新表的 SSTable 映射到 keyspace 数据目录下的备份目录中。增量备份与快照相结合，可以提供可靠的最新备份机制。与快照相同，Cassandra 不会自动清除增量备份文件。多节点时，需要将集群中每个节点上的 cassandra.yaml 配置文件的配置项 incremental_backups 的值更改为 true，建议在每次创建新快照时设置一个进程来清除增量备份文件。

### 4. 恢复数据

恢复数据可以从快照中恢复数据，也可以在本地恢复数据。从快照中恢复 keyapce 需要表的所有快照文件，如果使用增量备份，则包括在创建快照之后创建的全部增量备份文件。使用 nodetool refresh 命令恢复快照数据时，需要提前清空表中的数据。从本地节点恢复是指将快照目录中的 SSTables 复制到正确的数据目录中，恢复数据的前提是存在 system_schema。

# 7.5　本 章 小 结

本章首先介绍了 Cassandra 的简介和特点，并详细讲解了 Cassandra 的安装与部署；然后重点介绍了使用 CQL 管理 Cassandra 数据库的相关操作；最后讲解了 Cassandra 的数据导入与导出以及备份与恢复。"旧书不厌百回读，熟读精思子自知。"希望读者牢记学习要循序渐进，仔细思考，勤加练习，根据本章内容，进一步掌握 Cassandra 数据库的相关知识。

# 7.6　习　　　题

### 1. 填空题

（1）Cassandra 的优势包括水平可扩展性、分布式体系结构和灵活的架构定义方法，它呈现的是一种_____及_____的存储模式。

（2）Cassandra 的数据模型由_____、_____、_____和 columns 组成。

（3）在 Cassandra 中，Primary Key 包含两种：_____和_____。其中_____确定数据行将要分发的节点；_____为可选项，用于节点内部的数据排序。

（4）CQL 与其他语言一样，也支持一系列丰富、灵活的数据类型，主要包括元组类型（Tuple_type）、_____、_____，以及_____和自定义类型（Custom_type）。

（5）常用的聚合函数有_____、_____、_____、_____。

### 2. 简答题

（1）简述 Cassandra 的特点。

（2）Cassandra 基于 Key-Value 模型，简要描述数据存储结构。

（3）简述 Cassandra 的应用场景。

（4）相比 HBase，Cassandra 有什么优势？

### 3. 操作题

（1）请在 Linux 平台下完成 Cassandra 数据库的安装。

（2）创建键空间 movie_ks,采用简单策略,副本因子为 2。

（3）在键空间 movie_ks 中创建表 movie_record_tb,表 movie_record_tb 的表结构如表 7-9 所示。

表 7-9　表 movie_record_tb 的表结构

| 列　　名 | 数 据 类 型 | 说　　明 |
| --- | --- | --- |
| mov_id | int,primary key | 电影 ID |
| movie | text,primary key | 电影名称 |
| mov_score | float | 电影评分 |
| mov_comment | map < text,text > | 影评内容 |
| comment_num | int | 评论数量 |
| mov_keyword | list < text > | 电影关键字 |

（4）向表 movie_record_tb 中添加相关数据,表 movie_record_tb 的数据如表 7-10 所示。

表 7-10　表 movie_record_tb 的数据

| mov_id | movie | mov_score | mov_comment | comment_num | mov_keyword |
| --- | --- | --- | --- | --- | --- |
| 101 | 十里××× | 8.5 | "沉稳、沉浸但不沉闷,细节动人" | 492084 | 剧情 |
| 102 | 狙击××× | 7.7 | "是非常高质量的战争片" | 330251 | 剧情/历史/战争 |
| 103 | 人生××× | 7.3 | "被小文和三哥的半路父女情感动到" | 507702 | 剧情/家庭 |
| 104 | 你好×××× | 8.1 | "没想到年底还能看到这么好的电影。""台词金句频出,从头笑到尾。" | 676357 | 剧情/喜剧/亲情 |
| 105 | 万里×××× | 7.4 | "烟花在空中那么轻盈,代价却有千钧之重" | 371832 | 剧情/战争 |

① 查找评分最高的电影信息。

② 查找最多的、最少的评论数。

③ 查找电影名为"你好××××"的电影信息。

④ 删除编号为 102 的电影数据。

（5）将键空间 movie_ks 的所有数据导出至本地/data 目录中,并命名为 movie_ks_bak。

# 第 8 章　图形存储数据库 Neo4j

**本章学习目标**

- 了解 Neo4j 的概念和应用场景。
- 熟悉 Neo4j 的数据模型。
- 掌握 Neo4j 的安装部署。
- 掌握使用 Cypher 管理 Neo4j 的操作。
- 理解 Neo4j 数据建模和设计。

图形存储数据库是基于图形理论实现的一种 NoSQL 数据库,与其他的一系列 NoSQL 数据库不同,它具有丰富的关系表示、完整的事务支持,却没有一个纯正的横向扩展解决方案。Neo4j 属于 NoSQL 中的图形存储数据库,也是目前最受欢迎的图形存储数据库。本章将以 Neo4j 为例来讲解 NoSQL 图形存储数据库。

## 8.1　认识 Neo4j

### 8.1.1　Neo4j 简介

Neo4j 是基于 Java 语言开发、完全兼容 ACID、高性能的 NoSQL 图形存储数据库,它的产生动机是更加高效地描述实体之间的关系。在某些情况下,这些关系中的信息的价值可能远远超过实体本身。除 Neo4j 之外,常见的图形数据库有 FlockDB、AllegroGraph、GraphDB 和 InfiniteGraph。

Neo4j 是一个嵌入式、基于磁盘、具备完全的事务特性的 Java 持久化引擎,但是它将结构化数据存储在网络(从数学角度叫作图)上而不是表中,应用图形理论存储实体之间的关系信息。传统的关系数据库将数据存在库表字段中,而图形存储数据库则将结构化数据的关系存在节点和边中,在图形存储数据库中这被称作"节点"和"关系",最后将数据以一种针对图形网络进行过优化的格式保存在磁盘上。Neo4j 的内核是一种极快的图形引擎,具有数据库产品期望的所有特性,如恢复、两阶段提交、符合 XA 等。Neo4j 被称为最值得信赖的智能应用数据库,具备高可靠性、高扩展性、高安全性等优秀特性。

目前 Neo4j 获得了越来越高的关注度,它已经从一个 Java 领域内的图形存储数据库逐渐发展成为适应多语言多框架的图形存储数据库。Neo4j 数据库的主要优势如下。

**1. 响应速度快**

Neo4j 图形数据库根据数据启用新的用例和业务模型,提供原生的图数据存储、检索和处理功能。无论数据库规模有多大,连接的数据层有多深,即使是最复杂的查询,Neo4j 也能提供极快的响应,通常比关系数据库快 1000 倍。

**2. 扩展性高**

Neo4j 提供了大规模可扩展性,在一台机器上可以处理数十亿节点/关系/属性的图,可以扩展到多台机器并行运行。Neo4j 能够在支持数据和用户的大规模增长的同时优化成本。Neo4j 能在保持高吞吐量的同时,通过自治集群扩展保持弹性基础设施的能力。

**3. 开发高效**

Neo4j 网络模型的直观性、灵活性为开发人员提供了可适应业务需求变化的优势。在白板上绘制的内容将被存储到数据库中,从而促进应用程序的快速开发和创新。开发人员可以使用他们喜欢的语言和工具快速构建应用程序,并且 Neo4j 提供了各种工具,目的是使图形应用程序的学习和开发更容易。

**4. 可用性高**

ACID 合规性保证了跨数十亿个节点和数万亿个关系的关键任务工作负载的事务完整性,同时将查询响应保持在毫秒级。Neo4j 通过事务保证为大型企业实时应用程序提供高可用性。

**5. 应用广泛**

Neo4j 是世界上部署最多的图形存储数据库。Neo4j 支持跨公有云、私有云、混合云或在 Neo4j 管理的 AuraDB 中部署用于智能应用的数据库。Neo4j Ops Manager 通过为数据库管理员和操作员提供基于 UI 页面的控制和操作指标的鸟瞰视图,降低了自管理部署的复杂性。目前,很多不同行业的世界级大公司都在使用 Neo4j,IT 行业如微软、IBM、HP,金融行业如 UBS,还有 Ebay、沃尔玛、US Army 等。

## 8.1.2 Neo4j 的应用场景

Neo4j 图形数据库是市场领先的数据库,可帮助开发人员利用数据中的丰富关系创建智能应用程序,并以其他数据库无法比拟的速度回答复杂问题。作为 Neo4j 图形数据平台的核心,Neo4j 图形数据库可应用于各行各业的企业,如社交网络、生命科学、公用事业、金融服务、网络安全等,例如以下 5 个方面。

(1) 在社交网络服务方面,根据用户与其他用户的关系为用户推荐新的朋友,例如,在 QQ 中给为用户推荐朋友的朋友。

(2) 作为实时推荐引擎时,通过分析用户的朋友、用户的朋友喜好的产品、用户的浏览记录等关系信息为用户推荐商品。实时推荐已经深入生活的方方面面,生活中出现的实时推荐如图 8-1 所示。

(3) Neo4j 可以作为知识图谱,根据知识点之间的关系建立知识图,帮助用户搜索到关联的知识。

(4) 在网络、数据中心管理方面,网络、数据中心这些基础设施本身就是一个包含复杂关系的网络,利用 Neo4j 可以便捷地建立设备之间的关系,便于对整个系统进行管理。

(5) 企业组织可使用 Neo4j 来增强其现有的欺诈检测功能,以实时打击各种金融犯罪,包括银行欺诈、信用卡欺诈、电子商务欺诈、保险欺诈等。

图数据库与传统数据库最大的不同是,字段是"自由"的,每个字段(除 id)是可以随意增减的,除此之外 Neo4j 与关系数据库的区别如表 8-1 所示。

图 8-1　生活中出现的实时推荐

**表 8-1　Neo4j 与关系数据库的区别**

| 数据库 | Neo4j | RDB |
| --- | --- | --- |
| 数据模型 | 基于图形。允许对数据进行简单且多样的管理 | 基于库表。高度结构化的数据 |
| 添加数据 | 数据添加和定义灵活,不受数据类型和数量的限制,无须提前定义 | 表格 schema 需预定义,修改和添加数据结构和类型复杂,对数据有严格的限制 |
| 查询时间 | 常数时间的关系查询操作 | 关系查询操作耗时 |
| 查询语言 | 提出全新的查询语言 Cypher,查询语句更加简单 | 查询语句更为复杂,尤其是涉及 join 或 union 操作时 |

## 8.1.3　Neo4j 的数据模型

Neo4j 图形数据库采用属性图形模型来存储和管理其数据,而不是表或文档,该数据模型使用节点和关系的概念来组织数据。Neo4j 数据模型如图 8-2 所示。

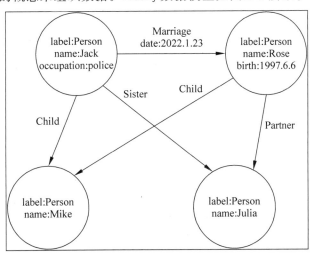

图 8-2　Neo4j 数据模型

如图 8-2 所示，Neo4j 的数据模型在不限制为预定义模型的情况下存储，进一步允许以非常灵活的方式思考和使用数据。接下来将详细介绍 Neo4j 数据模型的组成元素。

**1. 节点**

节点是 Neo4j 图数据库中的基本元素。节点是图形中的实体，可以使用标签标记，以表示它们在域中的不同角色（如 Person）。节点可以保存任意数量的键值对或属性（如 name）。节点标签还可以将元数据（如索引或约束信息）附加到某些节点。

**2. 关系**

关系（Relationship）也是 Neo4j 图数据库的基本元素。关系在两个节点实体（如 Person）之间提供定向的命名连接。关系始终具有方向、类型、开始节点和结束节点，并且可以具有属性，就像节点一样。节点可以具有任意数量或类型的关系，而不会牺牲性能。尽管关系始终是定向的，但它们可以在任何方向上有效地导航。在 Neo4j 中，关系在方向性上分为两种类型，分别为单向关系和双向关系。

**3. 属性**

属性（Property）是用于描述图节点和关系的键值对，如图 8-2 中所示的 name：Jack、occupation：police 和 birth：1997.6.6，其中 Key 是一个字符串，值可以使用任何 Neo4j 数据类型来表示。属性是命名值，其中名称（或键）是字符串。属性可以用来创建索引和约束，且可以通过创建复合索引来同时索引多个属性。

**4. 标签**

标签（Label）用于将节点分组，通过一个公共名称与一组节点或关系相关联。节点或关系可以具有一个或多个标签。既可以对现有节点或关系创建新标签，也可以从现有节点或关系中删除标签。通过对标签进行索引可以提高在图中查找节点的速度。

**5. 路径**

路径由至少一个节点，通过各种关系连接组成，并且经常作为查询或者遍历的结果。最短的路径长度为 0，如图 8-3 所示。

长度为 1 的路径如图 8-4 所示。

图 8-3　长度为 0 的路径

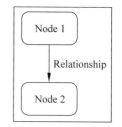

图 8-4　长度为 1 的路径

**6. 遍历**

遍历（Traversal）一张图就是按照一定的规则，跟随它们的关系，访问关联的节点集合。Neo4j 提供了遍历的 API，可以让用户指定遍历规则。最简单的相关设置就是设置遍历是宽度优先或是深度优先。

# 8.2　部署 Neo4j

Neo4j 图数据库可以跨多平台部署，如 Linux、Windows、macOS 等。本节将讲解基于 Windows 10 和 CentOS 7 系统部署 Neo4j 5.4（目前最新版本）。Neo4j 是基于 Java 开发的图形数据库，运行 Neo4j 需要启动 JVM，因此在运行 Neo4j 前需要预安装兼容的 Java 虚拟机（JVM）来运行 Neo4j 实例，以及部署环境变量。Neo4j 版本和 JVM 合规性适配要求如表 8-2 所示。

表 8-2　Neo4j 版本和 JVM 合规性适配要求

| Neo4j 版本 | JVM 合规性 |
| --- | --- |
| 3.x | Java SE 8 |
| 4.x | Java SE 11 |
| 5.x | Java SE 17 |

## 8.2.1　基于 Windows 平台部署 Neo4j

### 1. 安装 Java JDK

打开浏览器后输入网址 https://www.oracle.com/java/technologies/downloads/♯jdk17-windows，进入 JDK 下载页面。在 Java 17 的下载列表中根据计算机的操作系统下载对应的 JDK 安装包，Java 17 的下载列表如图 8-5 所示。

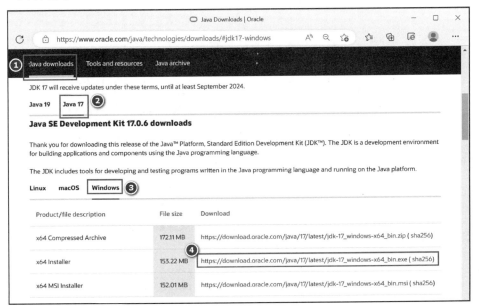

图 8-5　Java 17 的下载列表

Windows 系统需要区分位数，例如 64 位操作系统，需要下载 jdk-17_windows-x64_bin.exe，单击文件超链接即可弹出下载页面。

双击已下载的 jdk-17_windows-x64_bin.exe 文件，进入 JDK 17 的安装向导页面，如图 8-6 所示。

单击"下一步"按钮，开始自定义 JDK 的安装路径，如图 8-7 所示。

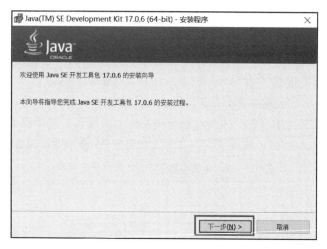

图 8-6　JDK 17 的安装向导页面

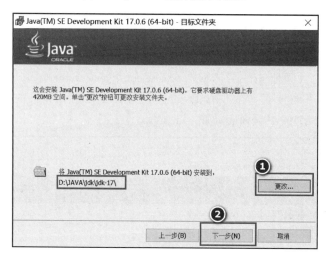

图 8-7　自定义 JDK 的安装路径

单击"下一步"按钮,完成 JDK 安装后,显示 JDK 安装成功的页面,如图 8-8 所示。

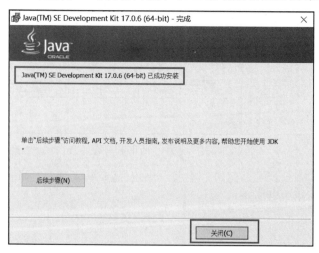

图 8-8　JDK 安装成功

单击"关闭"按钮，至此 JDK 17 安装完成。

安装完成 JDK 后，需要配置环境变量才能使用 Java 环境。打开系统环境变量配置的页面，然后在环境变量中添加变量名和变量值，如图 8-9 所示。

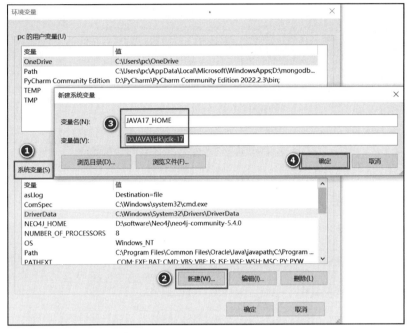

图 8-9　配置 JAVA17_HOME 环境变量

接着按照图 8-9 所示步骤新建变量名 JAVA_HOME，变量值设置为％JAVA17_HOME％，如图 8-10 所示。

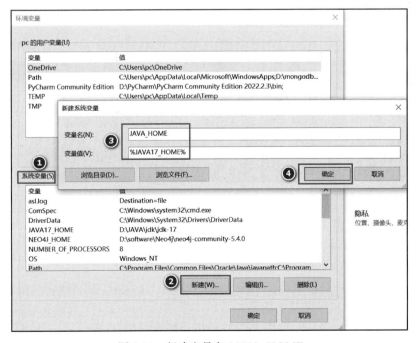

图 8-10　新建变量名 JAVA_HOME

然后开始编辑 Path 变量,新建值为％JAVA_HOME％\bin,配置 Path 环境变量如图 8-11 所示。

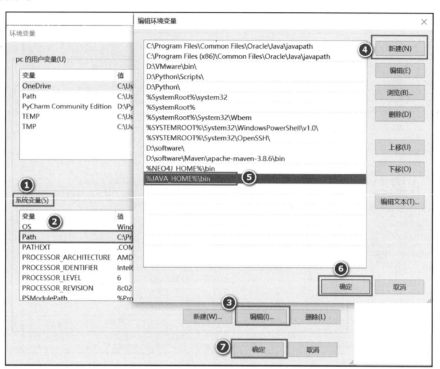

图 8-11　配置 Path 环境变量

环境变量配置好之后,需要检查是否配置准确。

在 Windows 平台的 DOS 窗口中执行 java -version 命令,查看 JDK 17 的安装信息,如图 8-12 所示。

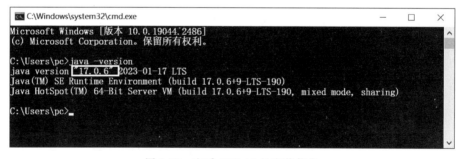

图 8-12　查看 JDK 17 的安装信息

如图 8-12 所示,输出了 JDK 编译器信息,说明 Java 开发运行环境搭建成功。

**2. 下载安装 Neo4j**

访问 Neo4j 官方下载页面,选择 Neo4j 的下载版本,如图 8-13 所示。

Neo4j 官网提供了 3 种下载版本:企业版、社区版、桌面版。其中,企业版需要付费使用,社区版免费开源,桌面版需要激活码激活。本书选用 Neo4j 社区版讲解部署过程。

单击 Community Server 选项卡,将显示适用不同系统的 Neo4j 5.4.0 版本的下载链接,如图 8-14 所示。

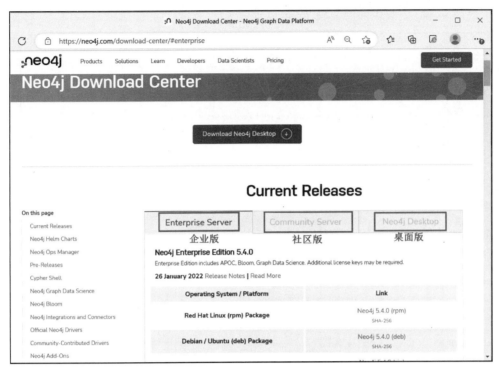

图 8-13　选择 Neo4j 的下载版本

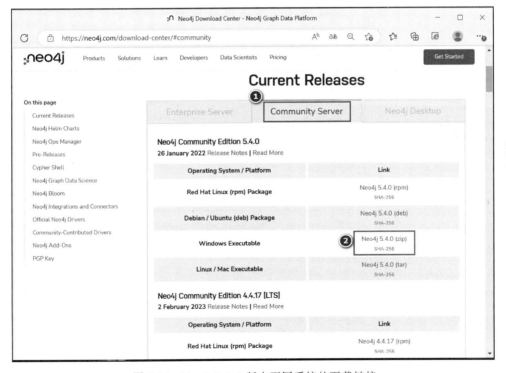

图 8-14　Neo4j 5.4.0 版本不同系统的下载链接

　　找到 Windows 系统对应的 Neo4j 安装包，单击下载链接，则会将 Neo4j(5.4.0)自动下载到本地文件夹。

下载的 Neo4j 安装包如图 8-15 所示。

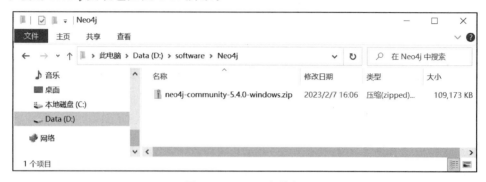

图 8-15 Neo4j 安装包

解压 Neo4j 安装包到当前文件夹,解压后的 Neo4j 安装目录如图 8-16 所示。

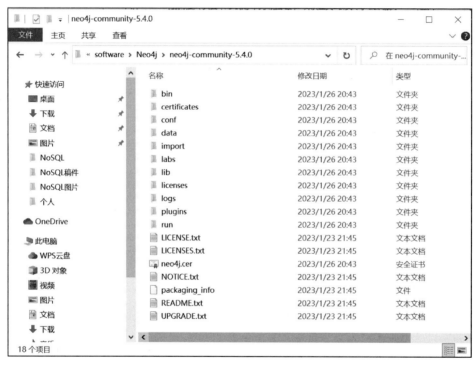

图 8-16 解压后的 Neo4j 安装目录

Neo4j 应用程序的目录结构中主要文件夹的说明如下。

(1) bin 文件夹:用于存储 Neo4j 的可执行程序。

(2) conf 文件夹:用于控制 Neo4j 启动的配置文件。

(3) data 文件夹:用于存储 Neo4j 数据库的核心文件。

(4) logs 文件夹:用于存放 Neo4j 的日志文件。

(5) plugins 文件夹:用于存储 Neo4j 的插件。

**3. 配置 Neo4j 的环境变量**

配置 Neo4j 的环境变量,以便于 Neo4j 使用命令行启动。创建主目录环境变量 NEO4J _HOME,并把主目录设置为变量值。新建系统环境变量如图 8-17 所示。

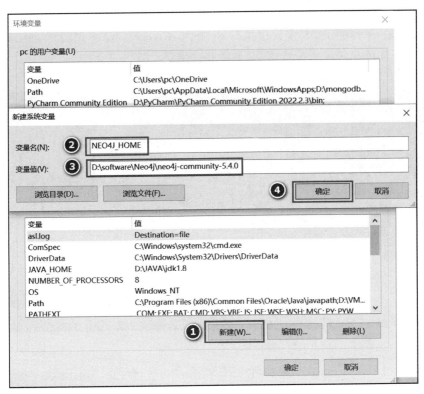

图 8-17　新建系统环境变量

编辑 Path 变量,新建值为%NEO4J_HOME%\bin,如图 8-18 所示。

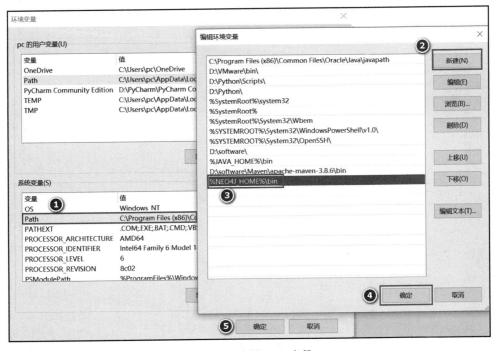

图 8-18　配置 Path 变量

#### 4. 启动 Neo4j 程序

在 Windows 平台的 DOS 窗口中执行 neo4j. bat console 命令,其目的在于启动 Neo4j 程序,也能验证环境变量是否配置成功,如图 8-19 所示。

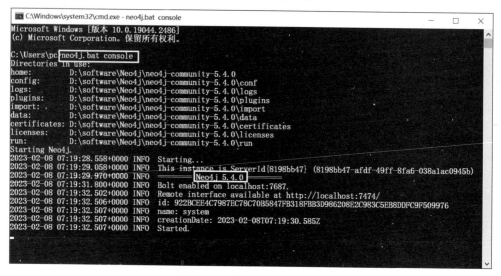

图 8-19　启动 Neo4j 程序

如图 8-19 所示,Started 表示成功启动 Neo4j 程序。若想停止 Neo4j 程序,关闭窗口即可。

#### 5. 访问 Neo4j 数据库

在启动 Neo4j 程序的返回结果中,Remote interface available at http://localhost:7474/表示用户可以通过访问 http://localhost:7474/远程管理 Neo4j 数据库,初次登录 Neo4j 数据库的页面如图 8-20 所示。

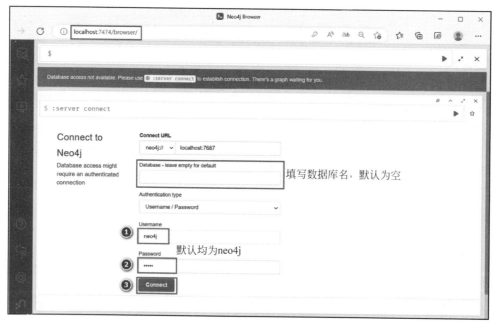

图 8-20　初次登录 Neo4j 数据库的页面

初次登录 Neo4j 数据库,用户名和密码均默认为 neo4j。单击 Connect 按钮,连接本地安装的 Neo4j 数据库。如果连接成功,那么会进入修改密码页面,如图 8-21 所示。

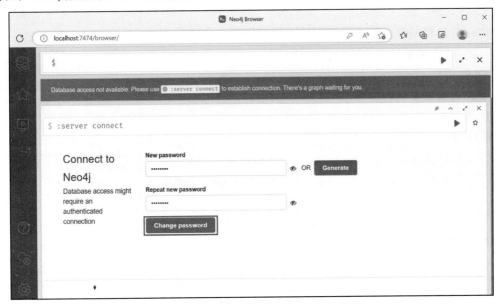

图 8-21　修改密码页面

填写完新密码后,单击 Change password 按钮,进入 Neo4j 数据库的 Web UI 页面,如图 8-22 所示。

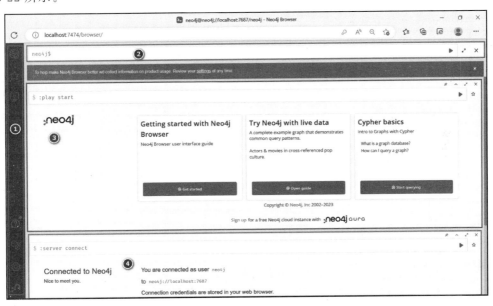

图 8-22　Neo4j 数据库的 Web UI 页面

Neo4j 浏览器是开发人员与数据库进行交互的工具。Neo4j 数据库面板主要由 4 部分组成,是 Neo4j 数据库的企业版和社区版的默认页面,具体说明如下。

1）侧边栏

侧边栏包含一组工具,用于设置图形管理环境和浏览数据,默认有 7 个工具,自上而下分别为数据库信息、收藏夹、Neo4j 浏览器指南、帮助与学习、Neo4j 浏览器同步、浏览器设置、关于 Neo4j。

2) 顶部命令框

用户可以利用命令输入框执行命令或者 Cypher 查询语言。命令行的左侧按钮分别用于执行操作、全屏幕编辑器、关闭命令框。

3) 中部

中部包括 3 个主要模块，分别为 Neo4j 浏览器页面用户指南、电影图形指南、Neo4j 的图查询语言 Cypher。中部用于显示结果。

4) 底部

页面的底部显示当前的连接信息。

至此，已经在 Windows 系统中成功部署 Neo4j 图数据库。

## 8.2.2 基于 Linux 平台部署 Neo4j

### 1. 安装 Java JDK

(1) 下载 JDK 安装包，官网下载地址为 https://www.oracle.com/java/technologies/downloads/#jdk17-linux，JDK17 下载页面如图 8-23 所示。

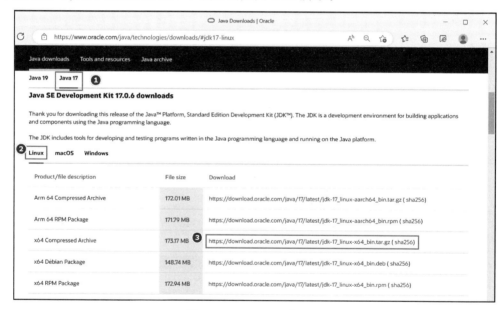

图 8-23　JDK 17 下载页面

使用"wget 下载链接"命令，下载安装 JDK 17 至/downloads 目录下。

```
[root@qf ~]# mkdir /downloads
[root@qf ~]# cd /downloads/
[root@qf downloads]# wget\
> https://download.oracle.com/java/17/latest/jdk-17_linux-x64_bin.tar.gz
```

(2) 安装 JDK。

```
[root@qf downloads]# tar -zxvf jdk-17_linux-x64_bin.tar.gz -C /usr/local/
[root@qf ~]# mv /usr/local/jdk-17.0.6/ /usr/local/jdk-17/
```

（3）配置 JDK 环境变量。

安装完 JDK 后，还需要配置 JDK 环境变量。使用 vim /etc/profile 指令打开 profile 文件，在文件底部添加如下内容即可。

```
# 配置 JDK 系统环境变量
export JAVA_HOME = /usr/local/jdk-17
export PATH = $PATH: $JAVA_HOME/bin
```

在/etc/profile 文件中配置完上述 JDK 环境变量后（注意 JDK 路径），保存并退出。然后，执行 source /etc/profile 指令方可使配置文件生效。

（4）JDK 环境验证。

在完成 JDK 的安装和配置后，为了检测安装效果，可以输入以下指令。

```
[root@qf downloads] # java -version
java version "17.0.6" 2023-01-17 LTS
Java(TM) SE Runtime Environment (build 17.0.6+9-LTS-190)
Java HotSpot(TM) 64-Bit Server VM (build 17.0.6+9-LTS-190, mixed mode, sharing)
```

执行上述指令后，显示 JDK 版本信息，说明 JDK 安装和配置成功。

### 2. 下载安装 Neo4j

从 Neo4j 的官方网站下载最新版本的 Neo4j 安装包。下载该安装包至本机系统，然后上传至 CentOS 中，将其保存在/downloads 中，具体如下。

```
[root@qf downloads] # ls
jdk-17_linux-x64_bin.tar.gz neo4j-community-5.4.0-unix.tar.gz
```

解压 Neo4j 安装包至/software 中，具体如下。

```
[root@qf downloads] # mkdir /software
[root@qf downloads] # tar -zxvf neo4j-community-5.4.0-unix.tar.gz -C /software/
[root@qf downloads] # ls /software/
neo4j-community-5.4.0
```

若需要考虑系统安全的问题，应该创建除 root 以外的新用户来操作管理。然后为新用户授予相应权限，为 Neo4j 安装目录修改用户权限，本书不再赘述。

### 3. 配置 Neo4j 的环境变量

打开/etc/profile 文件，配置 Neo4j 的环境变量，在文件底部添加以下代码。

```
# Neo4j 的环境变量
export NEO4J_HOME = /software/neo4j-community-5.4.0/
export PATH = $PATH: $NEO4J_HOME/bin
```

在/etc/profile 文件中配置完上述 Neo4j 的环境变量后（注意 Neo4j 路径），保存并退出。然后，执行 source /etc/profile 命令方可使配置文件生效。

### 4. 启动 Neo4j

执行 neo4j console 命令可以直接启动 Neo4j 服务，如图 8-24 所示。

如图 8-24 所示，Started 表示 Neo4j 服务已经被启动。若想停止 Neo4j 服务，按 Ctrl＋C 组合键即可。

执行 neo4j start 命令是启动 Neo4j 服务的另一种方法，该命令可以使得 Neo4j 服务在后台运行，如图 8-25 所示。

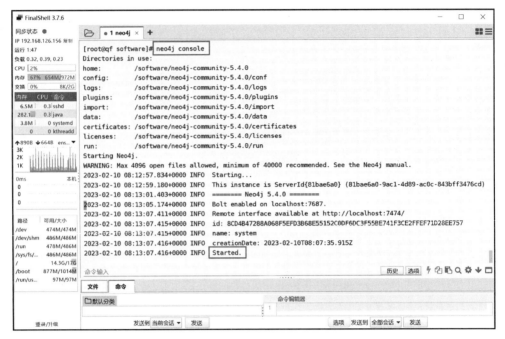

图 8-24　执行 neo4j console 命令

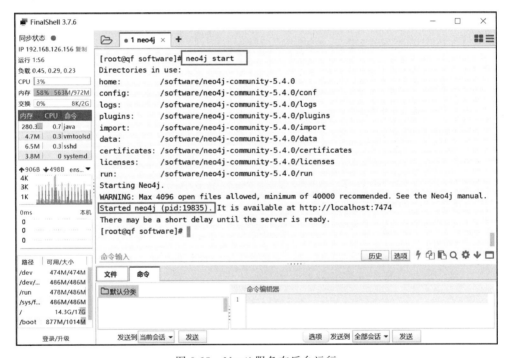

图 8-25　Neo4j 服务在后台运行

如图 8-25 所示，Neo4j 服务已经启动，进程号为 19835。查看 Neo4j 服务的运行状态，具体如下。

```
[root@qf software] # neo4j status
Neo4j is running at pid 19835
```

### 5. 访问 Neo4j 的 Web 页面

在访问 Neo4j 的 Web 页面之前，需要修改 Neo4j 的配置文件 neo4j.conf，具体如下。

```
[root@qf neo4j – community – 5.4.0] # vim conf/neo4j.conf
server.default_listen_address = 0.0.0.0
server.default_advertised_address = 192.168.126.162
```

修改完成配置文件，需要重启 neo4j 服务才能生效，具体如下。

```
[root@qf neo4j – community – 5.4.0] # neo4j restart
```

使用浏览器访问主机 IP：7474，Neo4j 数据库登录页面如图 8-26 所示。

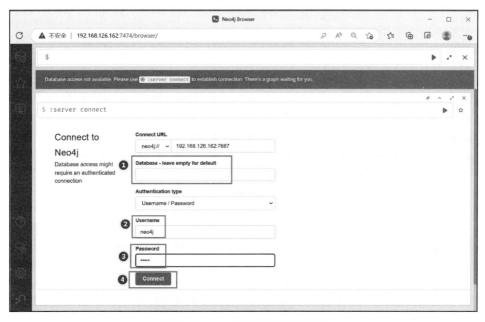

图 8-26　Neo4j 数据库登录页面

如图 8-26 所示，初始登录 Neo4j 数据时，创建名为 qianfeng 的数据库。单击 Connect 按钮连接数据库，进入修改密码页面，如图 8-27 所示。

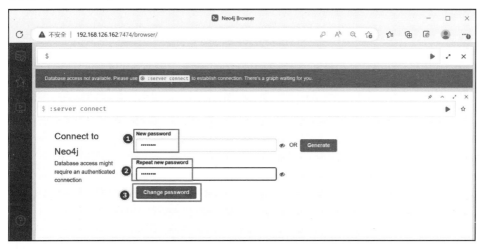

图 8-27　修改密码页面

单击 Change password 按钮，确认修改密码。进入 Neo4j 数据库管理页面，如图 8-28 所示。

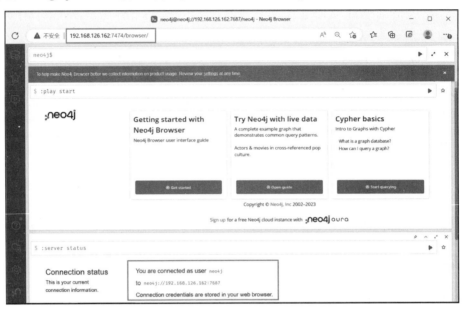

图 8-28　Neo4j 数据库管理页面

至此，已经成功访问到 Neo4j 数据库。

单击左侧工具栏数据库图标，默认的数据库如图 8-29 所示。

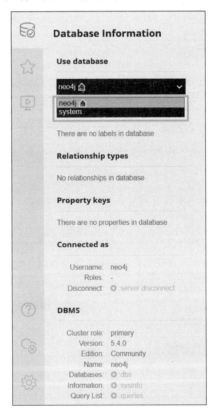

图 8-29　默认的数据库

如图 8-29 所示，Neo4j 安装包自带有两个数据库，分别是 neo4j 和 system。其中，neo4j 是默认数据库，用户数据的单个数据库；system 是系统数据库，包含有关 DBMS 和安全配置的元数据。

# 8.3　使用 Cypher 管理 Neo4j 数据

## 8.3.1　Cypher 简介

Cypher 是 Neo4j 的图形查询语言，用于对图形进行富有表现力和高效的查询、更新以及管理。Cypher 语言主要受 SQL 启发，但是语法更加友好，更适合图数据进行查询操作。Cypher 用于描述图形中的视觉模式，提供了一种可视化和逻辑方法来匹配图形中节点和关系的模式。

Cypher 为图形数据库提供了存储和检索数据等相关命令，常用的 Cypher 命令如表 8-3 所示。

表 8-3　常用的 Cypher 命令

| 序号 | Cypher 命令 | 说　　明 |
| --- | --- | --- |
| 1 | CREATE | 用于创建节点、关系和属性 |
| 2 | MERGE | 用于验证图形中是否存在指定的模式，如果没有，它会创建模式 |
| 3 | SET | 用于更新节点上的标签、节点上的属性和关系 |
| 4 | DELETE | 用于删除图中节点和关系或路径等 |
| 5 | REMOVE | 用于删除节点和关系中的属性和元素 |
| 6 | FOREACH | 用于更新列表中的数据 |
| 7 | LOAD CSV | 用于从 CSV 文件中导入数据 |
| 8 | MATCH | 用于搜索具有指定模式的数据 |
| 9 | OPTIONAL MATCH | 其与 MATCH 相同，唯一的区别是它可以在缺少模式部分的情况下使用 null |
| 10 | WHERE | 用于指定查询的过滤条件 |
| 11 | START | 用于通过遗留索引查找起点 |

Cypher 支持的数据类型如表 8-4 所示。

表 8-4　Cypher 支持的数据类型

| 序号 | Cypher 数据类型 | 说　　明 |
| --- | --- | --- |
| 1 | boolean | 用于表示布尔类型：true 或 false |
| 2 | byte | 用于表示 8 位整数 |
| 3 | short | 用于表示 16 位整数 |
| 4 | int | 用于表示 32 位整数 |
| 5 | long | 用于表示 64 位整数 |
| 6 | float | 用于表示 32 位浮点数 |
| 7 | double | 用于表示 64 位浮点数 |
| 8 | char | 用于表示 16 位字符 |
| 9 | string | 用于表示字符串 |

## 8.3.2 数据库的基本操作

在 Neo4j 数据库上,可以使用 Cypher 命令来管理多个数据库。数据库的基本操作命令如表 8-5 所示。

表 8-5 数据库的基本操作命令

| 序号 | 命 令 | 说 明 |
|---|---|---|
| 1 | CREATE DATABASE name | 创建并启动新数据库,企业版可用 |
| 2 | DROP DATABASE name | 删除(删除)现有数据库,企业版可用 |
| 3 | ALTER DATABASE name | 更改(修改)现有数据库,企业版可用 |
| 4 | START DATABASE name | 启动已停止的数据库 |
| 5 | STOP DATABASE name | 关闭数据库 |
| 6 | SHOW DATABASE name | 显示特定数据库的状态 |
| 7 | SHOW DATABASES | 显示所有数据库的名称和状态 |
| 8 | SHOW DEFAULT DATABASE | 显示默认数据库的名称和状态 |
| 9 | SHOW HOME DATABASE | 显示当前用户的主数据库的名称和状态 |

需要注意的是,表 8-5 中的前 3 个命令是 Neo4j 企业版可用的,本书使用的社区版不可使用该命令。在 Neo4j(v4.0+)企业版中,可以同时创建和使用多个活动数据库,而社区版本只允许同时打开一个数据库。

Neo4j 社区版新增数据库的方式如下。

在 Neo4j 安装目录的 conf 目录中,找到并修改配置文件 neo4j.conf,具体如下。

```
vim conf/neo4j.conf
```

找到以下代码。

```
# initial.dbms.default_database = neo4j
```

不需要删除这一行,只需按照这个格式在代码下方插入一行即可,具体如下。

```
# initial.dbms.default_database = neo4j
initial.dbms.default_database = testdb
```

上述代码中,testdb 为自定义新增的数据库名称。需要注意的是,数据库的命名规则如下。

(1) 长度必须介于 3~63 个字符。

(2) 名称的第一个字符必须是 ASCII 字母字符。

(3) 后续字符必须是 ASCII 字母或数字字符、点或破折号。

(4) 名称不区分大小写,通常情况下规范化为小写。

(5) 以下画线和前缀开头的名称保留供内部使用。

保存文件后退出,然后重启 Neo4j 服务,Neo4j 配置文件即可生效。

接下来,将通过具体的示例讲解表 8-5 中几个常用的数据库基本操作命令。

显示 neo4j 数据库的状态,具体如下。

```
$ show database neo4j
```

执行上述命令，显示 neo4j 数据库的状态，如图 8-30 所示。

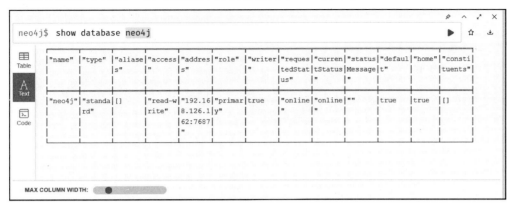

图 8-30　显示 neo4j 数据库的状态

显示所有数据库的名称和状态，具体如下。

```
$ show databases
```

执行上述命令，显示所有数据库的名称和状态，如图 8-31 所示。

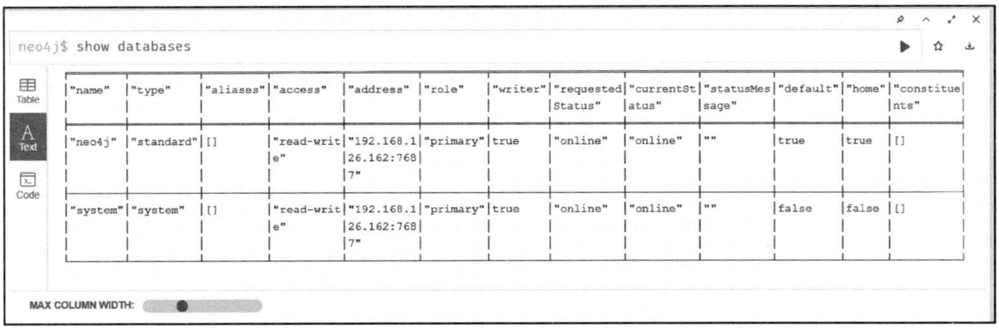

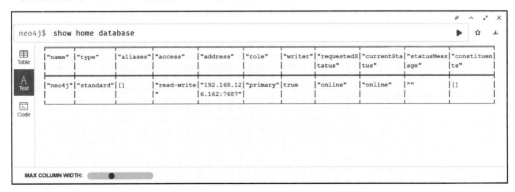

图 8-31　显示所有数据库的名称和状态

显示当前用户的主数据库的名称和状态，具体如下。

```
$ show databases
```

执行上述命令，显示当前用户的主数据库的名称和状态，如图 8-32 所示。

图 8-32　显示当前用户的主数据库的名称和状态

除此之外,Neo4j 数据库 Web 页面的操作有多个快捷键,如默认单行输入,则按 Enter 键执行命令;按一次 Shift+Enter 组合键,即进入多行输入状态;按 Ctrl+Enter 组合键,即多行输入的执行命令;按 Esc 键可以放大输入框至屏幕大小,再按一次 Esc 键即恢复。

## 8.3.3 节点操作

### 1. 创建节点

创建节点使用的 CREATE 命令主要有以下 4 种方式。

(1) 创建简单节点。

```
CREATE (<node_name>)
```

(2) 创建只带标签的节点。

```
CREATE (<node_name>:<label_name>)
```

(3) 创建带有标签、属性的节点。

```
CREATE (
    <node_name>:<label_name>
    {
        <property1_name>:<property1_value>
        ...
        <propertyn_name>:<propertyn_value>
    }
)
```

(4) 创建多个节点。

```
CREATE (node1_name:Label1 {property1:value1}), (node2_name:Label2 {property2:value2}), … ,
(nodeN_name:LabelN {propertyN:valueN})
```

在上述语句中,node_name 表示节点的变量名称,label_name 表示节点的标签名称。如 n:Person 表示 n 是一个 Person 类的节点,当然一个节点可以同时有多个 Label。<propertyn_name>:<propertyn_value>是一个键值对,property_name 表示节点属性的名称,property_value 表示节点属性的值,如 n:Person{name:"John"}表示一个含有属性为 name、值为 John 的节点 n。

下面通过示例演示如何创建节点,如例 8-1 所示。

**【例 8-1】** 创建一个节点 a,设置其标签为 family,属性包括 name、birth、occupation,属性值为 Jack、1993.1.1、Teacher。

```
$ create (a:family{name:'Jack',birth:'1993.1.1',occupation:'Teacher'})
```

上述命令中,a 仅仅属于一个变量名,跟节点本身没有关系,命令执行结束,a 的生命周期也就结束了,而 family 则是节点本身的 Label,会一直存在。

执行例 8-1 中的命令,其返回结果如图 8-33 所示。

如图 8-33 所示,添加了 1 个标签,创建了 1 个节点,设置了 3 个属性。由此可知,执行例 8-1 中的命令可以创建一个具有 3 个属性(name、birth、occupation)的节点 a,并分配了一个标签 family。需要注意的是,节点名称与节点 Label 的定义容易混乱,如 CREATE(a:family) 创建了一个属于 family 的节点 a,a 是变量名。

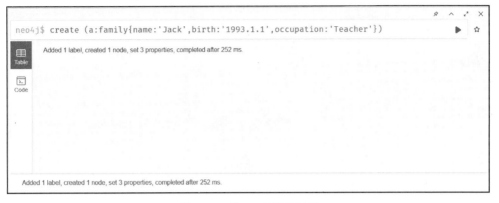

图 8-33 例 8-1 的返回结果

## 2. 查看节点

使用 MATCH 命令和 RETURN 命令来查看节点，具体如下。

```
#MATCH命令
MATCH
 (
   <node_name>:<label_name>
 )
#RETURN命令
RETURN
   <node_name>.<property1_name>,
   …
   <node_name>.<propertyn_name>
```

在上述语句中，MATCH 命令用于从数据库获取有关节点、关系和属性的数据；RETURN 命令用于返回查询的结果。需要注意的是，单独使用 MATCH 或者 RETURN 命令会产生语法错误，需要组合使用从数据库检索数据。

下面通过示例演示如何查看节点，如例 8-2 所示。

【例 8-2】 查找标签为 family 的节点。

```
#方法1
$ MATCH (a:family) RETURN a
#方法2
$ MATCH (a:family) RETURN a.name,a.birth,a.occupation
```

上述命令中，a 为变量名，查找变量与返回变量一致即可。

执行例 8-2 中的命令，其返回结果如图 8-34 所示。

如图 8-34 所示，以图形的方式显示了节点信息。单击节点可以在控制台的右侧显示节点的属性信息和标签信息。

查看数据库中所有节点信息，具体如下。

```
MATCH (n) RETURN n
```

执行上述命令，Neo4j 数据库 Web 控制台返回数据库中所有的节点信息，如图 8-35 所示。

在 Neo4j 数据库的 Web 页面中，也可以通过单击图标的方式查找节点，如图 8-36 所示。

图 8-36 中，单击节点标签图标或者属性图标，在控制台会显示相应的数据信息。

图 8-34  例 8-2 的返回结果

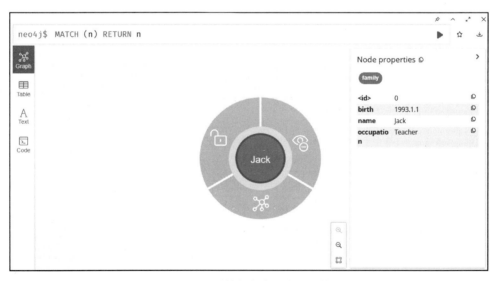

图 8-35  查看数据库中所有节点信息

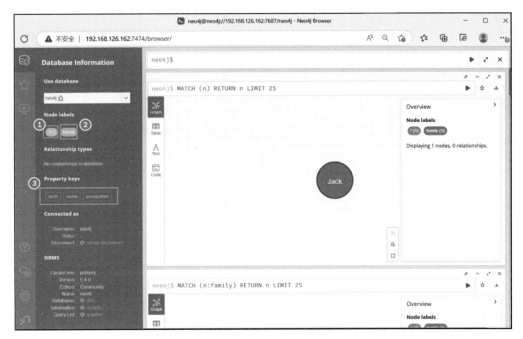

图 8-36　通过单击图标的方式查找节点

### 3. 增加属性

Neo4j 使用 SET 子句向节点增添或者更新属性,语法格式如下。

```
MATCH (node_name:label_name{properties})
SET node_name.property_name = property_value
RETURN node_name
```

在上述语句中,properties 表示属性键值对;property_name 表示属性名,可以是已有属性名或者新属性的名称;property_value 表示更新的属性值,若设置为 NULL,则表示删除该属性。使用 SET 子句可以向现有节点添加新属性,也可以添加或更新现有属性值。

下面通过示例演示如何为节点增加属性,具体如例 8-3 所示。

【例 8-3】　修改标签为 family、name 为 Jack 的节点,为其增加属性 height,属性值设置为 180cm。

```
$ match (a:family) set a.height = '180cm' return a
```

执行例 8-3 中的命令,其返回结果如图 8-37 所示。

如图 8-37 所示,节点 a 增加了一个新的属性 height,其值为 180cm。

下面通过示例演示如何更新属性值以及删除节点的属性,如例 8-4 所示。

【例 8-4】　将节点 a 的 occupation 属性值更新为 Engineer,并删除属性 birth。

```
$ match (a:family) set a.occupation = 'Engineer',a.birth = null return a
```

在上述命令中,使用逗号来指定多个属性键值对。

执行例 8-4 中的命令,其返回结果如图 8-38 所示。

如图 8-38 所示,节点 a 的 occupation 属性值为 Engineer,birth 属性成功被删除。

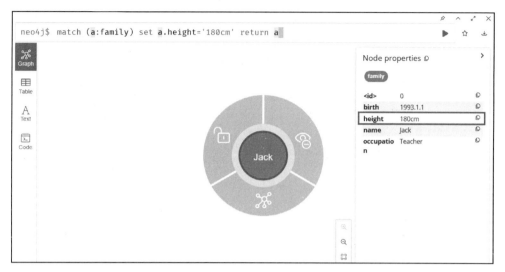

图 8-37　例 8-3 的返回结果

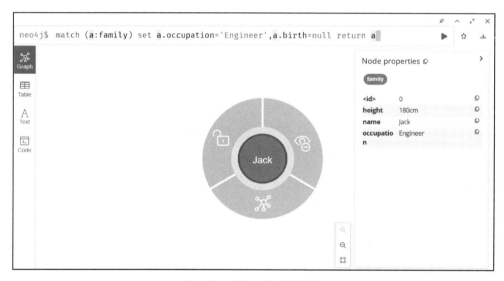

图 8-38　例 8-4 的返回结果

### 4. 增添标签

使用 SET 子句为现有节点设置多个标签,语法格式如下。

```
MATCH (node_name {properties})
SET node_name:label1:label2
RETURN node_name
```

上述语句中,在 SET 子句的节点变量名后添加标签名,并且以分号隔开。

下面通过示例演示如何更新属性值以及删除节点的属性,如例 8-5 所示。

【例 8-5】　为节点 a 增加新标签 man。

```
$ match (a:family) set a:man return a
```

执行例 8-5 中的命令,其返回结果如图 8-39 所示。

如图 8-39 所示,节点 a 新增了 man 标签。

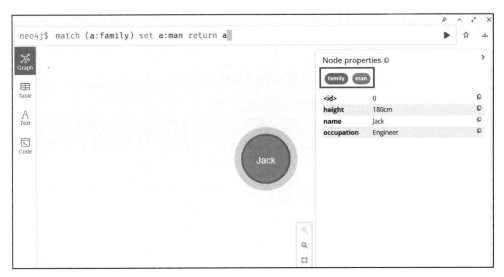

图 8-39 例 8-5 的返回结果

### 5. 删除节点

使用 DELETE 子句来删除节点，语法格式如下。

```
♯删除所有节点
MATCH (n) DETACH DELETE n
♯删除指定节点
MATCH (node_name{properties}) DETACH DELETE node_name
```

上述语句中，执行 MATCH (n) DETACH DELETE n 命令可以删除数据库中的所有节点，并且是永久删除。如果不结合 DETACH 关键字，只使用 DELETE 命令，则需要提前删除指定节点的关系，才能删除指定节点。

下面通过示例演示如何删除指定节点，如例 8-6 所示。

【例 8-6】 删除节点 a。

```
$ MATCH (a:family) DETACH DELETE a
```

执行例 8-6 中的命令，其返回结果如图 8-40 所示。

图 8-40 例 8-6 的返回结果

如图 8-40 所示，节点 a 已经被成功删除。需要注意的是，在执行删除节点的操作时，请务必小心，因为一旦删除就无法恢复。

### 8.3.4 关系操作

#### 1. 创建关系

使用 CREATE 命令创建关系,语法格式如下。

（1）在两个新节点之间创建无属性的关系。

```
CREATE (< node1 >:< label1 >{properties}) - [:Relationship_type] ->(< node2 >:< label2 >)
{properties}
```

（2）在两个新节点之间创建带有标签和属性的关系。

```
CREATE (< node1 >:< label1 >) - [(< Relationship_name >:< Relationship_type >){key1:value1,
key2:value2,…}] -> (< node2 >:< label2 >)
```

上述语句中,node1 和 node2 表示要创建的起点和终点节点;:label1 和:label2 是节点的标签(可选);properties 是节点的属性键值对(可选)。关系使用中括号表示,Relationship_name 表示要创建的关系变量名,Relationship_type 表示关系的类型,key1:value1 是关系的属性键值对(可选)。两个节点的关系用"--"表示,如果有方向的话,加个箭头即可,如 (a)-[r:Knowns]->(b) 表示节点 a 和 b 之间有 r 关系,其中 Knowns 为 r 的类型。

下面通过示例演示如何创建节点间的关系,如例 8-7 所示。

【例 8-7】 创建两个新节点,其中节点 n1 的标签为 person,属性有 name、birth,属性值分别为"张三""1993"。节点 n2 的标签为 person,属性有 name、birth,属性值分别为"李四""1994"。在两个节点间创建关系 friend。

```
$ CREATE (n1:person{name:'张三',birth:'1993'}) - [:friend] ->(n2:person{name:'李四',birth:'1994'})
```

执行上述命令后,查看所有节点,Neo4j 数据库 Web 控制台返回结果如图 8-41 所示。

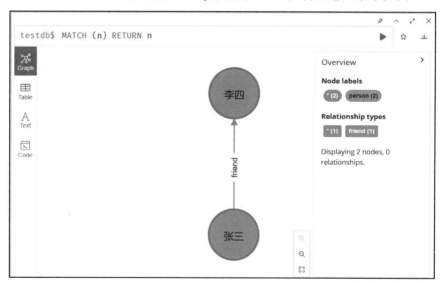

图 8-41 例 8-7 的返回结果

如图 8-41 所示,两个节点之间的关系是 friend。

使用 CREATE 命令为现有节点创建有属性的关系,语法格式如下。

```
MATCH (< node1 >:< label1 >){properties},(< node2 >:< label2 >){properties}
CREATE
  (< node1 >) – [< Relationship_name >:< Relationship_type >{< define_properties_list >}] ->
(< node2 >)
  RETURN < relationship_label_name >
```

下面通过示例演示如何为现有节点创建有属性的关系,如例 8-8 所示。

**【例 8-8】** 首先创建一个新节点 n3,其中节点的标签为 person,属性有 name、birth、hobby,属性值分别为"王五""1995""singing"。

```
$ CREATE (n3:person{name:'王五',birth:'1995',hobby:'singing'}) RETURN n3
```

然后为节点"李四"和节点"王五"创建关系 m,关系类型为 Marriage,关系属性为 data、place,关系属性的值分别为"2022.6.6""YunNan"。

```
$ MATCH (n2:person{name:'李四',birth:'1994'}),(n3:person{name:'王五',birth:'1995',hobby:
'singing'})
CREATE (n2) – [m:Marriage{data:'2022.6.6',place:'YunNan'}] ->(n3)
RETURN m
```

执行上述命令后,查看所有节点,Neo4j 数据库 Web 控制台的返回结果如图 8-42 所示。

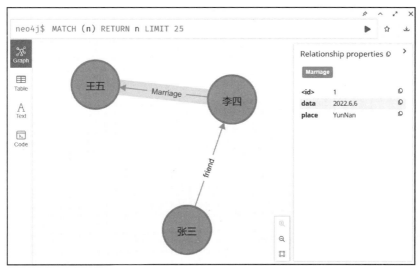

图 8-42　例 8-8 的返回结果

### 2. 查看关系

使用 MATCH 命令和 RETURN 子句查看关系的相关信息,如例 8-9 所示。

**【例 8-9】** 检索关系节点的详细信息。

```
$ match (n:person) – [r] – (m:person) return n,m
```

执行例 8-9 中的命令,其返回结果如图 8-43 所示。

### 3. 删除关系

使用 DELETE 命令既可以删除节点也可以删除关系,如果要删除一个有关系的节点,那么要提前删除这个节点的关系。在 Neo4j 中,使用 DELETE 命令删除关系并不是最常用的方法,通常使用的是 DETACH DELETE 或 MATCH…DELETE 语句,语法格式如下。

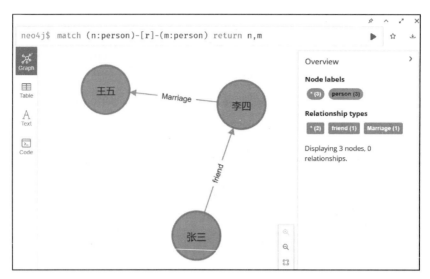

图 8-43　例 8-9 的返回结果

```
MATCH (< node1 >) – [< Relationship_name >:< Relationship_type >] – (< node2 >) DETACH DELETE
< Relationship_name >;
```

在 Neo4j 中，DETACH 关键字可以与 DELETE 一起使用，以删除关系并从节点中删除所有指向该关系的引用。使用 DETACH DELETE 语句可以确保被删除的关系不再与其他节点相关联，从而避免可能的数据错误或异常。

下面通过示例演示如何删除节点之间的关系，如例 8-10 所示。

【例 8-10】　删除节点"李四"和节点"张三"之间的关系 friend。

```
$ MATCH (n1:person{name:'张三'}) – [f:friend] –>(n2:person{name:'李四'}) DETACH DELETE f
```

执行上述命令后，查看所有节点，Neo4j 数据库 Web 控制台返回结果如图 8-44 所示。

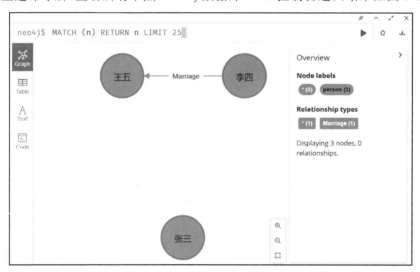

图 8-44　例 8-10 的返回结果

如图 8-44 所示，已经成功删除张三与李四的 friend 关系。

**4. 删除关系的标签或属性**

在 Neo4j 的 CQL(Cypher 查询语言)中,DELETE 和 REMOVE 命令都用于操作图数据库中的节点和关系。DELETE 和 REMOVE 命令之间的主要区别如下。

(1) DELETE 命令会删除整个节点或关系及其所有属性和关系,而 REMOVE 命令只会删除指定的属性或标签。

(2) DELETE 命令可以删除一个节点和与其相关的所有关系,而 REMOVE 命令只是删除节点的一个属性或标签,不会影响节点和其他属性之间的关系。

使用 REMOVE 命令删除关系的类型和属性,语法格式如下。

```
MATCH (< node1 >) - [r:REL_TYPE{< properties_list >}] ->(< node2 >) REMOVE r.property_name
```

上述语句中,< node1 >和< node2 >分别表示关系的起点和终点节点,r 表示关系变量名,REL_TYPE 表示关系的类型,property_name 表示要删除的关系属性名称。

下面通过示例演示如何删除关系的属性,如例 8-11 所示。

【例 8-11】 删除节点"李四"和节点"王五"之间的关系 Marriage 的 place 属性。

```
$ MATCH (n1:person{name:'李四'}) - [m:Marriage] - (n2:person{name:'王五'}) REMOVE m.place
```

执行上述命令后,查看所有节点,Neo4j 数据库 Web 控制台的返回结果如图 8-45 所示。

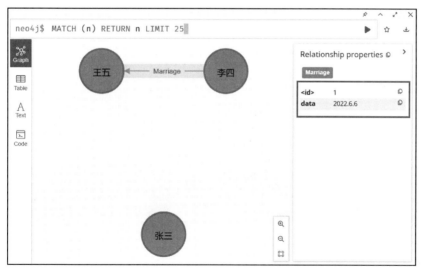

图 8-45 例 8-11 的返回结果

如图 8-45 所示,已经成功删除张三与李四的 friend 关系。

## 8.3.5 排序与聚合操作

在 Neo4j 中,可以使用 Cypher 查询语言进行排序和聚合操作。本节将通过示例进一步讲解排序和聚合操作的相关知识。

**1. 排序操作**

使用 ORDER BY 子句来对查询结果进行排序,可以按升序或降序排列,ORDER BY 子句需要在 RETURN 子句之后使用,语法格式如下。

```
MATCH (node_name:label_name)
[WHERE …]
RETURN node.property1,node.property2,…
ORDER BY node.property2 ASC/DESC,node.property2 ASC/DESC,…
```

在上述语句中,ORDER BY 子句后可以是节点或关系的属性、聚合函数、算术表达式等。ASC 表示升序排列,DESC 表示降序排列。若指定多个排序条件,则用逗号隔开。

下面通过示例演示如何使用 ORDER BY 子句,如例 8-12 所示。

**【例 8-12】** 按照 birth 属性值降序排列 person 节点的 name 和 birth 属性。

```
$ MATCH (p:person)
RETURN p.name, p.birth
ORDER BY p.birth DESC
```

执行例 8-12 中的命令,其返回结果如图 8-46 所示。

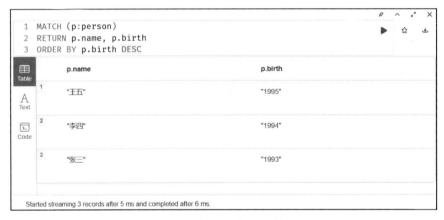

图 8-46  例 8-12 的返回结果

**2. 聚合操作**

聚合操作可以使用聚合函数对结果集进行聚合,可以计算诸如平均值、总和、最大值、最小值等指标。聚合函数需要在 RETURN 子句中使用,语法格式如下。

```
aggregation_function(expression) [AS alias]
```

其中,aggregation_function 表示聚合函数,expression 是一个表达式,可以是节点或关系的属性、算术表达式等。AS 子句是可选的,可以用于指定聚合结果的别名。常用的聚合函数如下。

(1) AVG():计算数值属性的平均值。

(2) SUM():计算数值属性的总和。

(3) MIN():计算数值属性的最小值。

(4) MAX():计算数值属性的最大值。

(5) COUNT():计算满足条件的节点或关系数量。

通过示例演示如何使用聚合函数,具体如例 8-13 所示。

**【例 8-13】** 查询每个 person 节点的名称和与其关联的朋友数量,按朋友数量降序排列。

```
$ MATCH (p:person) -[:FRIENDS_WITH] ->(f:person)
RETURN p.name, COUNT(f) as friend_count
ORDER BY friend_count DESC
```

其中,COUNT()函数用于计算每个person节点的朋友数量,并使用AS子句将其别名命名为friend_count。ORDER BY子句将结果按friend_count降序排列。

执行例8-13中的命令,其返回结果如图8-47所示。

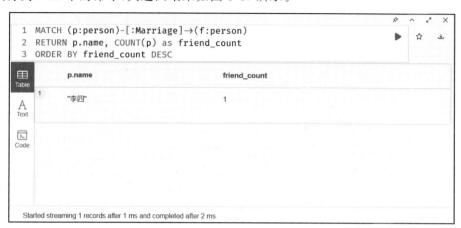

图 8-47　例 8-13 的返回结果

如图8-47所示,此查询结果返回了一个按照每个person节点的朋友数量降序排列的结果集,其中每个结果包括person节点的名称和朋友数量。

另外,还有一些其他的聚合函数,如COLLECT()用于收集符合条件的节点或关系的列表。在使用聚合函数时,需要注意以下3点。

(1)可以同时使用多个聚合函数,每个聚合函数都会生成一个独立的聚合结果。

(2)如果结果集中没有符合条件的节点或关系,则聚合函数的结果为null。

(3)如果结果集中有多个节点或关系符合条件,则聚合函数将对它们进行计算,并返回一个聚合结果。

### 8.3.6　路径操作

在Neo4j中,可以使用Cypher查询语言进行路径操作。路径操作是指在图中查找满足一定条件的节点或关系的路径。

**1. 查找路径**

查找路径可以使用MATCH子句,语法格式如下。

```
MATCH path_expression
```

其中,path_expression用于指定路径模式,可以由节点和关系组成,例如以下命令。

```
MATCH (start_node) - [rel_type * depth_limit] - (end_node)
```

上述命令中,使用MATCH语句查询从start_node到end_node之间,深度为depth_limit的所有关系类型为rel_type的路径。其中,使用depth_limit参数来限制关系的遍历深度。depth_limit表示从start_node节点开始遍历的最大关系深度。例如,如果depth_limit为1,则仅匹配start_node节点直接连接的关系;如果depth_limit为2,则匹配start_node节点和第一层关系,以及第一层关系和第二层关系。以此类推,可以使用depth_limit来限制遍历路径的深度,从而避免无限递归或超出可接受的查询时间。

首先准备示例所需的数据，具体如下。

```
CREATE (a:Clerk {name: 'Alice'})
CREATE (b:Clerk {name: 'Bob'})
CREATE (c:Clerk {name: 'Charlie'})
CREATE (d:Clerk {name: 'David'})
CREATE (a) - [:Friend] ->(b)
CREATE (b) - [:Friend] ->(c)
CREATE (a) - [:Friend] ->(c)
CREATE (b) - [:Friend] ->(d)
```

执行上述命令后，查看标签为 Clerk 的所有节点，Neo4j 数据库 Web 控制台的返回结果如图 8-48 所示。

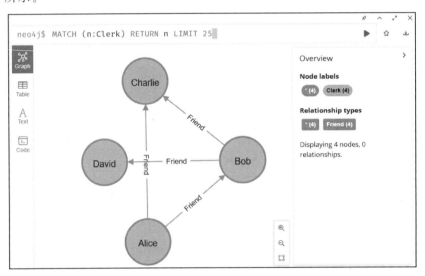

图 8-48　查看标签为 Clerk 的所有节点

下面通过示例演示如何使用查找路径，如例 8-14 所示。

【例 8-14】　查找所有深度为 2，且起点节点和终点节点均为 Clerk 类型的 Friend 关系路径，并返回起点节点和终点节点的名称。

```
$ MATCH (a:Clerk) - [:Friend * 2] - (b:Clerk)RETURN a.name, b.name
```

执行例 8-14 中的命令，其返回结果如图 8-49 所示。

**2. 过滤路径**

在查找路径之后，可以使用 WHERE 子句对路径进行过滤，只返回满足条件的路径。WHERE 子句需要在 MATCH 子句之后使用，语法格式如下。

```
WHERE condition
```

其中，condition 是一个逻辑表达式，可以使用比较运算符、逻辑运算符、正则表达式等进行组合。

下面通过示例演示如何使用过滤路径，如例 8-15 所示。

【例 8-15】　过滤从 Alice 到 Bob 之间的路径。

```
$ MATCH (a:Clerk) - [:Friend * 2] - (b:Clerk)
WHERE a.name = 'Alice' AND b.name = 'Bob' RETURN a.name, b.name
```

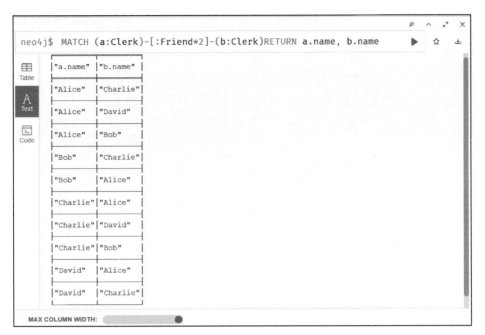

图 8-49　例 8-14 的返回结果

上述命令过滤了从 Alice 到 Bob 之间的路径，只返回满足条件的路径，以及起点节点和终点节点的名称。

执行例 8-15 中的命令，其返回结果如下。

### 3. 返回路径

返回路径可以使用 RETURN 子句，RETURN 子句用于指定需要返回的节点和关系，可以使用如下语法格式。

```
RETURN path
```

其中，path 是一个路径表达式，可以包括节点和关系的属性。路径变量可以用于在查询中重复使用相同的路径表达式。

下面通过示例演示如何使用返回路径，如例 8-16 所示。

【例 8-16】　返回 Alice 到 Bob 之间的路径，并包括起点节点、终点节点和路径上的所有关系。

```
$ MATCH path = (a:Clerk) - [:Friend * 2] - (b:Clerk)
WHERE a.name = 'Alice' AND b.name = 'Bob' RETURN path
```

上述命令中，使用路径变量 path，并将路径模式存储为变量后，在后续的查询中进行引用，从而避免了重复定义相同的路径模式。

执行例 8-16 中的命令，其返回结果如图 8-50 所示。

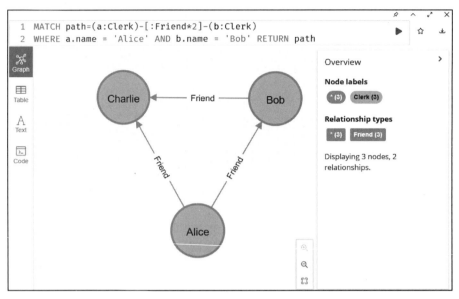

图 8-50　例 8-16 的返回结果

#### 4. 路径函数

Neo4j 提供了一些路径函数，可以对路径进行操作和计算，如路径长度、所有节点和关系等。常用的路径函数如下。

（1）length()：计算路径的长度（即包括的关系数）。

（2）nodes()：返回路径上的所有节点。

（3）relationships()：返回路径上的所有关系。

（4）extract()：从路径中提取子路径或节点。

（5）filter()：对路径中的节点或关系进行过滤。

下面通过示例演示如何使用返回路径，如例 8-17 所示。

【例 8-17】　计算 Alice 到 Bob 路径的长度，返回路径上的所有节点和关系。

```
MATCH path = (a:Person) - [:FRIENDS_WITH * 2] - (b:Person)
WHERE a.name = 'Alice' AND b.name = 'Bob'
RETURN length(path), nodes(path), relationships(path)
```

执行例 8-17 中的命令，其返回结果如图 8-51 所示。

如图 8-51 所示，可以单击左侧 Table 按钮切换显示模式，以查看 relationships(path)的详细信息。

#### 5. 路径操作符

路径操作符可以用于操作路径中的节点和关系，常用的路径操作符如下。

（1）->：表示方向为从左向右的关系。

（2）<-：表示方向为从右向左的关系。

（3）—：表示无方向的关系。

（4）＊：表示任意长度的关系。

（5）＋：表示至少包含一个关系。

下面通过示例演示如何使用返回路径，如例 8-18 所示。

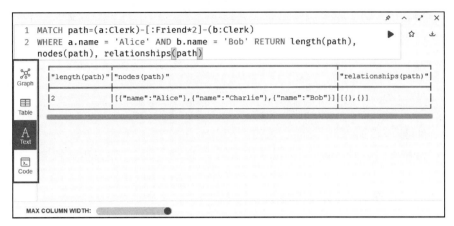

图 8-51　例 8-17 的返回结果

【**例 8-18**】　查找所有从一个 Clerk 节点到另一个 Clerk 节点的路径,这些路径需要经过一个共同的朋友。

```
$ MATCH path = (a:Clerk) - [:Friend] -> (b:Clerk) < - [:Friend] - ()
RETURN path
```

上述命令中,MATCH 子句匹配了所有符合条件的路径,并将其存储在 path 变量中。路径的起点是一个 Clerk 节点,路径的终点是另一个 Clerk 节点,中间需要经过一个共同的朋友,因此使用了两个[:Friend]关系来限定路径的起点和终点,并使用一个"<-[:Friend]-()"子图模式来匹配路径中间需要经过的共同朋友节点。

执行例 8-18 中的命令,其返回结果如图 8-52 所示。

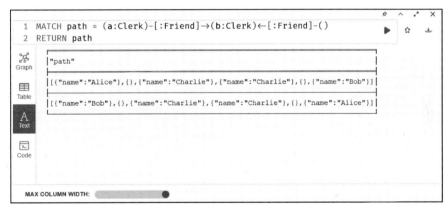

图 8-52　例 8-18 的返回结果

以上是 Neo4j 中路径操作的介绍和示例,路径操作是使用 Cypher 查询语言进行高效、灵活和可扩展的图形分析的重要组成部分。

## 8.3.7　索引操作

在 Neo4j 中,可以使用 Cypher 查询语言进行索引操作,以提高查询性能和效率。

### 1. 创建索引

使用 CREATE INDEX 子句可以创建索引,语法格式如下。

```
CREATE INDEX [optionalIndexName] FOR (node_name:lable_name) ON (node_name.property_name)
```

下面通过示例演示如何使用创建索引，如例 8-19 所示。

【例 8-19】 创建一个名为 PersonNameIndex 的索引，以便在 name 属性上执行快速查询。

```
$ CREATE INDEX PersonNameIndex FOR (c:Clerk) ON (c.name)
```

### 2. 查询时使用索引

若想要使用索引进行查询，则可以使用 MATCH 命令，其后跟索引名称和查询条件，如例 8-20 所示。

【例 8-20】 在查询中使用索引来查找名为 Alice 的人。

```
$ MATCH (c:Clerk) WHERE c.name = 'Alice'
RETURN c
```

在这个查询中，使用了 WHERE 子句以过滤所有具有名为 Alice 的 name 属性的节点。执行例 8-20 中的命令，其返回结果如下。

| "c" |
| --- |
| {"name":"Alice"} |

由于在 name 属性上已经创建了索引，这个查询将利用索引以提高查询性能。如果需要确保查询使用索引，可以使用 USING INDEX 子句来强制使用索引。

### 3. 模糊查询

使用索引可以在 Cypher 查询中执行模糊查询，如例 8-21 所示。

【例 8-21】 使用 STARTS WITH 子句在 name 属性上执行以 A 开头的模糊查询。

```
$ MATCH (c:Clerk)
WHERE c.name STARTS WITH 'A'
RETURN c
```

在这个查询中，使用了 STARTS WITH 子句以过滤所有以 A 开头的 name 属性。如果在 name 属性上已经创建了索引，那么这个查询将利用索引以提高查询性能。

执行例 8-21 中的命令，其返回结果如下。

| "c" |
| --- |
| {"name":"Alice"} |

### 4. 显示索引

使用 SHOW INDEXES 命令可以显示所有索引，具体如下。

```
$ SHOW INDEXES
```

执行上述命令后，Neo4j 数据库 Web 控制台显示所有索引，如图 8-53 所示。

### 5. 删除索引

使用 DROP INDEX 子句可以删除索引，如例 8-22 所示。

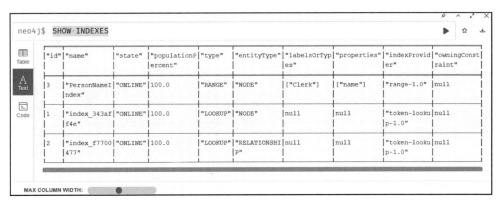

图 8-53　显示所有索引

【例 8-22】　删除名为 PersonNameIndex 的索引。

```
$ DROP INDEX PersonNameIndex
```

以上是一些常见的 Cypher 索引操作示例,可以根据实际情况进行调整和修改。

### 8.3.8　约束操作

在 Neo4j 中,约束用于强制保持节点或关系的一些唯一性或存在性规则。在 Cypher 查询语言中,可以使用 CREATE CONSTRAINT 语句创建约束,也可以使用 DROP CONSTRAINT 语句删除约束。

#### 1. 创建约束

创建约束的语法格式如下。

```
#为节点创建约束
CREATE CONSTRAINT [constraint_name] FOR (node:label_name) REQUIRE node. property_name IS
[UNIQUE/NOT NULL]
#为关系创建约束
CREATE CONSTRAINT [constraint_name] FOR () - [l:LIKED] - () REQUIRE l.when IS NOT NULL
```

其中,constraint_name 是约束的名称,label_name 是标签的名称,property_name 是要约束的属性名称,UNIQUE 和 NODE KEY 分别表示属性的唯一性和存在性。需要注意的是,一旦创建了约束,就不能再更改该约束所涉及的节点或关系的属性。因此,在创建约束之前应该仔细考虑约束的属性和标签。

下面通过示例演示如何创建约束,如例 8-23 所示。

【例 8-23】　创建唯一约束,确保 Clerk 节点的 name 属性唯一。

```
$ CREATE CONSTRAINT UniquePersonName FOR (c:Clerk) REQUIRE c.name IS UNIQUE
```

若想验证是否成功为 name 属性创建了唯一约束,可以尝试创建具有相同名称的两个 Clerk 节点,具体如下。

```
$ create (a:Clerk{name:'Alice'})
```

执行上述命令后,Neo4j 数据库 Web 控制台显示创建重复节点的错误信息,如图 8-54 所示。

如图 8-54 所示,如果尝试创建具有相同名称的两个 Clerk 节点,系统将会拒绝并返回一个错误消息。由此表明唯一约束已成功应用于 Clerk 节点的 name 属性,并且无法创建具

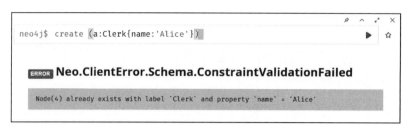

图 8-54　创建重复节点的错误信息

有相同名称的第二个节点。

### 2. 显示约束

使用 SHOW CONSTRAINTS 命令可以查看当前数据库中的所有约束,具体如下。

```
$ SHOW CONSTRAINTS
```

执行上述命令后,Neo4j 数据库 Web 控制台显示所有索引,如图 8-55 所示。

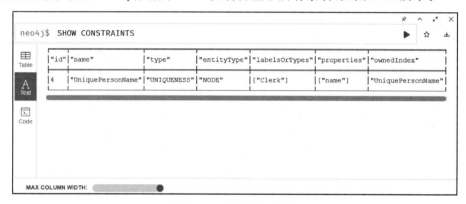

图 8-55　显示所有索引

### 3. 删除约束

删除约束的语法格式如下。

```
DROP CONSTRAINT constraint_name
```

下面通过示例演示如何使用删除约束,如例 8-24 所示。

**【例 8-24】** 删除名为 UniquePersonName 的约束。

```
$ DROP CONSTRAINT UniquePersonName
```

需要注意的是,一旦创建了约束,就不能再更改该约束所涉及的节点或关系的属性。因此,在创建约束之前应该仔细考虑约束的属性和标签。

# 8.4　数据建模和设计

本节以社交网络的数据建模和设计为例介绍基于数据模型和架构设计的过程。

## 8.4.1　社交网络数据模型的基本元素

社交网络数据模型是基于图形数据库模型的,其中的基本元素包括节点和关系。在社交网络中,节点表示社交网络中的实体,例如用户、主题、消息等,而关系表示这些实体之间的关联关系,例如好友关系、关注关系、评论关系等。这些节点和关系可以被赋予不同的属性和标签,以便更好地组织和查询数据。

例如,在一个简单的社交网络数据模型中,可以定义节点和关系如下。

**1. 用户节点**

用户节点表示社交网络中的用户,可以包括以下属性:用户名、密码、昵称、年龄、性别等。用户节点可以使用一个唯一的 ID 标识,以便更好地查询和更新数据。

**2. 好友关系**

好友关系表示用户之间的好友关系,可以包括以下属性:好友关系类型、创建时间等。好友关系可以是双向的或单向的,具体取决于社交网络的需求。

**3. 关注关系**

关注关系表示用户关注其他用户或主题的关系,可以包括以下属性:关注类型、关注时间等。关注关系可以是单向的或双向的,具体取决于社交网络的需求。

**4. 消息节点**

消息节点表示用户之间的消息交流,可以包括以下属性:消息类型、消息内容、发送时间等。消息节点可以用来记录用户之间的聊天记录、评论记录等。

除了以上节点和关系,社交网络数据模型还可以根据需求添加其他节点和关系,例如主题节点、群组节点、事件节点等,以便更好地组织和查询数据。

在社交网络数据模型中,每个节点和关系都可以具备不同的属性和类型,以便更好地区分不同类型的节点和关系。例如,用户节点可以具备用户名、密码、昵称、年龄、性别等属性,好友关系可以具备好友关系类型、创建时间等属性。属性可以用来描述节点和关系的详细信息,以便更好地查询和分析数据。

## 8.4.2 数据库架构设计

社交网络的数据库架构设计需要考虑数据的存储结构、数据访问模式、数据一致性等问题。在 Neo4j 中,数据是以图形结构进行存储和管理的,其中节点和关系可以包括属性和标签。因此,在进行数据库架构设计时,用户需要考虑如下 3 个问题。

(1)数据存储结构:在 Neo4j 中,数据是以节点和关系的形式进行存储的。用户需要考虑如何将不同类型的节点和关系组织在一起,以便更好地查询和分析数据。

(2)数据访问模式:在 Neo4j 中,可以使用 Cypher 查询语言来查询数据。用户需要设计合适的查询语句和索引,以便更快地查询和分析数据。

(3)数据一致性:在社交网络中,数据一致性非常重要。用户需要考虑如何保证数据的一致性,例如,如何处理好友关系的添加和删除等操作。

在进行数据库架构设计时,可以使用 Neo4j 提供的工具。Neo4j 常用的工具及功能如下。

(1)索引:可以为节点和关系创建索引,以便更快地查询和分析数据。

(2)标签:可以为节点和关系创建标签,以便更好地组织和分类数据。

(3)属性约束:可以为节点和关系的属性创建约束,以保证数据的一致性。

(4)事务:可以使用 Neo4j 的事务功能来保证数据的一致性,例如在添加或删除好友关系时,需要保证数据的一致性。

### 8.4.3 数据导入和导出

在社交网络中,数据的导入和导出非常重要。用户需要考虑如何将数据从其他数据源导入到 Neo4j 数据库中,以及如何将数据导出到其他数据源中。在 Neo4j 中,可以使用 CSV 文件格式来导入和导出数据。用户可以将数据转换为 CSV 文件格式,然后使用 Neo4j 提供的工具和功能进行导入和导出操作。

例如,用户可以将用户节点、好友关系和消息节点的数据存储在不同的 CSV 文件中,然后使用 Neo4j 提供的 LOAD CSV 命令来导入数据。用户还可以使用 Cypher 查询语言来导出数据,然后将数据存储在 CSV 文件中,以便进一步处理和分析数据。

总之,在设计和实现社交网络数据模型时,需要考虑如何建立合适的节点和关系模型,以及如何利用 Neo4j 的功能和工具来实现数据的存储、查询和分析。使用合理的数据建模和设计,可以更好地管理和分析社交网络数据,从而提高社交网络的运营效率和用户体验。

# 8.5 本章小结

本章首先介绍了 Neo4j 的简介、优势及应用场景,并重点介绍了 Neo4j 的数据模型;然后分别讲解了在 Windows 系统和 Linux 系统中部署 Neo4j 的方式;最后讲解了使用 Cypher 管理 Neo4j 数据的相关操作,其中包含节点操作、关系操作、排序与聚合操作的基本操作,以及路径操作、索引操作和约束操作等高级操作。"勤学如春起之苗,不见其增,日有所长;辍学如磨刀之石,不见其损,日有所亏",希望读者在学习中要勤奋刻苦、坚持不懈,根据本章内容,了解并学习 Neo4j 的基本知识,在示例练习中,进一步掌握 Neo4j 的相关操作。

# 8.6 习 题

**1. 填空题**

(1) Neo4j 是基于_____开发、完全兼容 ACID、高性能的 NoSQL 图形数据库,它的产生动机是更加高效地描述_____的关系。

(2) 传统的关系数据库将数据存在_____中,而图数据库则将结构化数据的关系存在节点和边中,在图数据库中这被称作_____和_____,最后将数据以一种针对图形网络进行过优化的格式保存在磁盘上。

(3) 执行_____命令是启动 Neo4j 服务的一种方法,该命令可以使得 Neo4j 服务在后台运行。

(4) 显示当前用户的主数据库的名称和状态的命令是_____。

(5) 在 Neo4j 中,可以使用_____来导入和导出数据。

**2. 简答题**

(1) 简述 Neo4j 的应用场景。

(2) 简述 Neo4j 数据模型的组成元素。

(3) 简述在进行数据库架构设计时,用户需要考虑的问题。

**3. 操作题**

创建一个社交网络的数据库,在这个数据模型中,实体如下。

(1) User(用户):表示社交网络中的用户。

① 属性:用户 ID、姓名、生日、城市等。

② 例子:(1,Alice,1990-01-01,New York)。

(2) Post(帖子):表示用户发布的帖子或信息。

① 属性:帖子 ID、内容、发布时间等。

② 例子:(1,"Hello world!",2021-03-10 10:00:00)。

(3) Comment(评论):表示对帖子或其他评论的评论。

① 属性:评论 ID、内容、发布时间等。

② 例子:(1,"Great post!",2021-03-10 10:01:00)。

(4) Like(点赞):表示用户对帖子或评论的点赞。

① 属性:点赞 ID、点赞时间等。

② 例子:(1,2021-03-10 10:02:00)。

(5) Friendship(好友关系):表示两个用户之间的好友关系。

① 属性:无。

② 例子:(1,2)。

(6) Follow(关注关系):表示一个用户关注另一个用户或帖子。

① 属性:无。

② 例子:(1,2)表示用户 1 关注用户 2。

(7) 在这个数据模型中,关系如下。

① User-[:POSTED]-> Post:表示用户发布了帖子。

② User-[:POSTED]-> Comment:表示用户发布了评论。

③ User-[:LIKED]-> Post 或 Comment:表示用户点赞了帖子或评论。

④ User-[:FRIENDS_WITH]-> User:表示两个用户之间的好友关系。

⑤ User-[:FOLLOWS]-> User 或 Post:表示一个用户关注另一个用户或帖子。

根据上述内容,使用 Cypher 命令完成以下操作。

① 创建 6 个用户(u1 到 u6),每个用户具有 id、name、birthday 和 city 属性。

② 创建 6 个帖子(p1 到 p6),每个帖子具有 id、content 和 timestamp 属性。

③ 创建 6 个评论(c1 到 c6),每个评论具有 id、content 和 timestamp 属性。

④ 创建 6 个点赞(l1 到 l6),每个点赞具有 id 和 timestamp 属性。

⑤ 使用关系创建语句将这些节点相互连接起来。将每个用户节点与他们发布的帖子节点相连(使用 POSTED 关系)。

⑥ 将每个帖子节点与它们的评论节点相连(使用 COMMENTED 关系)。

⑦ 将每个用户节点与他们点赞过的帖子节点相连(使用 LIKED 关系)。

⑧ 将一些用户节点相互连接(使用 FRIEND 关系)。

⑨ 使用查询语句获取用户 u1 发布的所有帖子及相关信息。

⑩ 使用查询语句获取用户 u1 点赞的所有帖子及相关信息。

# 图 书 资 源 支 持

感谢您一直以来对清华版图书的支持和爱护。为了配合本书的使用,本书提供配套的资源,有需求的读者请扫描下方的"书圈"微信公众号二维码,在图书专区下载,也可以拨打电话或发送电子邮件咨询。

如果您在使用本书的过程中遇到了什么问题,或者有相关图书出版计划,也请您发邮件告诉我们,以便我们更好地为您服务。

## 我们的联系方式:

清华大学出版社计算机与信息分社网站: https://www.shuimushuhui.com/

地　　　址: 北京市海淀区双清路学研大厦 A 座 714

邮　　　编: 100084

电　　　话: 010-83470236　010-83470237

客服邮箱: 2301891038@qq.com

QQ: 2301891038 (请写明您的单位和姓名)

资源下载: 关注公众号"书圈"下载配套资源。

资源下载、样书申请

书圈

图书案例

清华计算机学堂

观看课程直播